2020 年度国家科学技术学术著作出版基金资助项目

基于机器学习的数据挖掘技术研究

任永功　何馨宇　张　永　著

哈尔滨工程大学出版社

Harbin Engineering University Press

内 容 简 介

本书从实际案例入手,介绍了相关数据挖掘技术的理论、方法、设计和实现的整体流程,具有一定的完整性、系统性和创新性。

本书的特色在于全面介绍了数据挖掘的理论和方法,并针对不同领域的数据挖掘任务详细介绍了基于机器学习的数据挖掘技术,尤其是引入了近年来炙手可热的深度学习技术在数据挖掘领域中的相关应用,旨在为读者提供将数据挖掘技术应用于实际问题所必需的知识,在理论深度和应用参考价值方面都有显著的特性。

本书适用于从事数据挖掘领域相关研究的教师以及科研和应用开发人员使用,也可作为数据挖掘和机器学习相关课程教学的参考书。

图书在版编目(CIP)数据

基于机器学习的数据挖掘技术研究/任永功,何馨宇,张永著.—哈尔滨:哈尔滨工程大学出版社,2021.5
ISBN 978 - 7 - 5661 - 3062 - 4

Ⅰ.①基… Ⅱ.①任… ②何… ③张… Ⅲ.①数据采集 - 研究 Ⅳ.①TP274

中国版本图书馆 CIP 数据核字(2021)第 081957 号

基于机器学习的数据挖掘技术研究
JIYU JIQI XUEXI DE SHUJU WAJUE JISHU YANJIU

选题策划　包国印
责任编辑　张　昕　丁　伟
封面设计　付　娜

出版发行	哈尔滨工程大学出版社
社　　址	哈尔滨市南岗区南通大街 145 号
邮政编码	150001
发行电话	0451 - 82519328
传　　真	0451 - 82519699
经　　销	新华书店
印　　刷	哈尔滨市石桥印务有限公司
开　　本	787 mm × 1 092 mm　1/16
印　　张	15.75
字　　数	393 千字
版　　次	2021 年 5 月第 1 版
印　　次	2021 年 5 月第 1 次印刷
定　　价	68.00 元

http://www.hrbeupress.com
E-mail:heupress@ hrbeu.edu.cn

前　言

随着大数据时代的到来,数据挖掘作为一个新兴的多学科交叉应用领域,正在各行各业的决策活动中扮演着越来越重要的角色。数据挖掘技术已然成为数据库技术、机器学习、统计学、人工智能、可视化分析、模式识别等多领域研究的热点和未来发展趋势。利用数据挖掘技术,从数据中找出不同且有效的信息能够支持企业进行决策分析,帮助医疗团队制定合理的医疗方案,促进科学研究的进一步发展等。

本书从实际案例入手,介绍了数据挖掘相关技术的理论、方法、设计和实现的整体流程;针对不同领域的数据挖掘任务,详细介绍了基于机器学习(统计机器学习和深度学习)的数据挖掘技术,尤其引入了近年来炙手可热的深度学习技术在数据挖掘领域中的相关应用,旨在为读者提供将数据挖掘应用于实际问题时所必需的知识。书中的创新技术已发表于《中文信息学报》、*IEEE-ACM Transactions on Computational Biology and Bioinformatics*、*Neural Computing and Applications*、*Multiple-Valued Logic and Soft Computing* 等国内外权威期刊。本书内容主要包括以下八个方面:

在基于文本的数据挖掘技术方面,本书介绍了传统机器学习和特征选择结合的数据挖掘方法;引入了两阶段的方法,将文本分类问题转化为识别和分类两个阶段进行,并针对不同阶段选取了不同特征,进而提高文本挖掘性能;在生物医学文本数据的多个数据集上验证了模型的有效性。

在基于图的数据挖掘技术方面,本书以网络分析中的图数据挖掘技术为例,提出了基于环形网络模体应用马尔科夫聚类的图挖掘模型;依据输入图的点集和边集,采用 ErdÖs-Rényi 模型生成一组随机图;证明向量的加法性质可以作为环形网络子图判断条件;构造了四元结构体。相关实验证明了该方法的有效性。

在基于多生理信号多频段的情感分类方法研究方面,本书针对脑电信号的非线性、非平稳性特点,提出了基于脑电信号的多尺度特征情感分类方法;针对生理信号进行情感分类结果不稳定的问题,提出了基于多生理信号多频段的集成情感分类方法。

在基于社交网络和移动通信的数据挖掘技术方面,本书阐述了数据挖掘技术和个性化推荐算法的基础知识,介绍了网络营销平台的发展和构成,并对用户网上购物的行为特点和现有推荐算法精确率低、多样性差等问题进行了研究和改进;提出了基于热扩散影响传播的社交网络个性化推荐算法和基于先验知识的个性化捆绑推荐算法,提高了推荐结果的准确性和多样性。

在基于数据流的数据挖掘技术方面,本书针对数据流中存在的概念漂移问题,提出了一种基于余弦相似度的概念漂移检测算法,该算法能够有效检测出数据流上发生的概念漂移,从而提高了数据流分类的准确率;针对数据流的分类问题,提出了一种基于差分进化的选择集成分类算法,该算法具有稳定性好、泛化性强、分类准确率高等优点。

在深度学习在数据流分类中的应用方面,本书提出了基于神经网络的不均衡数据流集成分类算法。该集成模型包含三个部分,即平衡训练数据流样本、构建集成分类器池以及用新到达的数据流样本增量更新分类算法。针对数据流动态变化、非稳定的特点,本书提出了一个基于双加权在线极限学习机的不均衡数据流分类模型。相关实验证明了该模型具有良好的鲁棒性。

在深度学习在文本挖掘中的应用方面,本书基于深度学习方法的特性,构建了较为丰富的数据表示形式,并重点研究了如何利用神经网络有效自动学习生物文本语义表示,并提出了句子向量用以丰富句子级的特征信息;同时,提出了词级注意力机制用以加强句内关键信息,进而提升文本挖掘的性能。

在多级注意力机制在文本挖掘中的应用方面,本书重点研究了如何通过深层神经网络结合多级注意力机制完成文本挖掘任务;构建了基于词级、句子级注意力机制的多级注意力机制,通过词级注意力机制加强句内关键信息,通过句子级注意力机制加强句间相互影响。相关实验验证了该方法的良好性能。

本书受到了 2020 年度国家科学技术学术著作出版基金的资助,在此表示感谢。

由于作者水平有限,书中疏漏之处在所难免,恳请各位同行、专家不吝赐教,也诚请广大读者提出宝贵意见。

著　者

2021 年 3 月

目　　录

第1章 绪 论

在当今这个信息爆炸的时代,数据海量增长,人类正面临着"被信息所淹没,但却饥渴于知识"的困境。随着计算机软硬件技术的快速发展、企业信息化水平的不断提高和数据库技术的日臻完善,人类积累的数据量正以指数方式增长。面对海量的、杂乱无章的数据,人们迫切需要一种将传统的数据分析方法与处理海量数据的复杂算法有机结合的技术。数据挖掘(data mining)技术就是在这样的背景下产生的。它可以从大量的数据中去伪存真,提取有用的信息,并将其转换成知识,从而满足人们从海量、杂乱无章的数据中提取有用信息资源的需求。

数据挖掘涉及多学科领域,它融合了数据库技术、人工智能、机器学习、模式识别、模糊数学和数理统计等最新技术的研究成果,可以用来支持商业智能应用和决策分析,例如顾客细分、交叉销售、欺诈检测、顾客流失分析、商品销量预测等。数据挖掘技术目前广泛应用于银行、金融、医疗、工业、零售和电信等行业,它的发展对于各行各业来说,都具有重要的现实意义。

1.1 数据挖掘的概念

数据挖掘[1]是指从大量不完全、有噪声、模糊并随机的实际应用数据中,提取隐含在其中、人们事先不知道但又具有潜在有用信息和知识的过程。数据挖掘的广义观点:从数据库中抽取隐含的、以前未知的、具有潜在应用价值的模型或规则等有用知识的复杂过程,是一类深层次的数据分析方法。

数据挖掘的主要目的是提取海量数据中的有用信息和知识,其技术根源与应用数学密切相关。图1.1展示了数据挖掘的发展历程。从左边的发源时间轴能够看出,朴素贝叶斯理论(Naïve Bayes)诞生于18世纪。19世纪,高斯利用最小二乘法估计谷神星的运行轨迹就是一个典型的数据挖掘应用。早期的应用数学为数据分析技术和算法提供了良好的理论铺垫。当计算机、手机等数字设备逐渐普及以后,"计算"和"数据"开始变得"廉价",所以20世纪后半叶是数据挖掘技术的迅猛发展期,可以看到这个时期诞生了很多数据挖掘的典型算法。观察图1.1可以发现,以前的数据挖掘主要包括理论概述和广义挖掘任务,如分类预测、聚类、关联规则分析等算法。21世纪以后,人类生产生活的发展产生了含量巨大、类型多样的大数据,数据挖掘研究更多来自实际应用的驱动。在新的应用领域下,人们根据新需求和新任务对传统算法进行了提高和创新,对不同的数据结构和数据目的提出了新算法和新应用。总之,21世纪之前,数据挖掘主要关注技术和理论,21世纪之后,数据挖掘更注重于创新和实践。

图1.1 数据挖掘发展的时间轴

1.2 数据挖掘的特点

数据挖掘具有以下特点：

①处理的数据规模十分庞大，达到吉字节(GB)、太字节(TB)数量级，甚至更大。

②查询一般是决策制定者(用户)提出的即时、随机查询，往往不能形成精确的查询要求，需要靠系统本身寻找其可能感兴趣的东西。

③在一些应用(如商业投资等)中数据变化迅速，因此要求数据挖掘能快速做出相应反应以随时提供决策支持。

④数据挖掘中，规则的发现基于统计规律，所发现的规则不必适用于所有数据，而是当达到某一临界值时，即认为有效。因此，利用数据挖掘技术可能会发现大量的规则。

⑤数据挖掘所发现的规则是动态的，它只反映了当前状态的数据库具有的规则，因此，随着数据库中不断地加入新数据，数据库也需要随时进行更新。

1.3 数据挖掘过程

数据挖掘过程主要包括定义问题、建立数据挖掘库、分析数据、准备数据、建立模型、评价模型和实施[2]。每个步骤的具体内容如下。

①定义问题。在开始知识发现之前最先的、也是最重要的要求就是了解数据和业务问题，必须对目标有一个清晰、明确的定义，即决定到底想干什么。例如，想提高电子信箱的利用率时，想做的可能是"提高用户使用率"，也可能是"提高一次用户使用的价值"，要解决这两个问题而建立的模型几乎是完全不同的，必须做出决定。

②建立数据挖掘库。建立数据挖掘库包括数据收集,数据描述、选择,数据质量评估和数据清理、合并与整合,构建元数据,加载数据挖掘库和维护数据挖掘库。

③分析数据。分析的目的是找到对预测输出影响最大的数据字段和决定是否需要定义导出字段。如果数据集包含成百上千的字段,那么浏览分析这些数据将是一件非常耗时和累人的事情,这时需要选择一个具有界面友好和功能强大的工具软件来协助完成这些事情。

④准备数据。这是建立模型之前的最后一步数据准备工作。该步骤可以分为四个部分,即选择变量、选择记录、创建新变量和转换变量。

⑤建立模型。建立模型是一个反复的过程,需要仔细考察不同的模型以判断哪个模型对面对的问题最有用。这一过程中,先用一部分数据建立模型,然后再用剩下的数据来测试和验证这个得到的模型。有时还有第三个数据集,称为验证集,因为测试集可能受模型特性的影响,这时就需要一个独立的数据集来验证模型的准确性。训练和测试数据挖掘模型需要把数据至少分成两个部分,一部分用于模型训练,另一部分用于模型测试。

⑥评价模型。模型建立好之后,必须评价得到的结果,解释模型的价值。从测试集中得到的模型准确率只对用于建立模型的数据有意义。在实际应用中,需要进一步了解错误的类型和由此带来的相关费用的多少。经验证明,有效的模型并不一定是正确的模型。造成这一点的直接原因就是模型建立中隐含的各种假定。因此,直接在现实世界中测试模型很重要。模型先在小范围内应用,测试数据满意之后再向大范围推广。

⑦实施。模型建立并经验证之后,可以有两种主要的使用方法:一种是提供给分析人员参考;另一种是把该模型应用到不同的数据集上。

1.4 本书结构

本书围绕目前数据挖掘技术的主要方法,从实际案例入手,介绍了数据挖掘技术的设计及实现的整体流程。本书主要针对信息抽取、情感分类、数据流挖掘等文本挖掘任务及社会网络中的图数据挖掘等任务,分别介绍了统计机器学习方法和基于深度神经网络的数据挖掘方法。后续各章主要内容如下。

第2章以信息抽取中的事件抽取任务为例,介绍了传统机器学习和特征选择结合的数据挖掘方法。本章采用了两阶段的触发词识别方法,将触发词识别分为识别和分类两个阶段。在触发词识别阶段,仅判断当前候选词是否为触发词;触发词分类阶段,对识别阶段预测的触发词正例进行多分类。为了进一步提升两阶段模型的性能,本章针对两个阶段中的不同分类任务选取了不同特征,利用不同的分类器分别完成二分类和多分类任务。在触发词识别阶段,利用支持向量机(support vector machine,SVM)作为二类分类器,通过基于递归特征消除(recursive feature elimination,RFE)的特征选择算法选取了部分特征用以识别触发词正例;在触发词分类阶段,利用PA在线算法构建了触发词多分类模型。本章算法最终在触发词识别任务上取得了较好的效果。

第3章以社会网络分析中图数据挖掘技术为例,提出了基于环形网络模体应用马尔科夫聚类(MCL)的图挖掘模型。本章依据输入图的点集和边集,采用 Erdös-Rényi 模型生成了一组随机图;证明了向量的加法性质可以作为环形网络子图判断条件;构造了四元结构体,在输入图和随机图的子图挖掘进程中,计算环形子图的两个统计特征 P_value 和 Z_score,以此来判定子图是否为模体。该方法数据结构简单,图统计特征准确、快速。

第 4 章针对在生理信号的情感分类过程中特征提取和模型稳定性等相关问题展开了研究;针对脑电信号的非线性、非平稳性特点,提出了基于脑电信号的多尺度特征情感分类方法;通过滤波提取脑电信号中 alpha 和 beta 波段数据,并基于经验模态分解(EMD)得到了本征模态函数,进行自回归模型(AR)系数计算形成特征集,使用支持向量机对其进行识别;针对生理信号进行情感分类结果不稳定的问题,提出了基于多生理信号多频段的集成情感分类方法;通过对脑电信号、眼电信号和肌电信号进行了 theta、alpha、beta 和 gamma 频段数据提取和 Hjorth 参数计算,形成四个不同的特征集,即脑电特征集、脑电眼电组合特征集、脑电肌电组合特征集和脑电眼电肌电组合特征集;再通过 K 近邻(KNN)、随机森林(RF)、决策树单一分类模型和三者集成分类模型在激活度和愉悦度上完成了情感二分类任务和情感四分类任务。

第 5 章以社交网络和移动通信领域的应用为案例,介绍相关数据挖掘技术的应用,阐述了数据挖掘技术和个性化推荐算法的基础知识,介绍了网络营销平台的发展和构成,并对用户网上购物的行为特点和现有推荐算法精确率低、多样性差等问题进行了研究和改进;提出了基于热扩散影响传播的社交网络个性化推荐算法(HDIP)和基于先验知识的个性化捆绑推荐算法(PKIP)。HDIP 算法真实地模拟了社交网络中用户对之间的影响过程,并通过综合考虑影响用户决策的各种因素,以及对相似用户的准确排序得到个性化的推荐结果。PKIP 算法提高了推荐结果的准确性和多样性。

第 6 章对数据流进行概念漂移检测,在分析数据流所具有的特性的基础上提出了一种有效的概念漂移检测方法。本章针对数据流中存在的概念漂移问题,提出了基于余弦相似度的概念漂移检测算法,该算法能够有效检测出数据流上发生的概念漂移,从而提高数据流分类的准确率。本章针对数据流的分类问题,提出了基于差分进化的选择集成分类算法,该算法将数据流分成连续大小相等的数据块,使用当前的数据块训练出若干个基分类器;用差分进化方法对各个基分类器赋予不同的权值,权值越大,表示算法在分类中的表现越好。该算法具有稳定性好、泛化性强、分类准确率高等优点。

第 7 章针对数据流的不均衡性与概念漂移的特点,提出了基于神经网络的不均衡数据流集成分类算法。该模型包含三个部分:平衡训练数据流样本、构建集成分类器池以及用新到达的数据流样本增量更新分类算法。该模型用改进的降采样方法平衡数据流,以 BP 神经网络作为基分类器。本章针对数据流动态变化、非稳定的特点,提出了基于双加权在线极限学习机的不均衡数据流分类模型。该模型以在线极限学习机作为基分类器,从时间和空间角度分析样本的分布特点,利用自适应双加权机制来调整样本在时间层面和空间层面的权重,具有良好的鲁棒性。

第 8 章介绍了深度学习方法在文本挖掘中的应用。本章基于深度学习方法的特性,构建了较为丰富的数据表示形式,并重点研究了如何利用神经网络有效地自动学习生物文本语义表示,从而改进生物事件触发词识别性能。本章首先分析了现有基于深度学习的触发词识别方法中存在的问题,进而给出了解决方案;然后介绍了本章基于深度学习方法的数据向量表示,同时补充了随网络训练的微调词向量;根据这两种词向量构建了句子向量作为补充输入,用以丰富句子级特征表示和获取句内事件中触发词和要素之间的语义关系;提出了基于句子向量和词级 attention 机制的触发词识别模型,并将该模型与两阶段方法结合完成生物事件触发词识别任务。

第 9 章重点研究了如何通过深层神经网络结合多级注意力机制完成文本挖掘任务。本章针对简单事件和复杂事件构建了不同的要素候选,并针对相同类型但不同结构的要素进行了细粒度区分。同时,本章针对复杂生物事件定义了"相关要素"概念,提出了句子级注意力加强相关要素的相互影响,进而提升了要素检测及复杂生物事件的抽取性能。此外,本章提出了多级注意力机制,通过词级 attention 获取句内关键信息。多级注意力机制的引入可有效提高文本挖掘技术的性能。

参 考 文 献

[1] HAN J W, KAMBER M, PEI J, et al. 数据挖掘概念与技术[M]. 北京:机械工业出社,2012.

[2] 邵峰晶. 数据挖掘原理与算法[M]. 北京:水利水电出版社,2003.

第2章 基于文本的数据挖掘技术

文本挖掘是数据挖掘技术的重要分支,本章以基于生物医学文献的文本挖掘为例,介绍文本挖掘的相关技术。近年来,网络与信息技术不断发展,加之生物研究者对医学领域持续关注,这使得生物医学领域的相关文献数量呈指数级增长,相关研究人员要从海量的生物医学文献中快速获取有益的知识变得相当困难。因此,生物医学文本挖掘技术应运而生。生物医学文本挖掘也称生物医学自然语言处理(biomedical natural language processing, BioNLP),主要研究如何自动地从大量生物医学文献中抽取对生物医学研究者有用的信息,便于生物医学研究者查询和研究。生物医学领域信息抽取的最终目的是将研究者感兴趣的非结构化数据以结构化的形式表示与呈现,从而提高研究效率。

传统的生物医学领域文本挖掘任务包括命名实体识别、关系抽取(蛋白质关系抽取、药物关系抽取、基因关系抽取等),主要是从生物医学文献中抽取简单的实体及实体之间的二元关系,这些实体间的二元关系对生物实体关系网络数据库的构建等起着重要作用。然而,实体间更深层次的复杂关系往往对理解生物机理、研究生物变化过程具有重要作用。因此,近年来,抽取更加细粒度的生物实体间复杂关系的生物事件抽取任务受到广大研究者的关注。生物事件描述了生物分子、细胞、组织之间的复杂交互关系,如基因表达(gene_expression)、蛋白质催化(catabolism)、磷酸化(phosphorylation)及转录(transcription)等具体的生物过程在生物事件抽取中都得以较好体现。与传统的二元关系抽取相比,生物事件抽取呈现了生物分子之间细粒度的复杂关系,以更具表现力的结构化形式揭示生物学过程的本质意义。生物事件抽取广泛地应用于系统生物学领域,为疾病的预防、诊断、治疗,以及新药的研发和生命科学研究提供了重要依据。此外,作为信息抽取领域一个重要的研究方向,生物事件抽取在自动问答、信息检索、自动文摘等领域都有着广泛的应用。

为了推动生物医学文本挖掘的发展,许多与生物医学领域信息抽取相关的评测活动相继举行,如 BioCreative、BioNLP Shared Task、JNLPB、TREC Genomics track 等会议。其中,前两者主要关注信息抽取,寻找生物分子或命名实体之间的关系,其他评测致力于信息检索。这些会议都对相关领域的发展具有重要的贡献。BioNLP 评测旨在抽取细粒度的生物信息,吸引了大量生物医学文本挖掘研究者的关注和参与,同时也推动了生物事件抽取技术的不断发展和进步。目前,日本东京大学文本挖掘中心已经成功举办了四届 BioNLP-ST 评测活动,分别为 BioNLP-ST 2009[1]、BioNLP-ST 2011[2]、BioNLP-ST 2013 [3] 和 BioNLP-ST 2016[4]。每届 BioNLP 评测均设有生物事件抽取任务。前两届 BioNLP 评测局限于一般的生理过程和分子水平的实体和事件,而第三届 BioNLP 共享任务中提出的癌症基因组学(cancer genetics, CG)评测任务在癌症相关的生物学领域,将事件抽取推广到能够处理病理过程以及物理实体和更高层次生物组织的层面上,包括基因突变、细胞增殖、细胞凋亡、血管发育和肿瘤转移等。该评测任务有针对性地定义了 18 种实体与 40 种事件结构类型,如生长(Growth)和负性调节(Negative_regulation)等事件类型。每种事件根据类型不同,可能涉及一类或多类主题(Theme)、原因(Cause)或手段(Instrument)等要素。2016 年 1 月,该组织又发起了第四届生物事件抽取的评测活动。在前三届评测任务的基础上,该届评测活动增加了生物事件抽取的知识库构建,使得生物事件抽取的研究更趋于实际应用。这些评测活动的举办,推动了事件抽取技术的发展,也为生物医学文本挖掘领域结构化的数据支持和知识库建设做出了贡献。

“事件”起源于认知科学,在语言学、哲学、计算机科学等领域被广泛讨论。但由于不同学科之间各有不同的研究重点,甚至在同一领域也有不同的研究侧面,因此对于“事件”一直没有统一的定义。在信息抽取领域中最具国际影响力的自动内容抽取(automatic content extraction, ACE)评测会议对事件的定义如下:

事件是指发生在某个特定的时间点或时间段、某个特定的地域范围内,由一个或者多个角色参与的、一个或者多个动作组成的事件或者状态的改变[5]。

根据 BioNLP 会议的定义[1-2],生物事件抽取是指自动地从文献中检测基因和蛋白质等生物分子间细粒度交互关系描述的过程,其目的是从非结构化的文本中抽取关于预先定义的事件类型的结构化信息。生物事件通常由一个触发词(Trigger)和一个或者多个要素(Argument)组成。触发词是用来表征生物事件发生的词或短语,用来直接描述事件的类型,通常是动词或者动词性名词,如调控(regulate/regulation)、转录(transcribe/transcription)等。要素也称为论元或元素,用来描述生物事件的参与者,根据其作用分为主题、原因等不同的角色。根据事件类型的不同,要素可以是生物实体,也可以是其他事件(称为事件的嵌套)。根据事件的复杂程度,生物事件可以分为简单事件和复杂事件[1]。简单事件通常仅包含一个触发词和一个要素。复杂事件则包含多个要素或在事件中存在嵌套结构。包含多个要素的事件类型,如绑定(Binding)类型事件;嵌套结构,则指事件中的某个要素为其他事件,该类事件包括调控(Regulation)、正调控(Positive_regulation)和负调控(Negative_regulation)类型事件。

例如,生物医学文本片段“…Gi protein(pertussis toxin),prevented induction of 1L-10 production by Gp41 in monocytes…”的事件抽取结果如图 2.1 所示。该段文本中共包含三个生物事件,分别为 Gene_expression 类型事件(E1)、Positive_regulation 类型事件(E2)和 Negative_regulation 类型事件(E3)。事件 E1 的触发词为“production”,该触发词对应一个 Theme 类型的要素 1L-10;事件 E2 的触发词为“induction”,该事件包含两个要素,其中 Theme 类型的要素是另一事件 E1,Cause 类型的要素为 Gp41;事件 E3 的触发词为“prevented”,该事件包含一个 Theme 类型的要素事件 E2。可以看出在该段文本中,事件 E1 为简单事件,事件 E2 和 E3 为复杂事件,其具体结构如下:

事件 E1(Type:Gene_expression, Trigger:production, Theme:1L-10);

事件 E2(Type:Positive_regulation, Trigger:induction, Theme:E1, Cause:Gp41);

事件 E3(Type:Negative_regulation, Trigger:prevented, Theme:E2)。

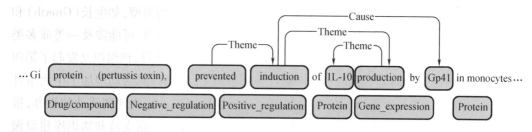

图2.1 生物医学文本片段的事件抽取结果

　　生物事件抽取受到了机器学习、计算语言学、生物信息学等多个领域研究者的广泛关注。面向生物医学领域信息抽取的著名研究机构，国外主要有芬兰图尔库大学、英国剑桥大学和曼彻斯特大学、日本东京大学、美国国家生物技术信息中心和德国耶拿大学等，国内主要有清华大学、哈尔滨工业大学、苏州大学、东南大学和大连理工大学等。这些研究机构的信息抽取技术在该领域的一些具体任务应用中已经取得了较好的成绩。对于更细粒度的生物事件抽取，国内的研究机构主要有东南大学、北京航空航天大学、香港城市大学和大连理工大学等。由于事件抽取任务的复杂性，相对于简单的二元关系抽取等任务，目前生物事件抽取性能并没有达到非常高的水平，尤其是复杂事件的抽取性能相对较低。所以，本章针对生物事件抽取中的触发词识别和要素检测两个关键问题展开了较为深入的研究，以期进一步提高生物事件的抽取性能。

　　生物事件抽取的相关研究具有深远的理论意义、应用价值和社会价值，具体体现如下：

　　从理论意义的角度来看，事件抽取作为生物医学文本挖掘的重要分支，对生物信息学、机器学习、数据挖掘、计算语言学及自然语言处理等多个相关学科理论的完善与发展都起到了积极的推动作用。

　　从应用价值的角度来看，首先，生物事件抽取对于通路扩展、本体库建设、代谢和调控网络的构建等具有重要作用。与传统的二元关系抽取相比，生物事件抽取呈现了生物分子之间细粒度的复杂关系，以更具表现力的结构化形式揭示生物学过程的本质意义。特别是精细粒度的事件触发词类型以及参与要素角色的事件描述形式，对通路的标注和构建基因本体标注数据库的母体数据自动生成及其数据扩展、网络构建等领域有重要的应用价值。其次，生物事件抽取是构建生物医学事理图谱的重要环节。事理图谱是一个事件逻辑知识库，用于描述事件之间的演化规律和模式。事理图谱可以广泛应用于事件预测、常识推理、消费意图挖掘、对话生成、问答系统、辅助决策等多项任务中，而事理图谱的主要研究对象是谓词性事件及事件之间的关系。显然，生物事件抽取是构建生物医学事理图谱至关重要的环节。复杂事件中要素间关系的研究更是为事理图谱中事件关系的研究奠定了基础。最后，生物事件抽取可以极大地推动生物医学相关领域研究的发展，为疾病的预防、诊断、治疗及新药的研发和生命科学研究提供了重要的依据。

　　从社会价值角度看，生物事件抽取对药物的研发及癌症等疾病的预防等都具有重要意义。一直以来，药物的研发具有周期长、风险大、成本高、药物不良反应难以预测等问题。生物事件抽取的关于基因、疾病、药物、症状等之间的相互作用关系，以及生物实体间的相互抑制、促进等复杂关系为药物的开发过程提供了病理学相关研究基础，减少了相关费用的支出,也给制药企业、医疗机构及民众带来了巨大福利。此外,近年来癌症患者和死亡人数不断增加,据 2018 年的统计数据显示,全球每天有 2.2 万人因癌症去世,每分钟约有 7 人确诊患癌。通过这组触目惊心的数字不难发现,癌症已经严重威胁了人们的健康与生命,所以癌症的预防与治疗迫在眉睫。现有研究表明,癌症的发生是一系列的基因分子变化过程,而癌症的分子变化机理就是生物事件。由此可见,生物事件对于研究癌症的形成、开发治疗癌症的药物都有着巨大作用。而通过生物事件抽取自动获取海量癌症相关医学文献中有价值的信息,对于癌症的早期诊断、提高癌症患者存活率、降低癌症的医疗成本都具有积极的意义。

2.1 研究现状和存在的问题

近年来,生物医学领域事件抽取受到了国内外研究者的广泛关注,为了更好地解决生物事件抽取中存在的问题及提高生物事件抽取性能,许多方法被相继提出。传统的生物事件抽取方法主要包括基于规则和基于统计机器学习的方法。触发词识别是生物事件抽取中基础且关键的步骤,研究显示,有超过 60% 的抽取错误要归因于触发词识别阶段[12]。触发词的类别决定着生物事件的类别,并且触发词识别性能直接决定着要素检测的性能,因此很多研究者将触发词识别作为一个独立问题进行研究。本章也将生物事件触发词识别作为生物事件抽取的一个关键问题进行了深入探讨,分别从统计机器学习和深度学习的角度研究触发词的识别方法。要素检测用以识别事件的参与者,进而和触发词一起构成完整的生物事件,进一步影响着事件抽取的整体性能。因此,本章将要素检测作为事件抽取的另一关键问题展开了深入研究。本节将围绕生物事件抽取中生物事件触发词识别和要素检测两个关键问题在生物事件研究中的现状加以分析。

2.1.1 基于传统方法的触发词识别研究现状

传统的触发词识别方法主要可以分为基于规则和词典的触发词识别方法与基于统计机器学习的触发词识别方法两类。

(1)基于规则和词典的触发词识别方法

基于规则的方法一般需要通过人工总结、分析已标注语料中的触发词在句子中的特性,进而提取一定的模式或规则,建立规则模板或者规则集,之后通过模式匹配的方式(一般采用正则表达式进行匹配)判断文本中的词是否是触发词。也就是说,如果当前词与预定义的规则匹配,则判定其为触发词,并指定类型;若未找到与当前词匹配的规则,则判定当前词为非触发词。例如,Cohen[6]基于 OpenDMAP 本体库创建了关于实体、事件及事件约束等概念的语言模式,人工添加语义解析相关规则,并通过模式匹配的方式进行生物事件抽取。该方法由于召回率相对较低,在 BioNLP'09 Shared Task 的测试集上最终 F 值仅为27.1%。Vlachos 等[7]提出了一种基于句法解析器和标准语言处理过程(包括词干、词性等)的独立域方法,该方法通过无监督的方式从验证集中获取数据。

基于词典的方法中,用包含触发词及对应触发词类型的词典来识别事件触发词。Miwa

等[8]通过手动方式清洗词典,并且通过公式计算每个候选触发词对于不同触发词类型的匹配程度确定候选触发词的类型。例如,在 BioNLP'09 数据集中,"overexpression"作为触发词出现在基因表达类型事件中的概率是 30%,而出现在正、负调控类型事件中的概率是70%,因此可将"overexpression"判断为调控类型触发词。

也有一些研究者结合词典和规则进行触发词识别。Minh 等[9]首先以"蛋白质附近且具有合适词性标注"作为规则从训练集中选择候选触发词,然后通过词典中触发词与对应类型的关系对候选触发词进行分类,对于较为模糊的分类则以出现频率高的为准。Kilicoglu 等[10]构建了基于语言学和句法驱动的规则,借助句法依存关系将候选触发词与词典中的触发词进行匹配,从而得到触发词类型。

虽然基于词典和规则的方法可以利用丰富的上下文信息更好地处理生物医学文献中语言的多样性问题,然而规则的设计需要大量的人工成本,且需要研究者具有一定的领域知识。此外,有些词语可能分布在很多不同类型的事件中,如"activates"可能是 Positive_regulation 类型事件的触发词,也可能不是任何类型事件的触发词;再如短语"overexpression"平均分配在 Positive_regulation、Gene_expression 和非事件类型[11]中,仅仅凭借词典并不能十分准确地判断触发词的类型,因此基于词典的触发词识别方法识别性能并不理想。为了提高触发词识别的精确率,往往需要将规则设计得较为详尽、具体,这也是导致基于规则的触发词识别系统召回率低、泛化能力差等问题的原因。

(2)基于统计机器学习的触发词识别方法

基于统计机器学习的触发词识别方法通常把触发词识别作为分类问题,采用机器学习方法或模型,依赖人工设计的特征进行分类。统计机器学习方法主要分为有监督学习方法和无监督学习方法,两种方法的主要区别在于是否已标注训练语料。基于统计机器学习的方法根据语料学习事件触发词的上下文、语义和句法等相关特征信息得到统计模型,从而对未标注语料进行自动标注。用于生物事件触发词识别的常用统计机器学习方法包括SVM[12]、PA 在线算法[13]、条件随机场(conditional random fields,CRF)[14]、隐马尔科夫逻辑网络(hidden Markov logic networks,HMM)[15]和最大熵马尔科夫模型(maximum entropy Markov models,MEMM)等。其中,SVM 和 PA 在线算法在生物事件触发词识别任务中均表现出较好的性能。

Zhou 等[16]将触发词识别视为序列标注问题,利用 MEMM 对触发词进行识别。MEMM是基于概率有限状态模型(如 HMM)的概念,由一个判别模型组成的,该模型假定要学习的未知值在马尔科夫链中是连接的,而不是有条件地相互独立。类似地,一些基于 CRF 的不同方法被相继提出[17-18]。CRF 是解决序列标注问题时的常用算法,它不仅保留了 MEMM的优点,还避免了其存在标签偏置的问题。Campos 等[19]抽取了语言、拼写、上下文和依存关系等特征,并通过 CRF 自动识别生物事件触发词,该方法在 BioNLP'09 评测语料中获得了 62.7% 的 F 值。

SVM 是在触发词识别任务上应用最为广泛的分类器。Björne 等[20]使用支持向量机多分类器(SVM^{multiclass})进行分类,抽取了触发词的形态学特征、句子特征、词性、词干特征及依存链上的信息等。该分类器在 BioNLP'09 Shared Task 的测试集中取得了较好的评测结果。Pyysalo 等[21]总结了上下文、依存关系等丰富特征,并通过 SVM 进行分类,在生物医学领域通用事件抽取 MLEE 语料中的触发词识别 F 值为 75.84% ；Zhou 等[22] 使用了半监督的学习模型，通过引入未标注的语料和事件抽取中的隐藏话题来识别触发词，在 MLEE 语料中的触发词识别 F 值为 76.89% ；Zhou 等[23] 将领域知识中学习到的特征与人工特征进行融合，通过 SVM 将触发词分类，在 MLEE 语料中的触发词识别 F 值为 78.32% 。Martinez 等[24] 将基于 CRF 的方法和基于词义消歧的方法结合，通过消除触发词识别过程中的歧义问题提升触发词的识别性能。Wei 等[25] 提出了一种 CRF 和 SVM 结合的触发词识别方法。该方法结合了丰富的特征，通过 CRF 标注参与事件的有效触发词及生物实体，并通过 SVM 分类器确定触发词的类型。最终，该方法在 BioNLP'13 的测试集中取得了 72.07% 的 F 值。Li 等[26] 发现触发词信息和要素信息都可以提升相应阶段的识别性能。为此，他们进行了两次事件抽取过程，在第二次触发词识别过程中，加入上一次要素检测中的要素信息。王健等[27] 采用将词典和 SVM 结合的方式进行触发词分类。在该方法中，首先根据训练语料构建触发词词典，然后将生物医学文本内出现在词典中的词均视为候选触发词，最后抽取其上下文和句法特征并利用 LibSVM 进行分类。该方法在 BioNLP'09 和 BioNLP'11 数据集中分别取得了 68.8% 和 67.3% 的 F 值。Li 等[28] 通过 PA 在线算法进行分类，抽取了基于句法解析和依存解析的人工特征，并在此基础上融入了无监督的词向量特征。该方法在 BioNLP'09 数据集中取得了较好的触发词识别性能，F 值为 71.70% 。

相较于基于规则和词典的触发词识别方法，基于统计机器学习的触发词识别方法避免了人工总结、制定规则和词典的代价，但是需要设计和抽取合理的特征，其触发词识别性能对特征的设计具有一定的依赖性。

2.1.2　基于传统方法的要素检测研究现状

生物事件要素检测属于复杂的关系抽取任务，因此关系抽取的相关方法对于要素检测任务都具有一定的借鉴意义。传统的要素检测方法主要可以分为基于规则的要素检测方法和基于统计机器学习的要素检测方法两类。

（1）基于规则的要素检测方法

基于规则的要素检测方法首先需要对语料中体现关系的语言学特征进行分析，然后运用语言学知识制定面向短语或者句型等句子成分的规则模板。对于给定的实例，如果能与预先定义的某个规则模板匹配，则表示该实例中的两个实体存在关系；否则，无关。

在实体关系抽取领域，Blaschke 等[29] 分别从上下文信息、句法和形态学三个方面构建规则，用以提取蛋白质、基因及其关系。Fundel 等[30] 提出了 RelEx 系统，该系统对每个句子进行解析得到句法树结构，并利用丰富的句法信息设计若干关系抽取模板完成蛋白质、基因关系抽取任务。Miwa 等[31] 抽取了词袋特征并利用解析工具抽取了子集树特征和图特征，并通过 SVM 完成关系分类任务。Yang 等[32] 抽取了蛋白质名、词特征、关键词特征和链接语法等特征，并利用 SVM 分类器对蛋白质关系进行分类。当语料规模不足时，可以通过领域适应、迁移学习等方式对语料进行扩充。Li 等[33] 将迁移学习和主动学习相结合，提出了一种改进后的迁移学习策略 ActTrAdaBoost。该策略在 PPIE 评测任务中取得了较好的效果。

在要素关系检测领域，Ahmed 等[34] 通过依存解析树中的依存信息设计了要素检测的规则。首先根据文本中句子内的语义关系得到事件的类型,然后通过高覆盖率的人工设计规则来检测事件中的要素。为了确保事件中要素的类型、要素的数目及参与要素的交互关系,他们对每一种事件类型都设计了详细的规则。Pham 等[35]分别根据自顶向下和自底向上两个方向从依存树和句法树中获取不同规则,两种要素检测方法独立进行,最后将结果进行合并。这一要素检测方法在抽取简单事件时取得了不错的效果,但是由于复杂事件抽取性能太低,最终只获得了 34.98% 的事件抽取结果。Kilicoglu 和 Bergler 提出的 ConcordU 系统[10]通过斯坦福解析器获取事件触发词和要素之间对应的依存关系,并通过构建依存关系与不同类型事件的对应关系进行要素检测。该系统在 BioNLP'11 Shared Task 评测中取得了基于规则的要素检测方法中的最好成绩,精确率达 52.1% ,但由于召回率仅为 38% ,所以最终该系统的 F 值仅为 43.9% 。

基于规则的要素检测方法,往往需要依靠句法信息和依存信息来制定规则,以满足要素检测的复杂性和多样性。为了更加准确地判定要素关系类型,通常需要利用上下文信息对语料进行细致的分析,同时也需要更多的领域知识。而对人工设计复杂规则领域知识的过度依赖也导致了基于规则的要素检测方法对未知语料的检测能力较差,即系统移植性不强。

(2)基于统计机器学习的要素检测方法

基于统计机器学习的要素检测方法把要素检测作为关系分类问题,采用机器学习模型,依靠人工设计的特征进行分类。Li 等[28]将 PA 在线算法作为分类器,并在语料中加入词向量以丰富语义信息。这一方法结合了最短路径特征,将在 BioNLP'09、BioNLP'11 和 BioNLP'13 的测试集中均取得了较好结果。Björne 等[11]通过 SVM 分类器完成要素检测,所抽取的特征集充分利用了依存解析图中的信息,包括依存路径长度特征、边特征及元组特征等。这一检测方法在 BioNLP'09 和 BioNLP'13 的测试集中均取得了较好的性能。Pyysalo 等[21]提出了一种基于 SVM 分类器的要素检测方法。他们抽取了词特征,包括单词内是否包含大写字母和数字等。这一检测方法在 MLEE 语料中的事件抽取 F 值为55.20% 。Zhou 等[23]使用了半监督的学习模型,通过引入未标注的语料和文本中的隐藏话题进行要素检测。在这一研究中,包含相同类型事件的句子也被假定具有相似的句子结构;然后分别利用斯坦福句法分析器和线性判别式分析(LDA)算法计算句子的句法结构距离和隐含话题距离;再利用 KNN 分类算法将标注的语料和未标注的语料聚类为新的训练语料;最后通过 SVM 进行分类训练。该方法在 MLEE 语料中的事件抽取 F 值为 57.41% 。

相较于基于规则的方法,基于统计机器学习方法的事件抽取系统更加稳定,抽取性能也更好。但是事件抽取,尤其是复杂生物事件的抽取往往需要考虑依存解析图中的信息,并且需要丰富的语义信息支持,因此这种方法并未获得良好性能。此外,基于统计机器学习方法的要素检测性能对特征的设计具有一定的依赖性,在一定程度上降低了系统的泛化能力。

2.1.3 基于传统方法的事件抽取研究现状

事件抽取方法主要分为两类:分阶段的 Pipeline 事件抽取方法和联合事件抽取方法。其中分阶段的 Pipeline 事件抽取方法为目前较为主流的事件抽取方法。该方法将事件抽取分为触发词识别、要素检测和后处理三个阶段。如图 2.2 所示为分阶段的 Pipeline 事件抽取方法流程。这一方法在事件抽取过程中,先识别事件触发词;然后在触发词识别的基础之上进行事件要素检测,即识别事件中的 < 触发词,实体 > 和 < 触发词,触发词 >(嵌套事件)关系;最后,通过一定的后处理流程将识别出来的事件触发词和要素构成完整的事件。联合事件抽取模型中触发词识别和要素检测为两个互相独立的部分,可以在一定程度上避免分阶段的 Pipeline 事件抽取方法中存在的级联错误。然而,由于联合事件抽取系统通常推理过程较为复杂,时间复杂度也较高,所以该类方法在事件抽取领域中并未得到广泛普及。

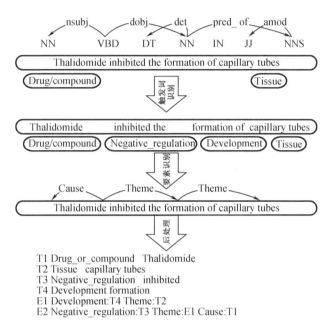

图 2.2　分阶段的 Pipeline 事件抽取方法流程

(1)分阶段的 Pipeline 事件抽取方法

前文所述触发词识别和要素检测方法几乎均属于分阶段的 Pipeline 事件抽取方法范畴。

在通用事件抽取领域,Ahn 等[36]将事件抽取分为四个子任务,分别是触发词识别、要素检测、事件类型分配以及事件共指,并针对每个子任务选择不同的机器学习方法。Liu 等[37]的事件抽取系统中结合了事件间的相互关联作为全局特征,并利用概率软逻辑模型对全局特征进行逻辑编码,同时将实体类型的细粒度区分作为局部特征,进一步提高了事件抽取性能。Hong 等[38]提出了一种跨实体的事件抽取方法。该方法将实体类型的一致性作为判断事件类型的关键特征,在通用事件抽取语料 ACE 2005 中取得了较好的性能。

在生物事件抽取领域,基于统计机器学习的方法是目前生物事件抽取的主流方法。该类方法把事件抽取分成两个子任务:触发词识别和要素检测,每个子任务都被视为一个多分类问题。由芬兰图尔库大学 Björne 等开发的 TEES 系统是这类方法的典型代表。该系统提取丰富的特征并采用 SVM 分类器进行分类,然后采用基于规则的后处理方法删除不正确的要素组合。该系统在 BioNLP'09 Shared Task 测试集评测中的事件抽取任务中取得了第一名的成绩[20](F 值为 51.95%),在 BioNLP'11 Shared Task 测试集评测的事件抽取任务中排名第三[39](F 值为 53.30%)。很多研究者在 TEES 系统基础上进行了改进,如 Miwa 等[40]在该系统中加入了触发词和蛋白质之间的最短路径作为特征;融合了领域自适应策略和指代消解技术开发的 EventMine 系统在 BioNLP'11 数据集上的 F 值达 57.98%。除此之外,还有一些研究者将基于规则和基于统计机器学习的相结合的方法进行事件抽取。Mora 等[41]采用了基于规则和统计机器学习相结合的方式进行生物事件抽取,对蛋白质磷酸化和基因表达两种事件采用基于规则的方法抽取,其他类型事件采用基于统计机器学习的方法抽取。这一方法获得了 80% 的精确率,但由于召回率只有 5%,最终的 F 值仅为 10%。Bui[42]从训练数据中自动进行规则学习,从句子的不同句法层次(短语、区块、从句等)对事件触发词和要素进行模式匹配。该系统在 BioNLP'13 Shared Task 数据集中生物事件抽取评测取得第三名。通常基于规则的方法可以获得较高的精确率,但是由于事件规则定义的严格限制,往往会导致较低的召回率。而且由于规则一般是针对特定数据集定义的,所以基于规则的事件抽取方法移植性和泛化能力相对较差。

(2)联合事件抽取方法

分阶段的 Pipeline 事件抽取方法可能存在由于触发词识别错误而造成的级联错误。为了解决这一问题,一些研究者提出了联合事件抽取模型。Li 等[43]抽取了丰富的触发词和要素全局特征,然后通过联合事件抽取方法同时识别触发词和要素。这一方法在通用事件抽取语料集 ACE 2005 中的测试获得了良好的性能。

在生物事件抽取领域,Riedel 等[44]和 Martinez 等[24]利用马尔科夫逻辑网,通过人工总结谓词逻辑联合语句的方式进行触发词和要素抽取。这一方法在 BioNLP'09 测试集中触发词识别的 F 值为 43.1%,要素检测的 F 值为 50.0%。虽然马尔科夫逻辑网能够避免由于 Pipeline 方法造成的级联错误,但是由于其不能很好地利用大量特征且时间复杂度较高,所以基于马尔科夫逻辑网的生物事件抽取系统性能不及分阶段的 Pipeline 生物事件抽取性能。Riedel 和 Mccallu[45]利用双分解的联合优化原理将事件抽取分解为触发词识别和要素检测两个独立的子问题,然后通过 PA 在线算法完成分类,最后通过带有约束的目标函数对两个子问题进行联合优化,并在 BioNLP'11 Shared Task 测试集的评测任务中取得了最好的结果。Li 等[33]采用了基于双分解的联合模型完成生物事件抽取任务,该模型中加入了词向量特征,包含了更多的语义和句法信息,进而提高了生物事件抽取性能。这一方法在 BioNLP'13 测试集中的 F 值达到 53.19%;但由于联合优化方法的复杂度较高,推理过程复杂,所以并没有得到很好的普及。目前主流的生物事件抽取方法仍然是基于 Pipeline 的方法。

2.1.4 存在的问题

前文所述生物事件抽取方法都有其自身的优势,尤其在研究方法上都有着重要的借鉴意义,在抽取结果上也大多具有良好的性能。但在某些方面生物事件抽取方法仍然存在一定的可提升空间,具体分析如下:

第一,现有生物事件触发词识别方法大多为一阶段的方法,这类方法通过多分类器将候选触发词判定为非触发词或判定其具体触发词类型,分类过程使用统一特征。两阶段方法则将多分类过程分成触发词识别和分类两个阶段,每个阶段采用适合的特征及分类器,来进一步提高每个阶段的性能,进而提升触发词识别的整体性能。此外,两阶段的方法能够在一定程度上缓解数据不平衡带来的问题。生物医学相关语料大多负例规模较大,且通常存在较为明显的数据不平衡问题。在生物事件抽取通用语料 MLEE 中,负例数目是正例数目的近 20 倍,数目如此庞大的负例,在分类过程中必将对正例的划分起到一定的干扰作用,从而影响系统的事件抽取性能。多分类相较于二分类面临着更复杂的数据不平衡问题,在二分类问题中,数据的不平衡只是来自正例和负例;而多分类的数据不平衡不仅来自正例和负例,还来自不同的触发词类型。以 MLEE 语料中的触发词类型为例,在该语料的训练集中,正例类型的触发词有 654 个,而 Synthesis 类型的触发词为 13 个,两种类型相差近 50 倍,而负例类型的触发词有 29 561 个,与 Synthesis 等类型相差更为悬殊。两阶段方法将多分类问题转换为只针对正负例的二分类和只针对正例的多分类两个子问题,降低了问题的难度,间接缓解了生物事件抽取过程中数据不平衡带来的问题。

第二,现有生物事件触发词识别方法多为基于统计机器学习的触发词识别方法,少数基于深度学习的生物事件触发词识别方法仅依赖于窗口内的局部特征表达,而窗口内的信息对于复杂生物事件的抽取是不够的。在前文所述的相关工作中不难发现,目前触发词识别和生物事件抽取方法仍以基于特征抽取的统计机器学习方法为主,这类方法通常需要结合具体任务设计较为精巧的特征,从而获取较好的识别性能。这往往需要花费大量的人工成本且需要结合一定的领域知识。此外,这类方法的触发词识别性能对特征的设计具有一定的依赖性,因此,泛化性能相对较差。为了解决生物事件触发词识别过程中人工设计特征较为复杂以及缺乏语义信息等问题,近年来基于词向量和神经网络的深度学习方法被相继提出。这类方法避免了统计机器学习方法中需要人工设计特征带来的问题。然而现有基于深度学习的生物事件抽取方法,多基于有限窗口的局部特征表达,不利于获取长距离的上下文信息,对于复杂类型生物事件抽取来说窗口内的信息是不够的。因此,本章构建了基于双向长短期记忆(LSTM)的触发词识别和生物事件抽取模型。该模型能够获取语句中长距离单词之间的上下文信息,从而获得更加丰富的语义信息。此外,该模型能够避免统计机器学习方法中人工总结和设计特征费时、费力的不足。值得一提的是,本章方法也是生物事件抽取领域中检索文献范围内唯一没有使用任何人工特征的方法,并取得了较具竞争力的性能。

第三,现有生物事件抽取方法几乎没有考虑句子级特征信息。生物医学语料中长文本较多,因此一个句子内部通常包含多个生物事件。对于简单事件,要素的信息可能直接影响触发词类型的判定。在复杂事件中,通常包含多个要素,而且要素中还可能存在嵌套结构(如图 2.1 中的事件 E2 和事件 E3)。总之,在生物医学文本中,尤其是在复杂生物事件中,句内单词间的关系较为复杂,触发词和要素可能分布在句子中的任何位置,即句内任意两个单词之间均可能存在联系,因此,生物医学文本中句子级全局特征对于事件抽取任务尤为关键。因此,本章构建了句子向量,用以建立句子级特征与词级特征之间的关联,获得整个句子的特征表达。此外,由于生物事件自身结构的复杂性,依存上下文相较于线性上下文对于生物事件抽取更有意义。在之前的研究中,Miwa 等[31, 46]已经验证了依存信息对于生物事件抽取的重要作用,将不同解析结果对比,结果表明对于生物事件抽取任务而言,解析工具 Gdep 和 Enju 具有较好的解析性能。因此,本章通过 Gdep[47-48] 先获取语料对应的依存上下文,并通过 word2Vecf 训练生成基于依存关系的词向量,然后将该词向量用于生物事件抽取过程。

第四,现有要素检测方法几乎均对简单事件和复杂事件中的要素进行统一处理,且没有考虑要素之间的相互影响,复杂事件抽取性能也相对较低。因此,本章分别针对简单事件和复杂事件中的要素构建了不同的候选,并对简单事件和复杂事件中相同类型的要素进行了更细粒度的区分,从而进一步提高了事件抽取的整体性能。此外,通过分析发现,复杂事件中的要素均包含相同的触发词,而具有相同触发词的要素,往往具有一定的相关性。例如,在图 2.3 中,Binding 类型的事件结构如下:E(Type:Binding, Trigger:binding, Theme:TRAF2, Theme:CD40)。其中要素对 <binding, TRAF2> 和要素对 <binding, CD40> 具有相同的触发词 binding,也具有相同的要素类型 Theme,它们在同一事件中(事件 E)。所以,本章将具有相同触发词的要素定义为相关要素,并提出句子级 attention 机制用以加强相关要素间的相互影响,词级 attention 机制加强句内关键信息,即多级 attention 机制。句子级 attention 机制有效提高了复杂事件中的要素检测性能,进而提升了生物事件抽取的整体性能。

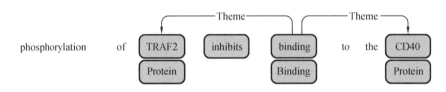

图 2.3　相关要素示例图

目前主流的机器学习方法大体上可以分为两大类,基于统计机器学习的方法和基于深度学习的方法。本章主要围绕基于统计机器学习的方法,以生物事件触发词识别为例介绍文本数据挖掘技术。

生物事件触发词是引发事件产生的直接因素,根据 BioNLP 对事件抽取任务的约定,触发词的类别即被视为整个生物事件的类别,因此,识别出触发词,并能正确地判定其类别是生物事件抽取的核心任务[49]。由于联合事件抽取系统推理过程通常较为复杂,时间复杂度也较高,所以分阶段的 Pipeline 事件抽取方法仍然是目前主流的生物事件抽取方法。在分阶段的 Pipeline 事件抽取方法中,由于触发词识别错误很有可能被传播到要素检测阶段,从而影响整个生物事件抽取的性能,所以这一过程中,生物事件触发词识别起到了至关重要的作用。研究显示,有超过 60% 的抽取错误要归因于触发词识别阶段。因此,在分阶段的 Pipeline 事件抽取过程中,触发词的识别性能直接决定着要素检测的性能,进而影响了整个事件抽取的性能。

基于统计机器学习的方法具有响应速度快,使用特征具有可见性,对语料规模和语料中语义完整性要求不高等特性。因此,对于对响应时间有要求或语义信息不完整的语料,使用统计机器学习的触发词识别方法会更具优势。本章针对生物事件抽取中生物事件触发词识别这一关键问题进行了研究,提出了一种基于统计机器学习的两阶段触发词识别方法,即将触发词识别分为识别和分类两个阶段。在两阶段方法中,第一阶段是用于判定当前词是否为触发词的二分类任务；第二阶段针对第一阶段预测的触发词正例判定具体的类型，是一个多分类任务。两阶段方法将一个较为复杂的问题分解为两个简单的问题，降低了问题的难度，同时也减少了数据不平衡带来的问题。两阶段方法中第二阶段对负例的过滤也避免了过多的负例对正例分类造成的干扰，进而提高了识别性能。此外，为了提高两阶段方法中不同分类任务的性能，本章通过特征选择算法为每个分类阶段选择适合的特征，并针对两个阶段采用了不同的分类器。同时，为了获取更深层次的语义和句法信息，本章方法结合了词向量特征。实验表明，本章方法在生物事件抽取通用 MLEE 语料中获得了较好的识别性能，F 值为 79.75%；在泛化性能方面，BioNLP 评测语料中进行的相关实验表明本章方法在该语料中也获得了较好的触发词识别性能。

2.2　触发词识别

2.2.1　触发词识别任务

生物事件触发词是用来表征生物事件发生的词或短语，用来直接描述事件的类型，通常是动词或者动词性名词。生物事件触发词识别是指从生物医学文献中自动地找出相应的触发词，并正确判定其类型。MLEE 语料包含 262 篇 Medline 文章，其内容主要为血管生成领域癌症相关文献的摘要和标题，其中训练集 131 篇、开发集 44 篇、测试集 87 篇，所有的文献都人工标注了生物实体、触发词、要素及事件结构。图 2.4 所示为 MLEE 语料中生物医学文本片段及对应的触发词标注样例。当对该段文本进行触发词识别时，需要找出相应的触发词，并给出触发词的类型。

Interleukin-1 receptor antagonist inhibits ischaemic and excitotoxic neuronal damage in the rat.

Interleukin-1（IL-1）synthesis in the brain is stimulated by mechanical injury and IL-1 mimics some effects of injury，such as gliosis and neovascularization. We report that neuronal death resulting from focal cerebral ischaemia（middle cerebral artery occlusion, 24 h）is significantly inhibited（by 50%）in rats injected with a recombinant IL-1 receptor antagonist（IL-1ra, 10 micrograms, icv 30 min before and 10 min after ischaemia）. Excitotoxic damage due to striatal infusion of an NMDA-receptor agonist was also markedly inhibited（71%）by injection of the IL-1ra.

摘要

T12　Blood_vessel_development 237 255 neovascularization.

T3　Negative_regulation 34 42 inhibits.

T4　Breakdown 78 84 damage.

T6　Gene_expression 119 128 synthesis.

T13　Death 281 286 death.

T2　Positive_regulation 145 155 stimulated.

图 2.4　MIEE 语料中生物医学文本片段及对应的触发词标注样例

2.2.2   基于统计机器学习的生物事件触发词识别相关研究

在传统的触发词识别方法中,基于规则和词典的方法需要总结、设计大量的规则,人工成本较大,且系统移植性和泛化性较差。此外,这类方法对于多义词等分类较为模糊的候选触发词仅仅凭借规则和词典并不能精确地判定触发词的类型。因此基于规则和词典的触发词识别方法识别性能并不理想。在现有的基于统计机器学习的触发词识别方法中,Zhou 等[16]利用 MEMM 对触发词进行识别,Campos 等[19]通过 CRF 自动识别生物事件触发词。Björne 等[20]、Pyysalo 等[21]、Zhou 等[22-23]均采用 SVM 作为分类器对触发词进行识别,其中 Björne 和 Pyysalo 等抽取了丰富的特征,Zhou 等使用了半监督的学习模型[23],并结合了丰富的领域知识。

以上现有触发词识别方法几乎均为一阶段的识别方法,即直接对候选触发词进行分类,一次性地将候选触发词判定为非触发词或者直接判定其触发词类型。这类方法在分类过程中采用统一特征,且对于生物语料中普遍存在的数据不平衡问题也没有很好解决。因此,本章提出了基于统计机器学习的两阶段的生物事件触发词识别方法,将触发词识别分为识别和分类两个阶段。触发词识别阶段判定当前词是否为触发词,触发词分类阶段判定触发词正例的具体类型。本章采用的两阶段方法将触发词识别分成两部分来解决,将一次分类转换成两次分类,相当于把一个正负例不平衡程度很高的问题分解成不平衡程度相对较低的两个问题,每个阶段数据不平衡的严重性低于一次分类,从而间接缓解了数据不平衡带来的问题,而且数据的不平衡也会影响分类器的性能[50]。此外,将触发词识别分成两个阶段,相当于把一个复杂的问题分解成两个简单的问题。直观来看,在数据集相同的情况下,需要分类的总类别数目越多,分类问题的难度将越大,而分类器往往可以更好地解决相对简单的问题。

2.3   基于两阶段和特征选择的触发词识别模型

两阶段方法将触发词识别分成识别和分类两个阶段,降低了问题的难度,也缓解了数据不平衡带来的问题。基于这样的思想,本章提出了基于统计机器学习的两阶段触发词识别方法,并通过对不同阶段的不同分类任务选择适合的特征和分类器,进一步提升识别性能。基于两阶段方法的触发词识别框架如图 2.5 所示,具体包括三个处理模块。

①数据预处理。数据预处理对语料进行处理,构建数字化实例。

这一部分首先完成对文本数据的分句、分词工作,并生成对应的数字化实例,此外,还要过滤一定比例的负例使数据集中正例数目和负例数目的比例相对平衡;然后,通过特征选择算法为两阶段方法中的不同阶段选取合适的特征,进一步提升分类性能。

②触发词识别。触发词识别判定当前候选触发词是否为触发词,但不判定其具体类型,通过 SVM 完成该阶段的二分类任务。

③触发词分类。触发词分类判定触发词识别阶段(第一阶段)预测的触发词正例的具体触发词类型,通过 PA 在线算法完成该阶段的多分类任务。

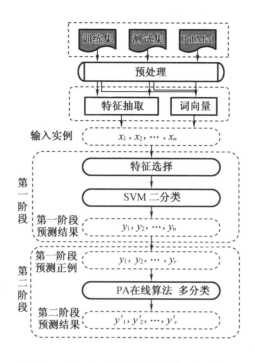

图 2.5　基于两阶段方法的触发词识别框架

2.3.1　数据预处理

（1）分句、分词

生物事件抽取语料多为篇章级的生物医学文献摘要。为了能够将文本进行相应的语法解析以方便生成输入实例，需要在生物事件抽取之前，对语料进行分句、句子解析、分词等预处理操作。

数据预处理的大体流程如下：首先，通过基于最大熵[51-53]训练的句子分隔模型GeniaSS 进行分句处理。对生物事件抽取训练语料统计发现，语料中跨句子的事件仅占 1% 左右，如果考虑跨句子的事件则会引入大量的无关噪声信息，从而影响事件抽取性能。因此，本章以句子作为处理单位，不考虑跨句子的生物事件；然后，利用 GDep 解析工具[48]对文本进行处理，直接通过 GDep 解析工具完成分词操作，且在生物事件抽取任务中获得了较好的效果；最后，将原始文本的 .txt 文件、命名实体 .a1 文件及标注生物事件的 .a2 文件连同分词后生成的文件组织到 .xml 文件中，用于实例生成。生成的 .xml 文件包含了原始文本中的每个句子内容及其对应的标注信息。标注信息具体包括每个句子中的命名实体、分词、词性标注、触发词、要素、触发词类型、要素类型及依存信息等相关内容。

GDep 是一种专门为解析生物医学文本开发的。通过 GDep 解析工具可以得到的信息包括序号、词本身、词原形、句法块、词性、命名实体及依存关系（含当前节点的父节点及与父节点的依存关系）。词原形能够清楚表明词本身的形式，例如，is 和 are 的词原形都是 be，但词向量模型会把 is 和 are 当作完全不同的词，因此，在词向量模型中融入词原形进行训练,可以获得更加本质的语义。句法块可以保证生物实体等信息被当作一个整体,以完整的语义形式被训练。词性指以词的特点作为划分词类的根据,有利于分析词的句法结构。命名实体为 GDep 在文本中识别出的生物实体,这种识别有助于更好地理解生物医学文本,从而给词向量模型提供细粒度的理解。以文本片段"Fluorimetric detection enabled better analytical results than photometric detection."为例,表 2.1 列出了 GDep 的解析结果。

表 2.1　GDep 解析结果示例

序号	词本身	词原形	句法块	词性	命名实体	依存关系	
1	Fluorimetric	Fluorimetric	B-NP	JJ	0	2	NMOD
2	detection	detection	I-NP	NN	0	3	SUB
3	enabled	enable	B-VP	VBD	0	0	ROOT
4	better	good	B-NP	JJR	0	6	NMOD
5	analytical	analytical	I-NP	JJ	0	6	NMOD
6	results	result	I-NP	NNS	0	3	OBJ
7	than	than	B-PP	IN	0	6	NMOD
8	photometric	photometric	B-NP	JJ	0	9	NMOD
9	detection	detection	I-NP	NN	0	7	PMOD
10	.	.	0	.	0	3	P.

（2）实例生成

本章针对语料中的每个分词进行特征抽取后,生成数字化实例,便于分类。每个实例由当前候选触发词在语料中的 ID、触发词类别标签、特征以及特征值构成。

（3）过滤负例

目前,生物事件抽取任务的语料主要包括 BioNLP 评测语料以及 MLEE 语料,其中 MLEE 语料为生物事件抽取的通用语料。经过统计,这两类语料中均存在较为严重的正负例不平衡问题。以触发词的语料为例,在 BioNLP'09 评测语料测试集中,负例数目为 34 410,正例数目为 1 335,负例数目高达正例的 26 倍;在 BioNLP'11 评测语料测试集中,负例数目为 67 445,正例数目为 2 341,负例数目高达正例的 28 倍;在 BioNLP'13 评测语料测试集中,负例数目为 63 478,正例数目为 2 464,负例数目高达正例的 26 倍。而在 MLEE 语料测试集中,负例数目是正例数目的近 20 倍。数目如此庞大的负例,在分类过程中必将对正例的划分起到一定的干扰作用,从而影响系统的性能。因此,本章对训练集数据做了平衡正负例的处理。

常见的处理正负例不平衡的策略包括欠采样和过采样[51]。欠采样策略是通过减少负例的方式达到数据平衡。过采样策略是通过增加正例的方式达到数据平衡。本章分别尝试复制不同倍数正例的过采样方式和随机去掉不同比例负例的欠采样策略来平衡正负例,两种不同策略的处理结果如表 2.2 所示。由表 2.2 可以看出欠采样策略取得了更好的性能,此外,在时间代价上,欠采样策略也小于过采样策略。因此,本章采用欠采样策略对数据不平衡问题进行了一定处理。当移除不同比例的负例时,触发词的欠采样性能对比图如图 2.6 所示,从图中可以看出当移除 50% 的负例时,系统获得最佳性能。

表 2.2　欠采样和过采样结果

处理策略	精确率/%	召回率/%	F 值/%
过采样	82.40	81.32	81.86
欠采样	87.02	79.05	83.81

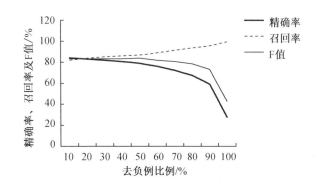

图 2.6　欠采样性能对比图

(4)特征选择

特征选择也称特征子集选择,是指从已有的 M 个特征中选择 N 个特征使得系统的特定指标最优化。特征选择是从原始特征中选择一些最有效特征以降低数据集维度的过程,是提高机器学习算法性能的一种重要手段[52]。通过 TEES 系统完成预处理生成的数字化实例中,包括大量冗余或无效信息,所以一定的特征选择策略是必要的。此外,特征选择也有利于降低输入数据的维度,节省训练时间,从而提高模型效率。在两阶段方法中,由于第一阶段是触发词的二分类任务,第二阶段是触发词的多分类任务,完全一致的特征显然不适合不同的分类任务,通过一定的特征选择策略选择更适合当前阶段分类任务的特征,有助于提高分类性能。触发词二分类阶段在多分类特征的基础上利用基于支持向量机的迭代特征删除算法(SVM-RFE)进行了特征选择。在触发词多分类阶段,本章参照生物事件抽取系统 TEES[20] 选择了部分适合触发词多分类的特征,该系统在 BioNLP'09 评测任务中的生物事件抽取性能最高;在此基础上,又加入了从大规模未标注生物语料学习到的词向量,以及候选触发词与最近蛋白质的最短依存路径特征作为触发词多分类特征。

特征选择方法是一个对特征进行排名的过程,根据特征选择的形式可以把特征选择方法分为三类:过滤法(Filter)、包装法(Wrapper)和嵌入法(Embedded)[53]。

Filter:按照发散或相关性对不同的特征进行评分,从而设定阈值选择特征。常见的Filter方法有互信息(mutual information)、信息增益(information gain)和费雪比率法(Fisher ratio)[54]等。

Wrapper:根据目标函数(通常是预测效果评分)每次选择或者排除若干特征。常见的Wrapper方法有SVM-RFE算法[55]和遗传算法(genetic algorithm,GA)[56]等。

Embedded:采用机器学习的算法训练得到不同特征的权值系数,根据权值系数从大到小选择特征。常用的Embedded方法有随机森林[57]等。

SVM-RFE是一种基于SVM最大间隔原理的序列后向选择算法,是一种性能良好且泛化能力强的特征选择算法。因此,本章选择了SVM-RFE算法进行触发词识别阶段的特征选择。它通过模型训练样本,然后对每个特征打分并排序,进而去掉最小特征得分的特征,之后再用剩余的特征再次训练模型,进行下一次迭代,最后选出需要的特征数。其中特征i的得分排序准则定义如式(2.1)所示:

$$c_i = w_i^2 \tag{2.1}$$

式中 w_i——第i维特征的权重;

c_i——特征i的得分。

SVM-RFE算法分为二分类和多分类特征选择算法。由于触发词识别阶段完成的是触发词二分类任务,所以本章采用了SVM-RFE二分类特征选择算法(如算法2.1所示),并在原算法基础上进行了少量改进,修改后的特征选择算法保留一定比例排名靠前的特征。实验中,采用SVM-RFE特征选择算法分别保留不同比例的特征,其触发词识别性能随特征选择比例变化如图2.7所示。实验结果显示,当保留14%的特征时,系统二分类性能最佳,F值为83.37%。因此,本章实验保留了对应的特征用于二分类任务。

算法2.1 SVM-RFE二分类特征选择算法

输入:MLEE语料触发词训练样本$\{(x_i, y_i)\}_{i=1}^{N}, y_i \in \{+1, -1\}$,保留特征比例$m$。

1. 初始化原始特征集$S = \{1, 2, \cdots, D\}$,触发词特征排序子集$R = [\ ]$

2. for $t = 1: m * |D|$

   获取含候选特征集合的训练样本;

   使用$\min \frac{1}{2} \sum_{i=1}^{N} \sum_{j=1}^{N} \alpha_i \alpha_j y_i y_j (x_i \cdot x_j) - \sum_{i=1}^{N} \alpha_i$训练SVM分类器,得到$w$;

   使用公式$c_i = w_i^2, i = 1, 2, \cdots, |S|$,计算特征排序得分;

   将得分最高的特征加入R中,并删除S中的相应特征;

输出:触发词特征排序子集R。

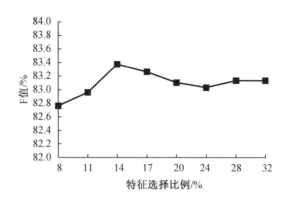

图 2.7　特征选择实验结果

2.3.2　触发词识别

在触发词识别阶段,生物事件触发词和非触发词被区别开来,但不对识别出的触发词进行详细类型划分,只判定当前词是否为触发词,即此阶段完成的是生物事件触发词的二分类任务。在此阶段,本章选用了二分类性能较好的 SVM 作为触发词二类分类器,并对预测出来的触发词正例进行筛选,作为第二阶段触发词分类阶段的输入。

SVM 是由 Cortes 等[57] 提出的一种有监督学习模型,是机器学习领域的重要学习算法,通常用于文本数据分析、模式识别、回归分析和样本分类。SVM 起初是为二分类问题设计的,分为线性可分 SVM 和线性不可分 SVM 两类。线性可分 SVM 的基本思想是寻找一个可以将二类样本分开时误差最小的最优超平面,然后寻找一个最优超平面。线性不可分 SVM 需要通过引入核函数来将线性不可分问题转换为线性可分问题,常用的核函数包括线性核函数、高斯核函数、多项式核函数和 Sigmoid 核函数等。

2.3.3　触发词分类

触发词分类阶段完成的主要任务是对触发词识别阶段预测的触发词正例进行分类,判定其具体的触发词类型,然后再将触发词识别阶段预测的触发词负例加回到测试集正例集合中,从而得到完整的触发词预测结果,该结果用于最终的生物事件触发词识别性能评价。针对这一阶段的触发词多分类任务,采用的特征包括词特征、依存信息、词向量和候选触发词与最近蛋白质的最短依存路径特征。因为蛋白质不可能是触发词,所以触发词识别分类器将所有非蛋白质的单词作为候选触发词。

(1)触发词多分类特征

①词特征。词特征是指可以从当前词本身直接获得的特征。词特征主要包括词本身、词性、词干、词形、是否为蛋白质及线性窗口内词的词特征。其中词形主要包括单词内是否有数字、是否有特殊字符(如 -,\ 等)、首字母是否大写等。词特征示例如表 2.3 所示。此外,本章结合了依存窗口内包含词的词特征以及当前词直接线性上下文的词特征。线性窗口和依存窗口均取 3。

表 2.3　词特征示例

特征	特征值	特征	特征值
词本身	trans-activation	词性	NN
词干	trans-activ	非词干	ation
首字母是否大写	0	单词内是否有数字	0
是否有特殊字符	1	duplets	tr,ra,an,ns,s-,-a,ac,ct,ti 等
是否是蛋白质	0	triplets	tra,ran,ans,ns-,s-a,act,cti,tiv 等

②依存信息。依存信息主要是指依存链中每个节点的词特征以及依存链中的依存类型特征。具体来说,依存链中每个节点的词特征包括原词特征、词性特征、是否是蛋白质,以及依存链中当前词与候选触发词之间的距离。依存信息中的原词特征及词性特征可以用以区分当前词是否是触发词。此外,候选触发词与蛋白质之间的依存距离越近,往往越可能是触发词,所以"是否是蛋白质"的特征也很重要。

③词向量。词向量通过将文本中的词转换为空间向量的表示形式,可以更好地表示文本间的语义信息,进而提升系统的性能。本章利用词向量训练工具 word2vec,通过 Skip-gram 模型(通过目标词预测周围词)训练得到一个低维度的、实值的向量表示。训练词向量的语料包括两部分,一部分是大规模的背景语料,约 5.7 GB 的 PubMed 摘要,这一部分是没有标注过的自然文本数据集;另一部分是 MLEE 语料包含的数据集,包括训练集、开发集和测试集,这部分语料已经由官方提供了标注信息。实验结果显示,当词向量维度为 400 维时,系统获得了较好且较为稳定的性能。

④最短依存路径特征。最短依存路径特征是触发词识别中非常关键的一个特征。触发词与蛋白质的距离越近,其有关系的可能性越大,距离候选触发词最近的蛋白质很可能是该触发词对应的要素。这一特征包括候选触发词与距离其最近的蛋白质之间的最短依存路径二元组、三元组、四元组,以及最短路径中实体类型的组合特征。

(2)触发词多分类算法

Li 等[28]和 He 等[58]已经验证了 PA 在线算法在触发词多分类任务上的有效性,PA 在线算法分为二分类算法和多分类算法。本章在两阶段触发词识别模型的分类阶段中,采用 PA 多分类算法完成触发词的多分类任务。

PA 在线算法是基于感知器的在线学习算法,主要受到最大边缘思想启发,算法的每步更新是由一个简单优化问题解析得到的。该问题一方面通过当前样本修改模型以便对当前样本正确分类,且具有最大间距;另一方面,为了保留已经学到的知识,又要求修改的模型尽量接近修改前的。PA 在线算法符合支持向量机中的最大边缘理论,所以具有较好的泛化性能。

PA 多分类算法伪代码描述如算法 2.2 所示。其中,参数 C 是一个正数值,用来控制算法间隔的松弛程度。对于 PA-Ⅰ和 PA-Ⅱ多分类算法,两者的主要区别在于 ξ 在目标函数中的形式是原型还是二范数。在 PA-Ⅰ多分类算法中,时间和空间复杂度与训练实例中非零特征数及训练数据的数量呈线性比,这很适合触发词识别任务的要求,所以本章采用 PA-Ⅰ

多分类算法完成触发词的多分类任务。PA-Ⅰ多分类算法还提供每个样例的预测值,这可以用于调节触发词识别的精确率和召回率。

算法 2.2　PA 多分类算法

输入:参数 $C > 0$。

　　初始化:$w_1 = (0, \cdots, 0)$

　　for $t = 1, 2, \cdots, n$

　　　　获取触发词训练样例:$x_t \in \mathbf{R}^n$

　　　　预测触发词分类标签:$\hat{y}_t = \arg\max_{y \in Y} \left[w_t \cdot \boldsymbol{\Phi}(x_t, y) \right]$,

　　　　其中 $\boldsymbol{\Phi}(x_t, y)$ 为与标签相关的特征向量

　　　　获取正确触发词分类标签:$y_t \in Y$

　　　　损失量:$\ell_t = \max \left\{ 0, 1 - w_t \cdot \boldsymbol{\Phi}(x_t, y_t) + w_t \cdot \boldsymbol{\Phi}(x_t, \hat{y}_t) \right\}$

　　　　更新:

　　　　　　1. 设置:

$$\tau_t = \frac{\ell_t}{\| x_t \|^2} \tag{PA}$$

$$\tau_t = \min \left\{ C, \frac{\ell_t}{\| x_t \|^2} \right\} \tag{PA-Ⅰ}$$

$$\tau_t = \frac{\ell_t}{\| x_t \|^2 + \dfrac{1}{2C}} \tag{PA-Ⅱ}$$

　　　　　　2. 更新:$w_{t+1} = w_t + \tau_t y_t x_t$

2.4　实　验　验　证

为了对本章提出的触发词识别方法进行评价,本章分别在生物事件抽取领域的通用语料 MLEE[21] 语料和 BioNLP 评测语料 BioNLP'09、BioNLP'11 数据集中进行了触发词识别实验。本章提出的方法在以上语料中均获得了较好的触发词识别性能,从而验证了本章方法的有效性和泛化性能。

2.4.1　实验数据

(1)MLEE 语料

本章采用的主要实验语料是生物事件抽取通用语料 MLEE 语料,主要是血管生成领域与癌症相关的文章。MLEE 语料由 Pyysalo 等[21] 组织标注,采用了与 BioNLP 评测语料相同

的标注标准。BioNLP 评测任务旨在抽取分子级的生物事件,而 MLEE 语料除了抽取分子级别的事件外,还抽取面向细胞、组织、器官等更加多样的生物实体相关事件。事件类型比 BioNLP 评测语料更加丰富,涵盖了从分子级到器官级的大多数事件类型。这些事件类型按照功能可以分为 Anatomical、Molecular、General 和 Planned 四大类,具体类型包括 Cell_proliferation、Regulation、Blood_vessel_development 等。其触发词具体分布如表 2.4 所示。

表 2.4 MLEE 语料触发词统计信息

类型分组	触发词类型	训练集数目	测试集数目
Anatomical	Cell_proliferation	82	43
	Development	202	98
	Blood_vessel_development	540	305
	Death	57	36
	Breakdown	44	23
	Remodeling	22	10
	Growth	107	56
Molecular	Synthesis	13	4
	Gene_expression	210	132
	Transcription	16	7
	Catabolism	20	4
	Phosphorylation	26	3
	Dephosphorylation	2	1
General	Localization	282	133
	Binding	102	56
	Regulation	362	178
	Positive_regulation	654	312
Planned	Planned_process	407	175

生物事件抽取语料中的实体种类众多,不仅涉及基因、药物、蛋白质等分子水平的实体,还包括细胞、组织、器官等更高层次的实体。生物实体是生物事件抽取中要素的主要构成,且不同类型的事件只允许特定类型的实体参与。MLEE 语料中实体类型丰富,包含除蛋白质外其他与血管生成相关的分子、细胞、组织、器官等 16 种实体类别。此外,MLEE 语料为了丰富事件表示还引入了更加精确的事件描述。MIEE 语料统计信息如表2.5 所示。

表 2.5　MLEE 语料统计信息

项目	训练集	开发集	测试集	总计
文档数	131	44	87	262
句子数	1 271	457	880	2 608
事件	3 296	1 175	2 206	6 677

（2）BioNLP 评测语料

BioNLP 是生物事件抽取的权威评测语料。本章在 BioNLP'09 和 BioNLP'11 数据集中进行了基于两阶段的触发词识别实验。表 2.6 和表 2.7 所示分别为 BioNLP'09 和 BioNLP'11 数据集的语料统计信息。

表 2.6　BioNLP'09 数据集的语料统计信息

项目	训练集	开发集	测试集
摘要数	800	150	260
句子数	7 449	1 450	2 447
事件	8 597	1 809	3 182

表 2.7　BioNLP'11 数据集的语料统计信息

项目	训练集	开发集	测试集
文档数	800	150	260
单词数	176 146	33 827	57 256
蛋白质	9 300	2 080	3 589
事件	8 615	1 795	3 193

（3）语料标注

MLEE 语料包含独立的训练集、开发集和测试集。BioNLP 语料主要提供了训练集和开发集，采取在线评价的方式对测试集进行预测及评价。这两个语料中标注方式一致，但 MLEE 语料共包含 19 种生物事件类型，BioNLP 语料包含 9 种生物事件类型。以上两个语料的原始数据集中均包含三个文件，分别是包含原始文本的 .txt 文件、包含生物实体的 .a1 文件及带有标注的生物事件的 .a2 文件。如图 2.8 所示，.txt 文件内容为包含摘要信息的自然文本；.a1 文件标注了文本内的生物实体，该文件每行标注信息依次为实体编号、实体类型、起止位置信息及实体本身；.a2 文件标注了触发词和事件，该文件中包含了 .txt 文本对应的触发词和事件信息，其中触发词信息（字母 T 开头所在行）包括触发词编号、触发词类型、触发词起止信息以及触发词本身。以"T5 Localization 74 83 migration"为例，该触发词编号为 T5，触发词类型为 Localization，起止位置为 74～83，触发词为 migration。事件信息（字母 E 开头所在行）包含的具体内容格式为事件类型（即触发词类型）:触发词　要素类型:要素本身。以"E8 Regulation:

T8 Theme: E9 Cause: T7”为例,事件编号为 E8,事件类型为 Regulation 类型,触发词为 T8。该事件包含两个要素,分别为 Theme 类型的要素 E9 及 Cause 类型的要素 T7。可以看出,由于该事件的 Theme 类型的要素为其他事件,所以该事件为嵌套事件。

.txt文件

Autocrine angiotensin system regulation of bovine aortic
endothelial cell migration and plasminogen activator
involves modulation of proto-oncogene pp60c-src
expression...

.a1文件

T2 Gen_or_gene_product 10 21 angiotensin
T3 Cell 528 544 endothelial cell
T6 Cell 50 73 aortic endothelial cell
T7 Gene_or_gene_product 88 109 plasminogen
T10 Gene_or_gene_product 148 157 pp60c-src

.a2文件

T5 Localization 74 83 migration
E5 Localization:T5 Theme:T6
T8 Regulation 119 129 modulation
E8 Regulation:T8 Theme:E9 Cause:T7

图 2.8 数据标注示例

2.4.2 评价方法

对于生物事件触发词识别性能评价,本章使用信息抽取领域常用的三个性能评价指标,分别是精确率(P)、召回率(R)和 F 值(F)。其定义公式如式(2.2)~式(2.4)所示:

$$P = \frac{\mathrm{TP}}{\mathrm{TP} + \mathrm{FP}} \tag{2.2}$$

$$R = \frac{\mathrm{TP}}{\mathrm{TP} + \mathrm{FN}} \tag{2.3}$$

$$F = \frac{2PR}{P + R} \tag{2.4}$$

式中 TP(true positives)——正例中判断正确的样本数;

FP(false positives)——负例中判断错误的样本数;

FN(false negatives)——正例中判断错误的样本数。

由上述公式可以得到,精确率和召回率分别考虑算法的准确性和全面性,而 F 值是精确率和召回率的调和平均值,更能全面评价算法的性能。因此,当前生物医学信息抽取领域研究通常使用 F 值作为性能评价指标。

对于二分类问题可以直接通过上述公式计算各项指标。对于多分类问题,为了评估算法在整个数据集上的性能,还有微平均(micro average)和宏平均(macro average)两个评价指标。微平均是指每一个实例的性能指标的算术平均,宏平均是指每一个分类的性能指标的算术平均。对于多分类问题,在事件抽取等 NPL 任务上应用的多为微平均评价指标,本章多分类性能评价指标采用的也是微平均 F 值,后续章节中多分类性能评价标准也将采用微平均 F 值。上述各性能指标的微平均定义如式(2.5)~式(2.7)所示,其中 n 表示多分类的类别数。

$$\text{Micro\_P} = \frac{\sum_{i=1}^{n} \text{TP}_i}{\sum_{i=1}^{n} \text{TP}_i + \sum_{i=1}^{n} \text{FP}_i} \tag{2.5}$$

$$\text{Micro\_R} = \frac{\sum_{i=1}^{n} \text{TP}_i}{\sum_{i=1}^{n} \text{TP}_i + \sum_{i=1}^{n} \text{FN}_i} \tag{2.6}$$

$$\text{Micro\_F} = \frac{2 \cdot \text{Micro\_P} \cdot \text{Micro\_R}}{\text{Micro\_P} + \text{Micro\_R}} \tag{2.7}$$

2.4.3　参数选择

本章所用语料包含独立的训练集、开发集和测试集。实验将训练集和开发集合并用于训练模型,通过开发集调参,在测试集上完成模型的测试和性能评估。为了提高模型的泛化能力和鲁棒性,实验针对语料的开发集进行多次调参,选取性能较好的几个模型进行平均,最终得到一个均值化的新模型。使用均值化的模型,可以减少组合参数优化的数量,同时也可以降低测试时的错误率。由于没有办法遍历全部参数,本章参数根据经验及相关参考文献建议,在一定的范围内选取。参数 C 用于控制松弛项对目标函数的影响,C 值从集合$\{0.000\ 01, 0.000\ 05, 0.000\ 1, 0.000\ 5, 0.001, 0.005, 0.01, 0.05\}$ 中选取了 0.000 05,迭代次数 t 设置为 100 次。

2.4.4　实验分析

(1)实验结果

为了验证本章方法的有效性,本章完成了相关对比实验,结果如表 2.8 所示。首先利用一阶段方法完成了触发词识别的实验(表 2.8 第 1 行),即利用 PA 在线算法对当前分词进行多分类,判断其触发词类型。若当前分词不属于任何一种触发词类型则判定其为触发词负例。然后利用两阶段方法对触发词进行识别(表 2.8 第 2 行),即将触发词识别分为识别和分类两个阶段。实验结果显示,两阶段方法相较于一阶段方法 F 值提高了 0.52%。

表 2.8　本章方法与其他模型的对比实验结果

模型	精确率/%	召回率/%	F 值/%
一阶段方法	80.09	73.29	76.54
两阶段方法	82.75	72.11	77.06
一阶段方法 + 特征选择	80.17	73.23	76.55
两阶段方法 + 特征选择	80.19	75.65	77.85
两阶段方法 + 特征选择 + 词向量	80.35	79.16	**79.75**

此外,本章在两阶段方法的基础上结合了特征选择(表 2.8 第 4 行),实验结果显示,相较于没有进行特征选择的两阶段方法而言(表 2.8 第 2 行),系统性能提升了0.79%。为公平起见,本章实验在一阶段方法的基础上也结合了特征选择(表 2.8 第 3 行),进行触发词识别。实验结果表明,在同样进行了特征选择的前提下,两阶段方法仍然具有较好性能,其 F 值为 77.85%。结合了特征选择的两阶段触发词识别方法较结合了特征选择的一阶段触发词识别方法 F 值提升了 1.3%。本章在上述实验基础上结合了词向量,通过 word2vec 工具,使用 skip-gram 模型分别尝试训练了 50 维、100 维、200 维和 400 维的词向量,实验结果表明 400 维的词向量具有较好且较为稳定的性能。因此,本章实验在抽取的特征中加入了 400 维词向量特征。如表 2.8 所示,结合词向量特征后触发词识别 F 值为 79.75%,其性能较结合了特征选择的两阶段触发词识别方法提高了 1.9%。

(2)两阶段方法的有效性分析

两阶段方法将触发词识别分为识别和分类两个阶段。在识别阶段,候选实例仅被判断为触发词和非触发词两类,不判断其具体类型。在分类阶段,对第一阶段识别出来的触发词正例进行分类,判断其具体的触发词类型。虽然两阶段方法在一定程度上存在错误传播的问题,然而由于两阶段方法能够减少数据不平衡带来的问题,同时能够避免过多负例对正例分类的干扰,且在不同阶段选择不同的特征进一步提高了每个阶段的分类性能。因此,相对于一阶段方法而言,两阶段方法仍然取得了较好的识别性能。其具体分析如下。

第一,将触发词识别分成两部分解决,减少了数据不平衡带来的问题。数据平衡问题是根据数据中少数类别的实例个数和多数类别的实例个数之比而定的[59]。以 MLEE 语料的训练集为例,其中 Synthesis 类型实例个数仅为 13 个,Dephosphorylation 类型实例个数仅为 2 个,Positive_regulation 类型实例个数为 654 个,Blood_vessel_development 类型实例个数为 540 个,而负例 Negative_regulation 高达 29 561 个。对于一阶段方法来说,需要直接将候选触发词分成对应的 20 种类型(19 种触发词正例类型,1 种触发词负例类型),数据不平衡问题较为严重。训练集中少数类别(Dephosphorylation)的个数与多数类别(Negative_regulation)的个数之比为 1:14 780.5。然而,将问题分解为对所有实例只分正负的二分类和只对正例多分类两个子问题之后,第一阶段中的少数类别的个数(Cell_proliferation、Development、Blood_vessel_development、Growth、Death、Breakdown、Remodeling、Synthesis、Gene_expression、Transcription、Catabolism、Phosphorylation、Dephosphorylation、Localization、Binding、Regulation、Positive_regulation、Negative_regulation 和 Planned_process 19 种类别个数之和)与多数类别(Negative_regulation)的个数之比为 1:8.22。在第二阶段中,少数类别(Dephosphorylation)的个数与多数类别(Positive_regulation)的个数之比为 1:327。可以看出,当把问题分成两个阶段处理时,原来较为严重的数据不平衡比例 1:14 780.5 在两个阶段中分别转换为 1:8.22 和 1:327,数据不平衡问题得到了明显缓解。也就是说,两阶段方法相当于把一个正负例不平衡程度很高的问题分解成不平衡程度相对较低的两个问题,而数据的不平衡也会影响分类器的性能[60-61]。因此,缓解数据不平衡可能是两阶段方法性能优于一阶段方法的原因之一。

第二,两阶段方法可以避免过多负例对正例分类造成的干扰。以 MLEE 语料的训练集为例,触发词负例为 29 591 个,占触发词实例总数的 91.93%。当采用一阶段的分类方法时,由于其对触发词正例和负例同时分类,显然,数目如此庞大的负例必将对分类模型的训练及正例的分类造成一定干扰,从而影响触发词识别性能。而采用两阶段方法时,在第一阶段中,分类类型总数较少,且数据不平衡问题得到缓解;在第二阶段中,由于仅对第一阶段预测的正例进行分类,从而避免了大量负例对正例分类的干扰。因此,相对于一阶段方法而言,两阶段方法取得了更好的识别性能。

第三,两阶段方法通过不同阶段选择不同的特征,进一步提高了识别性能。在两阶段方法中,由于两个阶段完成的是不同的分类任务:二分类和多分类,所以,为了进一步提高每个阶段的分类性能,针对不同分类任务选择合适的特征是很必要的。通过表 2.8(第 4 行)不难发现,对两阶段方法中的不同阶段选择不同特征后,触发词识别 F 值相对于两个阶段方法中使用相同特征的触发词识别 F 值(表 2.8 第 2 行)提升了 0.79%。由此可见,在两阶段方法中结合特征选择进一步提升了两阶段方法的识别性能。

此外,将触发词识别问题分成两个阶段解决相当于把一个复杂的问题分解成两个相对简单的问题,而分类器往往可以更好地解决相对简单的问题。直观来看,在数据集相同的情况下,需要分类的总类别个数越多,分类问题的难度将越大。这或许也是两阶段方法性能优于一阶段方法的一个原因。

(3)与其他方法的性能比较

为了评估本章方法的性能,表 2.9 列出了 MLEE 语料中,本章方法与现有文献中其他先进的基于统计机器学习方法的触发词识别性能比较。Pyysalo 等[21]采用了基于 SVM 的触发词分类方法,他们总结了上下文、依存关系等丰富的特征。Zhou 等[23]采用了基于半监督的学习模型,通过引入未标注的语料和事件抽取中的隐藏话题来识别触发词。Zhou 等[22]将大规模语料中学习到的领域知识与人工总结的语义、句法等特征进行融合,然后通过 SVM 进行触发词分类。他们的方法取得了目前 MLEE 语料中基于传统机器学习的触发词识别方法的最好性能,而本章方法的 F 值比 Zhou 等[22]的方法提高了 1.43%。相较而言,本章没有结合领域知识,避免了部分人工代价。

此外,以上方法几乎均为一阶段触发词分类方法,相较而言,两阶段的方法将一个较为复杂的问题分成两个相对简单的问题进行处理,降低了问题的难度。将一次分类转换成两次分类,也间接缓解了数据不平衡带来的问题。同时,实验表明,在训练时间上,两阶段方法时间也更短、更高效。从表 2.9 可以看出,本章方法获得了较好的触发词识别性能。综上,针对触发词识别任务而言,两阶段方法是一个比较有效的方法。

表 2.9　本章方法与其他方法的总体性能比较

模型	精确率/%	召回率/%	F 值/%
Pyysalo 等[21]	70.79	81.69	75.84
Zhou 等[23]	72.17	82.26	76.89
Zhou 等[22]	75.35	81.60	78.32
本章方法	80.35	79.16	**79.75**

MLEE 语料中共有 19 种预定义事件类型,为了更好地分析本章方法的触发词识别性

能,表 2.10 分别在 19 个子类上与 Pyysalo 等[21]和 Zhou 等[22]的触发词识别性能进行了比较。其中 Pyysalo 等[21]的系统为基线系统,Zhou 等[22]的系统为现有传统机器学习方法中性能最好的系统。可以看出,相较于 Pyysalo 等提出的基于特征的 SVM 分类方法,本章方法在 14 种类型的触发词识别性能上更优,在 2 种类型上与其识别性能相当。例如,本章方法在 Breakdown、Synthesis 和 Planned process 等类型识别中 F 值分别提升了18.18%、17.14% 和 15.7%。相较于 Zhou 等[22]的机器学习方法,本章方法在 10 种类型的触发词识别性能上更优,在 Cell_proliferation 类型上与其性能相当。

表 2.10 本章方法与其他方法在 19 个子类上的性能比较

触发词类型	Pyysalo 等[21]的 F 值/%	Zhou 等[22]的 F 值/%	本章方法的 F 值/%
Cell_proliferation	66.67	72.50	72.50
Development	75.00	74.88	76.47
Blood_vessel_develop	96.01	97.99	96.37
Growth	75.81	80.34	81.74
Death	70.97	79.49	76.54
Breakdown	48.48	48.48	66.66
Remodeling	66.66	70.59	62.50
Synthesis	40.00	44.44	57.14
Gene_expression	88.57	88.41	89.49
Transcription	18.18	0.00	28.57
Catabolism	0.00	22.22	28.57
Phosphorylation	66.66	85.71	66.67
Dephosphorylation	0.00	100.00	0.00
Localization	81.62	83.21	80.00
Binding	80.00	79.63	78.35
Regulation	52.52	54.72	61.80
Positive_regulation	76.14	78.30	80.75
Negative_regulation	75.66	77.95	77.27
Planned_process	62.73	64.66	78.43

(4)其他语料中的触发词识别性能分析

为了验证本章方法的泛化性能,除 MLEE 语料之外,本章还分别在 BioNLP 评测语料 BioNLP'09 和 BioNLP'11 数据集中进行了基于两阶段方法和特征选择的生物事件触发词识别实验。BioNLP'09 和 BioNLP'11 数据集的语料统计信息如表 2.6 和表 2.7 所示,实验结果如表 2.11 所示,本章方法在 BioNLP'09 和 BioNLP'11 语料中均获得了较好的触发词识别性能。在 BioNLP'09 数据集中,Wang 等[62]提出的基于深层句法分析的触发词识别方法取得了现有文献中的最好性能,相较于他们的方法,本章方法的 F 值提高了 3.12%。在

BioNLP'11 评测数据集中,相较于 Wang 等[62]的方法,本章方法的 F 值提高了 4.71%。实验结果进一步验证了在触发词识别任务中本章方法的有效性,同时也说明了本章方法具有一定的泛化能力。

表 2.11　本章方法与其他方法在 BioNLP 语料中的性能比较

模型	数据集	精确率/%	召回率/%	F 值/%
Zhang[61]	BioNLP'09	79.83	56.02	65.84
Majumder[63]	BioNLP'09	69.96	64.28	67.00
Martinez[24]	BioNLP'09	70.20	52.60	60.10
Wang[62]	BioNLP'09	75.30	64.00	68.80
Wang[62]	BioNLP'11	69.50	56.90	67.30
本章方法	BioNLP'09	75.94	68.31	**71.92**
本章方法	BioNLP'11	68.09	76.41	**72.01**

2.5　本 章 小 结

本章针对生物事件抽取中的关键问题生物事件触发词识别,提出了一种基于两阶段和特征选择的统计机器学习识别方法,并分别在生物事件抽取通用语料 MLEE 语料和 BioNLP 评测语料 BioNLP'09、BioNLP'11 数据集中验证了本章方法的性能。从实验结果中可以得出如下主要结论:

(1)两阶段方法的有效性

本章采用的两阶段分类方法将一个较为复杂的问题分解为两个相对简单的问题进行处理,降低了问题的难度。此外,将一次分类转换成两次分类,每个阶段数据不平衡的严重性低于一次分类,间接缓解了数据不平衡问题。综上,针对触发词识别任务而言,两阶段方法是一个比较有效的方法。

(2)特征选择的有效性

由于在两阶段方法中,不同阶段完成不同的分类任务,第一阶段是二分类任务,第二阶段是多分类任务,所以为每个阶段分别选择适合的特征可以更好地提高相应阶段的性能。在触发词识别阶段,本章仅保留了分类阶段总体特征的 14%;在触发词分类阶段,结合了候选触发词到蛋白质的最短依存路径等特征。

(3)词向量的有效性

为了获取更深层次的语义和句法信息,本章通过常用词向量训练工具 word2vec,利用大规模生物医学背景语料训练了词向量。实验结果验证了词向量特征对于触发词识别任务的有效性。

综上,本章提出的结合了两阶段方法、特征选择和词向量的触发词识别模型在 MLEE

语料和 BioNLP 评测语料中均获得了较好的性能,但是仍存在很大的提升空间。在未来的工作中,还可以进一步改进和完善模型,以获取更好的识别性能。此外,本章基于两阶段和特征选择的方法具有响应时间快、使用特征具有可见性等特点,语料分布对其性能无明显影响。

参 考 文 献

[1] KIM J D, OHTA T, PYYSALO S, et al. Overview of BioNLP'09 shared task on event extraction [C]. The Workshop on Current Trends in Biomedical Natural Language Processing: Shared Task, Boulder, Colorado, June,2009: 1 - 9.

[2] KIM J D, WANG Y, TAKAGI T, et al. Overview of genia event task in BioNLP Shared Task 2011 [C]. Bionlp Shared Task 2011 Workshop, Portland, Oregon, USA, 2012: 7 - 15.

[3] KIM J D, WANG Y, YASUNORI Y, et al. The genia event extraction shared task, 2013 Edition-Overview [C]. Bionlp Shared Task 2013 Workshop, Sofia, Bulgaria, 2013: 8 - 15.

[4] DELÉGER L, BOSSY R, CHAIX E, et al. Overview of the bacteria biotope task at BioNLP shared task 2016 [C]. Bionlp Shared Task Workshop-Association for Computational Linguistics, Berlin, Germany, 2017: 12 - 22.

[5] DODDINGTON G R, MITCHELL A, PRZYBOCKI M A, et al. The automatic content extraction (ACE) program tasks, data, and evaluation [C]. Proceedings of the International Conference on Language Resources and Evaluation, 2004, Lisbon Portugal, May,2: 837 - 840.

[6] COHEN J. Statistical power analysis for the behavior sciences [M]. 2nd ed New York: Routledge, 1988.

[7] VLACHOS A, BUTTERY P, BRISCOE T. Biomedical event extraction without training data [C]. The Workshop on Current Trends in Biomedical Natural Language Processing: Shared Task, Boulder, Colorado, 2009: 37 - 40.

[8] MIWA M, THOMPSON P, ANANIADOU S. Boosting automatic event extraction from the literature using domain adaptation and coreference resolution [J]. Bioinformatics, 2012, 28(13): 1759 - 1765.

[9] MINH Q L, TRUONG S N, BAO Q H, et al. A pattern approach for biomedical event annotation [C]. Bionlp Shared Task 2011 Workshop, Portland, Oregon, USA, 2011: 149 - 150.

[10] KILICOGLU H, BERGLER S. Adapting a general semantic interpretation approach to biological event extraction [C]. Bionlp Shared Task 2011 Workshop, Portland, Oregon, USA, 2011: 173 - 182.

[11] BJÖRNE J, HEIMONEN J, GINTER F, et al. Extracting complex biological events with rich graph-based feature sets [C]. Proceedings of the Workshop on BioNLP: Shared

Task, Boulder, Colorado, 2009:10 – 18.

[12]　CORTES C, VAPNIK V. Support-Vector Networks [M]. Norwell: Kluwer Academic Publishers, 1995.

[13]　WANG Z, VUCETIC S. Online Passive-Aggressive algorithms on a budget[J]. Journal of Machine Learning Research, 2010, 9: 908 –915.

[14]　LAFFERTY J D, MCCALLUM A, PEREIRA F C N. Conditional random fields: probabilistic models for segmenting and labeling sequence data [C]. Eighteenth International Conference on Machine Learning, Williamstown, MA, USA 2001: 282 –289.

[15]　BAUM L E, PETRIE T. Statistical inference for probabilistic functions of finite state markov chains [J]. Annals of Mathematical Statistics, 1966, 37(6): 1554 –1563.

[16]　ZHOU D, HE Y. Biomedical events extraction using the hidden vector state model [J]. Artificial Intelligence In Medicine, 2011, 53(3): 205 –213.

[17]　MARTINEZ D, BALDWIN T. Word sense disambiguation for event trigger word detection in biomedicine[J]. BMC Bioinformatics, 2011, 12(2): 1 –8.

[18]　MACKINLAY A, MARTINEZ D, BALDWIN T. Biomedical event annotation with CRFs and precision grammars [C]. The Workshop on Current Trends in Biomedical Natural Language Processing: Shared Task, Boulder, Colorado, 2009: 77 –85.

[19]　CAMPOS D, BUI Q C, MATOS S, et al. TrigNER: automatically optimized biomedical event trigger recognition on scientific documents [J]. Source Code for Biology and Medicine, 2014, 9(1): 1.

[20]　BJÖRNE J, HEIMONEN J, GINTER F, et al. Extracting complex biological events with rich graph-based feature sets [C]. The Workshop on Current Trends in Biomedical Natural Language Processing: Shared Task, Boulder, Colorado, 2009: 10 –18.

[21]　PYYSALO S, OHTA T, MIWA M, et al. Event extraction across multiple levels of biological organization[J]. Bioinformatics, 2012, 28(18): i575 –i581.

[22]　ZHOU D Y, ZHONG D Y, HE Y L. Event trigger identification for biomedical events extraction using domain knowledge [J]. Bioinformatics, 2014, 30(11): 1587 –1594.

[23]　ZHOU D, ZHONG D. A semi-supervised learning framework for biomedical event extraction based on hidden topics [J]. Artificial Intelligence in Medicine, 2015, 64(1): 51 –58.

[24]　MARTINEZ D, BALDWIN T. Word sense disambiguation for event trigger word detection in biomedicine[J]. Bmc Bioinformatics, 2011, 12(2): 1 –8.

[25]　WEI X, ZHU Q, LYU C, et al. A hybrid method to extract triggers in biomedical events [J]. Journal of Digital Information Management, 2015, 13(4): 298 –305.

[26]　LI L, WANG Y, HUANG D. Improving feature-based biomedical event extraction system by integrating argument information [C]. Bionlp Shared Task 2013 Workshop, Sofia, Bulgaria, 2013: 109 –115.

[27]　王健, 吴雨, 林鸿飞,等. 基于深层句法分析的生物事件触发词抽取[J]. 计算机工程, 2014, 40(1): 25 –30.

［28］ LI L, LIU S, QIN M, et al. Extracting biomedical event with dual decomposition integrating word embeddings ［J］. IEEE/ACM Transactions on Computational Biology and Bioinformatics, 2016, 13(4): 669 −677.

［29］ BLASCHKE C, VALENCIA A. The frame-based module of the SUISEKI information extraction system ［J］. Intelligent Systems IEEE, 2002, 17(2): 14 −20.

［30］ FUNDEL K, KÜFFNER R, ZIMMER R. RelEx—Relation extraction using dependency parse trees［J］. Bioinformatics, 2007, 23(3): 365 −371.

［31］ MIWA M, TRE R, MIYAO Y, et al. A rich feature vector for protein-protein interaction extraction from multiple corpora ［C］. Conference on Empirical Methods in Natural Language Processing, Singapore, 2009: 121 −130.

［32］ YANG Z, LIN H, LI Y. BioPPISVMExtractor: a protein-protein interaction extractor for biomedical literature using SVM and rich feature sets ［J］. Journal of Biomedical Informatics, 2010, 43(1): 88 −96.

［33］ LI L, HE X, ZHENG J, et al. An active transfer learning framework for protein-protein interaction extraction ［J］. Ieice Transactions on Information and Systems, 2018, E101-D(2): 504 −511.

［34］ AHMED S, NAIR R, PATEL C, et al. Bio-Molecular event extraction from text using semantic classification and dependency parsing ［C］. Proceedings of the Workshop on BioNLP: Shared Task, Boulder, Colorado, June 2009: 99 −102.

［35］ PHAM X Q, LE M Q, HO B Q. A hybrid approach for biomedical event extraction［J］. Proceedings of the BioNLP Shared Task 2013 Workshop, 2013.

［36］ AHN D. The stages of event extraction ［C］. Proceedings of 44th Annual Meeting of the Association for Computational Linguistics (ACL), Sydney, Australia, 2006:1 −8.

［37］ LIU S, LIU K, HE S, et al. A probabilistic soft logic based approach to exploiting latent and global information in event classification ［C］. Proceedings of the 30th AAAI Conference on Artificial Intelligence, Arizona, USA, 2016: 2993 −2999.

［38］ HONG Y, ZHANG J, MA B, et al. Using cross-entity inference to improve event extraction ［C］. Proceedings of the 49th Annual Meeting of the Association for Computational Linguistics: Human Language Technologies, Portland, Oregon, USA, 2011: 1127 −1136.

［39］ BJÖRNE J, SALAKOSKI T. Generalizing biomedical event extraction ［C］. Bionlp Shared Task 2011 Workshop, Portland, Oregon, USA, 2011: 183 −191.

［40］ MIWA M, PYYSALO S, HARA T, et al. Evaluating eependency representation for event extraction ［C］. International Conference on Computational Linguistics, Beijing, China, 2010: 779 −787.

［41］ MORA G, FARKAS R, SZARVAS G, et al. Exploring ways beyond the simple supervised learning approach for biological event extraction ［C］. The Workshop on Current Trends in Biomedical Natural Language Processing: Shared Task, Boulder, Colorado, 2009: 137 −140.

［42］ BUI Q C. A fast rule-based approach for biomedical event extraction ［C］. Bionlp Shared Task 2013 Workshop, Sofia, Bulgaria, 2013：104 – 108.

［43］ LI Q, JI H, HUANG L. Joint event extraction via structured prediction with global features［J］. ACL 2013-51st Annual Meeting of the Association for Computational Linguistics, Proceedings of the Conference, 2013, 1：73 – 82.

［44］ RIEDEL S, CHUN H W, TAKAGI T, et al. A markov logic approach to bio-molecular event extraction ［C］. The Workshop on Current Trends in Biomedical Natural Language Processing：Shared Task, Boulder, Colorado, 2010：41 – 49.

［45］ RIEDEL S, MCCALLUM A. Fast and robust joint models for biomedical event extraction ［C］. Conference on Empirical Methods in Natural Language Processing, Edinburgh, Scotland, UK, 2011：1 – 12.

［46］ MIWA M, PYYSALO S, HARA T, et al. A comparative study of syntactic parsers for event extraction［J］. Proceedings of the 2010 Workshop on Biomedical Natural Language Processing, 2010(7)：37 – 45.

［47］ TSURUOKA Y, TATEISHI Y, KIM J D, et al. Developing a robust part-of-speech tagger for biomedical text［C］//Advances in Informatics, 2005：382 – 392. DOI：10. 1007/ 11573036_36.

［48］ SAGAE K, TSUJII J. Dependency parsing and domain adaptation with LR models and parser ensembles［J］. EMNLP-CoNLL 2007 – Proceedings of the 2007 Joint Conference on Empirical Methods in Natural Language Processing and Computational Natural Language Learning, 2007：1044 – 1050.

［49］ WANG J, XU Q, LIN H, et al. Exploring useful eeatures for biomedical event trigger detection ［J］. Journal of Multiple-Valued Logic and Soft Computing, 2013, 20(5)：557 – 570.

［50］ LIU X, LUO Z C, HUANG H Y. Jointly multiple events extraction via attention-based graph information aggregation［EB/OL］. 2018：arXiv：1809. 09078［cs. CL］. https：// arxiv. org/abs/1809. 09078.

［51］ TEDD L A, PAUL J. Program：a record of the first 40 years of electronic library and information systems ［J］. Program Electronic Library and Information Systems, 2006, 40(1)：11 – 26.

［52］ 刘家锋, 赵巍, 朱海龙, 等. 模式识别 ［M］. 哈尔滨：哈尔滨工业大学出版社, 2014.

［53］ MUNDRA P A, RAJAPAKSE J C. SVM-RFE with MRMR filter for gene selection［J］. IEEE Transactions on Nanobioscience, 2010, 9(1)：31 – 37.

［54］ FISHER R A. The use of multiple measurements in taxonomic problems ［J］. Annals of Human Genetics, 1936, 7(2)：179 – 188.

［55］ GUYON I, WESTON J, BARNHILL S, et al. Gene selection for cancer classification using support vector machines［J］. Machine Learning, 2002, 46(1/2/3)：389 – 422.

［56］ BREIMAN L. Random forests-radom features ［J］. Machine Learning, 2007, 45：5 – 32.

［57］ CORTES C, VAPNIK V. Support-vector networks［J］. Machine Learning, 1995, 20

(3): 273 – 297.

[58]   HE X, LI L, ZHENG J, et al. Extracting biomedical event using feature selection and word representation [C]. Bionlp Shared Task Workshop, Berlin, Germany, 2016: 101 – 101.

[59]   BJÖRNE J. Biomedical event extraction with machine learning [D]. Turku: University of Turku, 2014.

[60]   SUN Y, WONG A K C, KAMEL M S. Classification of imblance data: A review[J]. International Journal of Pattern Recognition and Artificial Intelligence, 2009, 23(4): 687 – 719.

[61]   ZHANG Y J, LIN H F, YANG Z H, et al. Biomolecular event trigger detection using neighborhood hash features[J]. Journal of Theoretical Biology, 2013, 318: 22 – 28.

[62]   WANG J, WU Y, LIN H, et al. Biological event trigger extraction based on deep parsing [J]. Computer Engineering, 2014, 40(1): 25 – 30.

[63]   MAJUMDER A. Multiple features based approach to extract bio-molecular event triggers using conditional random field [J]. International Journal of Intelligent Systems and Applications, 2012, 4(12): 41 – 47.

第3章 基于图的数据挖掘技术

3.1 概　　述

随着信息处理技术和互联网技术的日益发展,互联网访问量逐渐增大并形成了大规模虚拟的社交网络数据。在庞大而复杂的网络数据集中,有价值的信息如何被挖掘出来显得尤为重要,尤其是社区发现及相关问题的分析一直被视为研究的热点。事实上,数据库、机器学习、数据挖掘等领域的许多方法都可以运用到图挖掘分析中,研究的重点是如何在保证聚类质量的情况下提高图挖掘效率。

图聚类理论是至关重要的理论先导,拥有广泛的应用价值。因此,它不但成为数据挖掘领域中具有基础性、挑战性和前瞻性和的研究方向之一,而且激发了数学、社会学和生物学等很多领域中研究者的兴趣,并且还掀起了一股股研究高潮。2002年至今,新的算法层出,新的运用领域也在被不断开辟和拓展,因此,有很多种图聚类方法被发现。但在实际应用中,需要依据数据特征、聚类目标及具体要求来挑选最适宜的聚类算法。若采用聚类技术作为探索或者描述的工具,则需要借用若干聚类算法对一组数据集实施聚类操作,评价聚类结果。通常聚类算法可分为如下几类。

①划分方法。设有 N 个对象的数据集,将其划分为 K 组,每组为一簇,且 $K \leq N$。划分时须同时符合两个要求:每组中至少包含一个对象;任何一个对象只能被划分到一个簇中,但在某些模糊聚类过程中,可放宽第二个要求。其过程为:首先进行初始化,即创建 K 个划分;然后选取某种迭代技术重新定位,使得元组在不同簇之间移动,以达到提高划分质量的要求。此种划分的标准是在同一组中元组彼此之间应尽可能相似或者接近,在彼此不同的组中元组之间应尽可能互异或者远离。为使整体更优或者最优,基于划分的聚类要求枚举所有可能的分组。但在大多数现实领域中,划分时采用两个通用的启发式思想:每一组被该组中元组的平均值所取代;每组被接近簇中心的一个元组所取代。这种启发式聚类分析方法对在规模比较小的数据集中发现稠密簇很实用。为了在规模大、稠密的数据集中实施聚类操作,需要进一步扩展基于划分的算法。

②层次方法。它是对指定数据集按照一定的标准实施有层次分化的操作。依据层次分化如何形成的过程,层次方法有两种:凝聚和分裂。凝聚被称作自底向上的方法,将每个对象视为一个极小的组,紧接着聚合相似的对象集,此过程直到全部簇不能聚合为止,即若干个逻辑条件表达式的布尔值为真。分裂采用自顶向下的策略,在初始时将数据集看作一个超级的簇,在一次迭代操作过程中,簇被分解成若干个更小的组,直到若干个终止条件的

布尔值为真。层次方法在实施过程中一步或者几步完成一次凝聚或分裂,它不能被撤销,即该技术不能更正错误的决定。但是这也非常有益的,不用考虑相异选择的组合数量,聚类代价相对较小。此外,该方法通过分析元组间的关联,采用层次凝聚和迭代的重定位方式,在每层划分中改进层次聚类的结果;或者先采用自顶向下的层次算法,然后采用迭代重定位来提升精度。

③基于密度的方法。其核心思想是彼此邻近区域的元组密度大于某个阈值时就对其实施聚类操作。换言之,在给定的实验集中,在一设定的区域内须至少包含规定数量的对象。因此该方法可有效过滤噪声、孤立点或者离群点。DBSCAN[1]是一种典型的基于簇密度的策略,它依据密度的阈值来限定簇规模的增长;OPTICS[2]也是一种基于密度的策略,与前者不同的是,它通过计算聚类顺序得到一个交互、自动的聚类结果。

④基于网格的方法。这种方法是指将象空间量化为一定数量的单元,生成一个网格结构的过程,一切聚类操作皆在该网格结构即量化空间上实施。该方法不但具有很快的聚类速度,而且其聚类时间独立于该数据集中的对象数,但与量化空间中每个度的单元数目有关系。

⑤基于模型的方法。该方法是指为数据集寻找所设定最佳拟合值的模型的过程,其借助构建反映对象空间分布的密度函数来实施聚类操作。它也是基于标准的对象统计自动决定簇数目的聚类方法,考虑到了孤立点,是具有很强鲁棒性的聚类方法。

有的经典图挖掘算法由于包含多个经典思想,很难被划到以上五种方法内。另外在某些实际应用中,可能因特定的聚类评价标准,而需要使用多种聚类方法。常见的经典图聚类算法如下:基于团体内部的节点连边与团体之间的节点连边的差值最优化原则进行分割的 Kernighan-Lin 算法,基于 Laplace 矩阵进行向特征向量空间谱映射的谱平分算法,基于边介数的 GN 算法,在 GN 算法基础上改进的基于贪婪算法思想的 Newman 快速算法,引进边聚集系数新指标的 Radicchi 算法,解决相互重叠社会结构的派系过滤算法,基于稀疏化的图模体聚类算法 gSparsify,利用 categorical 分布对三角形模体的生成过程建模的 MCDTM 模型,等等。

同时,自 2002 年 Milo 等在 *Science* 上提出"网络模体"这个概念以来,许多学者对网络模体发现算法研究表现出广泛关切。网络模体发现算法大致分为基于枚举法和基于模式识别的方法。WINNOWER、cWINNower 和 MotifCut 都基于图论来实现枚举,其主要缺陷是在查找过程中受应用限制和计算效率低。基于模式识别的方法有 MotifSampler、Gibbs sample、AlignACE,这些方法采用 Gibbs 采样策略来搜索 PSSM 空间,效果容易受初始条件影响而不理想。因此,改进和提升网络模体的识别算法的效率迫在眉睫。网络模体发现算法流程有以下三个环节:

①按照输入图的统计特征生成一组随机图;

②在随机图和输入图中进行网络模体搜索;

③计算子图统计特征后,与阈值比较,以此来判定子图是否为网络模体。

在第②步子图挖掘过程中,Milo 等使用穷尽递归搜索方法,查找指定规模的全部子图。该算法在递归中占用堆栈资源特别多,容易耗尽系统内存资源,所用的时间资源也比较多。

本章对第②步子图挖掘过程进行改进,把模体搜索作为图聚类的一部分,使图稀疏化,为图聚类做准备。

现有经典的图挖掘算法难以适应规模庞大的数据量,存在明显的缺陷,如 Kernighan-Lin 算法必须提前了解该网络拓扑图中两个社团的大小,否则挖掘效率低,很难在实际网络分析中广泛应用;谱平分算法只能将拓扑图分成两个子图,如果想要分成多个子图,则只能重复应用这个方法,纵然这样可行,预先也无法确定将图最终划分为多少个子图适宜;GN 算法只是间接从拓扑结构判断它所求得的结构是否应该是实际网络中的社团结构,从而需要一些追加的网络含义来判定所得到的社团结构是否具有现实意义。

通过对以往研究内容的总结和对参考文献的研究,可以将图聚类算法大致分为三类,如图 3.1 所示。

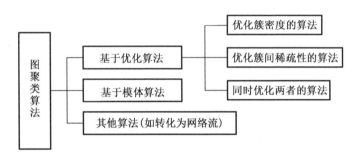

图 3.1　图聚类算法的分类

①基于优化的算法,如文献[3]中的 SCIE 算法、光谱聚类算法(ESCG)、基于模块化的算法(LF_PIN)、分层图划分算法(Multilevel)、局部聚类算法(CST 和 CSM)、综合图聚类算法(PTAS)等。其中文献[3]具有比较强的前沿代表性,所提出的 SCIE 算法采用"内外夹逼"的思想,即优化簇密度和优化簇间稀疏性,其效果比单独使用优化簇密度或者优化簇间稀疏性的方法明显。

②基于模体的算法,如 gSparsify 方法和 MCDTM 模型中,把若干个点和若干条边看作一个整体,作为研究对象,使用稀疏方法去除其他非主要的和非结构的聚类对象,保留图的核心结构,这类方法在不降低聚类质量的情况下,使图的聚类过程更加迅速。

③其他算法,如文献[4]提出的将 LocalImprove 算法转化为网络流的方法,间接地提高了聚类效果。

图的结构特性是影响聚类质量的一个主要因素,在对不同图的聚类过程中如何利用已知的数据空间和聚类结果来提高计算效能对提高图聚类具有更深刻的意义。与传统的和基于优化的聚类算法相比,基于网络模体的方法从本质上减少了图的计算量,使高敏感性的边得以保留,聚类速度比基于优化算法的更快,但是基于网络模体的方法也有待改进的地方。例如,gSparsify 算法,基于路径的索引和路径连接算法进行计算,去除与其他簇结构相关性小的边,达到简化图并完好保留簇核心结构,对大型稀疏图运行效果较好。但是,该算法需要对四个连接条件进行布尔运算,影响聚类速度,同时,局部稀疏化指数、长度阈值等四个聚类的关键参数须根据聚类效果分别进行人工设置,且没给出四个参数如何同时优化才能取得理想的聚类效果。MCDTM 模型中用到最大似然参数估计算法,导致该模型对初始状态敏感,极易陷入局部最优。马尔科夫聚类利用膨胀和扩展操作来获得对象之间更深的关系来进行聚类。该聚类的操作过程从整体角度出发,因此更完整、更彻底地分析节点间的关系。但由于在马尔科夫聚类过程中过度拟合极易导致产生只包含一两个节点的超小组,致使图聚类质量受到很大影响。因此,本章结合环形网络模体和马尔科夫聚类优点,提出了一种基于环形网络模体应用马尔科夫聚类的图挖掘模型(gmmMcanm)。

该模型依据输入图的点集和统计特征生成一组随机图,并分别在输入图和随机图中进行网络模体挖掘,计算模体的两个统计特征,设置静态变量对原图具有较大贡献值的环形网络模体元素进行标记,根据阈值剔除贡献值极小的子图;利用向量的加法性质判断环形网络模体的封闭性;计算边簇聚类的绝对贡献值关联矩阵,根据自适应阈值构建分类器对边集中的元素进行取舍,达到稀疏化的目的;对已稀疏化的图进行扩展和膨胀操作,使其达到强连接更强、弱连接更弱的收敛状态;使用规范化互信息和 F 值对图聚类的效果进行分析。通过编程仿真实验对算法的性能进行验证,本章所提出的模型聚类效果良好。

然而,图挖掘领域仍然具有许多难题:首先,在实际应用中绘制的拓扑图规模变得越来越大,而传统的图挖掘方法只适用于小型或中型规模的数据;其次,当拓扑图规模更大、更复杂时,有许多边携带着冗余和虚假的信息,甚至其噪声极易混淆图的内在结构属性。这将导致两个后果,一是诱导徒劳的计算,二是产生低质量的图聚类。这些挑战使得传统的图聚类挖掘效率和精度低,图中边和点的数量剧增导致程序执行效率和硬件资源的使用率相对较低。

针对上述难题,本章对图挖掘研究的背景和意义以及国内外的研究现状、典型图聚类方法进行了详细研究。针对网络数据结构复杂、数据量巨大的特点,本章提出了基于环形网络模体应用马尔科夫聚类的图挖掘模型。该模型的主要创新点如下。

①提出了一种环形网络模体判定的方法:首先,依据输入图的点集和边集,采用 Erdös-Rényi 模型生成一组随机图;然后,证明向量的加法性质可以作为环形网络子图的判断条件;最后,构造四元结构体,在输入图和随机图的子图挖掘进程中,计算环形子图的两个统计特征 P_value 和 Z_score,以此来判定子图是否为模体。该方法数据结构简单,图统计特征准确、快速。

②构造一个基于模体的图聚类模型:首先,量化每条边的贡献值并求解拓扑图的边绝对贡献值关联矩阵;然后,利用动态阈值法 Ostu 求得的贡献阈值对该矩阵进行二值化处理;最后,模拟一个流动过程,即通过每一节点添加自返和所有列的元素分别进行归一化,形成马尔科夫矩阵,对该矩阵进行迭代扩展和膨胀操作,使其达到收敛状态,采用 NMI 和平均 F 值对聚类结果做出评价。实验结果表明,本章模型能有效地减少运算时间,在保证聚类质量的情况下提高了聚类运算效率,尤其当图数据集较大、较为稠密时,本章方法优势更为明显。

在数据挖掘和人工智能研究领域中,图挖掘被视为重要研究方向,也是研究庞大而复杂网络的最活跃、最有效的方法,未来的研究重点是关注不同类型的网络模体在图数据挖掘中所起的作用和找到最佳的随机图构造模型。本章主要内容如下：

①复杂网络的基本理论，主要介绍了网络的定义和分类、网络的复杂特性性、网络的统计特征、网络的表示方法等。

②基于环形网络模体应用马尔科夫聚类的图挖掘模型。这一部分首先在子图搜索过程中利用向量的加法性质判断环形子图的封闭性，并采用模体的统计特征对图中贡献值较大的环形网络模体进行标记，根据阈值去除那些贡献值较小的模体；然后，求解贡献值关联矩阵，根据自适应阈值构建二分类器对测试样本进行分类；最后，对已稀疏化的图进行扩展和膨胀操作，使其达到收敛状态。算法描述部分给出了算法伪代码，并对时间复杂度进行分析。实验对比部分对本章提出的 gmmMcanm 算法进行对比实验，并根据实验的运行时间和精度进行分析，指出基于优化算法、基于模体算法和其他算法的不足，进一步验证本章算法的优越性。

本章模型框架如图 3.2 所示。该模型依据输入参数，采用 Erdös-Rényi 模型生成随机图，判断环形子图是否为网络模体；由于边经常出现在不同的网络模体中，求解这些边在不同网络中出现的次数，即完成对贡献值的求解；用动态阈值算法求解阈值，根据阈值对贡献值进行二值化；进行扩展和膨胀的迭代操作，使其达到收敛状态，并评价聚类结果。

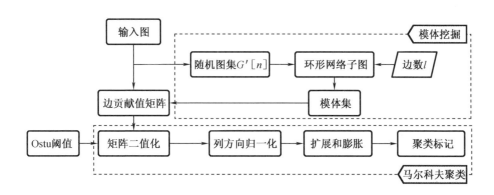

图 3.2　本章模型框架

3.2　复杂网络的基本理论

3.2.1　网络的定义和分类

网络是由若干节点以及节点之间的相互影响组成的系统，可表示为 $G=(V,E,A)$，其中 $V=\{1,2,\cdots,N\}$ 为节点的集合，$E\in V\times V$ 是边的集合，$A=(a_{ij})\in \mathbf{R}^{N\times N}$ 是刻画节点之间关联的邻接矩阵。在边集 E 中，每一条边皆与点集 V 中的一对节点对应，其中节点是表示网络系统的基本结构单元，边体现节点对之间相互的关联或关系。

网络大致可分四类：无向网络，是指所有边的节点对没有顺序的网络；有向网络，是指所有边的节点对有顺序的网络;加权网络,是指每一条边皆有对应权值的网络;无权网络,是指任何一条边都无相应的权重或者相应的权重皆为1的网络。

3.2.2 网络的复杂特性

复杂网络是由许多对象以及这些对象彼此之间的关系组成的系统。这些对象间相互作用,使得网络显得格外庞杂。把对象及对象之间的关联根据一定的标准概括为节点和边,即形成用来刻画该复杂系统的结构图。换言之,图中每个节点和边分别被视为不同的对象和对象之间的关联。因此,可以把现实世界中各种繁杂的关系借用这种方法展现出来,如在因特网中,网页之间引用彼此超链接,形成万维网;在生物学中,不同种类的蛋白质存在着交互作用,形成蛋白质网络 …… 因此,网络的复杂特性主要从以下三个方面来理解[5]。

①结构复杂性。从全局来看,整个网络结构纵横交错,不能总结和概括出任何规律或者特征。例如,万维网中每时每刻都有网页生成与删除。还有一些复杂网络依据节点间关联的强弱和方向性分为加权网络和有向网络,网络中节点彼此之间的连边有着不同的方向和权重。

②节点复杂性。在复杂网络中,节点所代表的对象往往是不固定的,不能一概而论,甚至有些网络是由类别不同或者功能不同的节点组合形成。如在生物学中,有很多复杂网络就是由不同的蛋白酶凝集而成的。

③不同复杂性相互交织。在现实生活中,许许多多的网络在相互作用力的影响下而产生动态变化。与此同时,有些不同的网络之间可能存在着某种程度的联系,对其中某个或者某些网络施加影响时,还需要研究或者考虑对其他网络的间接影响,这增加了研究分析的复杂性。例如改造城市供电网络,则有可能会影响到城域网或者城市交通运输网。

3.2.3 网络的统计特征

设图 G 是由两个集合 V 和 E 组成的,下面对常见网络的统计特征进行介绍。

①聚类系数。设有一网络包含 M 个节点,第 $j(1 \leq j \leq M)$ 个节点通过 K_j 条边与另外 K_j 个节点相连。若此 K_j 个节点彼此都连接,则它们之间边集的元素是 $K_j(K_j-1)/2$。节点 j 的聚类系数 $c(j)$ 是在 K_j 个节点之间的边数 E_i 与 $K_j(K_j-1)/2$ 之比,即 $c(j)=2E_i/K_j(K_j-1)$。该网络拓扑图的聚类系数 C 是指图中全部节点的聚类系数 c 的平均数。显然,$0 \leq C \leq 1$。当 $C=0$ 时,该图中无任意3个节点是互相关联的,如平均度是2的环形网络;当 $C=1$ 时,该网络拥有全局耦合的性质,即任意点对都有一条直线。

②度与度的分布。节点 j 的度 K_j 为节点 j 连接边的总数,是表征图局部特征的重要参数之一。可用函数 $Q(l)$ 表征网络中度的分布情况,即从图中任意选取一节点,该节点度为 l 的概率值。此函数的尾部服从规律 $Q(l)=cl-\lambda$。度分布符合幂律型的网络称为无标度网络。无标度是指符合幂律特性的度分布拥有标度不变性,而不是没有均值或者标度。

③介数。介数可分为节点的介数与边的介数两种[6]。前者为网络中全部最短路径中通过节点 j 的路径数目占最短路径总数的比例。如果节点 k 的介数很大,表明在信息传播

过程中通过该节点的信息量也很多,于是也极易产生信息拥堵。这反映了该节点在网络中的重要性。后者为网络的全部最短路径中通过边 e 的路径的数量与最短路径总数的比值,也是表征图中边的性能的一个重要参数。

④同配性与异配性。若不改变节点度的分布,还可使度比较大的节点倾向和其他度大的节点连接,称之为节点之间的相关性。若网络中的节点倾向和它相似的节点相连,则称此网络是同配的;反之,就称该网络是异配的。网络同配性(或者异配性)的大小可用皮尔森系数 r 来描述。如果 $r>0$,则整个网络呈现同配性结构;如果 $r<0$,则整个网络呈现异配性;如果 $r=0$,则网络结构不存在相关性。

3.2.4　网络图的表示方法

为了易于理解复杂网络,方便进行深入的研究,这里对拓扑图常见的"3A"表示方法,即邻接矩阵表示法(adjacency matrix)、关联矩阵表示法(associated matrix)、邻接表表示法(adjacency lists)等,进行简单介绍。其中,最经常使用的表示法是关联矩阵表示法和邻接矩阵表示法。

(1)邻接矩阵表示法

图 3.3 所示的简单图的邻接矩阵如图 3.4 所示。

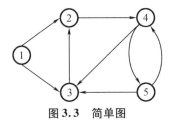

$$\begin{bmatrix} 0 & 1 & 1 & 0 & 0 \\ 0 & 0 & 0 & 1 & 0 \\ 0 & 1 & 0 & 0 & 0 \\ 0 & 0 & 1 & 0 & 1 \\ 0 & 0 & 1 & 1 & 0 \end{bmatrix}$$

图 3.3　简单图　　　　　图 3.4　邻接矩阵

邻接矩阵表示法规定:若节点对之间有一条边,则在邻接矩阵中与之对应的数是 1;否则此数为 0。此种表示法极其简单和直接。但若网络拓扑图很稀疏,该方法极易使得很多的空间存储资源被浪费,导致查找弧的时间大大增加。同样,有权网络也可以用邻接矩阵表示法来表示,这时矩阵中的元素是相应的权值。若网络中每条边被赋有多种权值,可用多个邻接矩阵表示这些权值。

(2)关联矩阵表示法

图 3.3 所示的简单图的关联矩阵如图 3.5 所示。

$$\begin{bmatrix} 1 & 1 & 0 & 0 & 0 & 0 & 0 & 0 \\ -1 & 0 & 1 & -1 & 0 & 0 & 0 & 0 \\ 0 & -1 & 0 & 1 & -1 & 0 & -1 & 0 \\ 0 & 0 & -1 & 0 & 1 & 1 & 0 & -1 \\ 0 & 0 & 0 & 0 & 0 & -1 & 1 & 1 \end{bmatrix}$$

图 3.5　关联矩阵

关联矩阵表示法规定:在矩阵中,每一行与拓扑图中的一个节点相对应,每一列与拓扑图的一条边相对应;若节点是一条边的起点,则在矩阵中对应的数字是1;若节点是一条边的终点,则在矩阵中对应的数字是 -1;若节点与一条边没有关联,则在矩阵中对应的数字为0。在关联矩阵中,任何一列只包括两个非零元1和 -1。从中可以看出,该表示法也极其简单和直接。但在 $m \times n$ 阶关联矩阵中,包含非零元的个数为 $2m$。若网络拓扑图较稀疏,该方法将导致许多的空间存储资源被浪费。同样,通过对矩阵的扩展操作可表示有权网络,如若网络拓扑图中每条边都有一个权值,可在矩阵中增加一行,把每条边所对应的权值保存在增加的行里,若每条边被赋有多个权值,可在矩阵中添加对应数量的行,使每条边所对应的权值存储在所添加的行中。

(3)邻接表表示法

图3.3所示的简单图的邻接表如图3.6所示。

邻接表是拓扑图的所有节点的邻接表的集合;而每一个节点的邻接表就是它的所有出边。对于网络拓扑图的每一个节点,用一个单向链表列出从该节点出发的所有边,链表中每一个单元对应一条出边。为了保存边的权值,在链表中每一个单元除了指出弧的另一端点外,还包括边上的权值等作为数据域。网络拓扑图的整个邻接表用一个指针数组来体现。

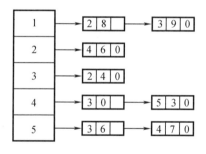

图3.6 邻接表

3.2.5 网络模体的概念

网络模体[7]是指符合下列三个要求的子图:

①该子图在与真实图对应的随机图中出现的次数大于它在真实图中出现次数的概率是很小的,一般要求这个概率值小于某个阈值 Q,如 $Q = 0.01$。

②该子图在真实图中出现的次数 M_{real} 大于等于某个下限值 V,如 $V = 4$。

③该子图在真实图中出现的次数 M_{real} 明显高于它在随机图中出现的次数 M_{rand},通常要求 $(M_{real} - M_{rand}) > 0.1 M_{rand}$。

3.3　基于环形网络模体应用马尔科夫聚类的图挖掘模型

环形网络模体算法:根据模型构造一组随机网络拓扑图;在随机图与真实图中分别进行网络模体挖掘;计算出模体的两个统计特征,根据两者阈值共同判定子图是否为网络模体;量化绝对贡献值,求出自适应阈值并二值化;进行扩展和膨胀的迭代操作,使其达到收敛状态,并评价聚类效果。

3.3.1　构造随机图

有效地识别出网络模体的操作与构造随机图的模型选取密切相关。本章采用 Erdös-Rényi 模型[8],依据点集构造随机图,使最大度、最小度、聚集系数、平均最短路径和平均度等统计特征与输入图,即要聚类的图一致。

已知图 $G = (V,E)$,其中 E、V 分别是图 G 的边集、点集。样本空间 $S = \{1,2,\cdots,|W|\}$,其中 W 为与 G 中点集相同的完全图 $K_n = (V,W)$ 的边集。从 S 中选取一条边 e 作为随机试验 ξ,对于 ξ 的任何一个事件 A,它的概率值 $p(A)$ 如式(3.1)所示,其中 $|V|$ 为图 G 中点的个数。

$$p(A) = \binom{|V|}{2}^{-1} \tag{3.1}$$

设构造随机图的集合为 G^n,产生边数为 m,对于给定的图 G,产生一个随机图 $\forall G$ 的概率如公式(3.2)所示:

$$p(G) = \binom{|W|}{m} [p(A)]^m [1 - p(A)^{|W|-m}] \tag{3.2}$$

因此,通过 Erdös-Rényi 模型构造随机图的统计特征符合给定的图 G 的一些性质,例如,某一学校的一个班级的象棋俱乐部有 15 个人,其用输入图表示如图 3.7 所示。每个点代表每个学生,边表示每两点之间的联系。图 3.8 是图 3.7 的一些随机图,构造随机图可为环形网络模体的识别做好准备。

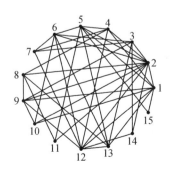

图 3.7　输入图

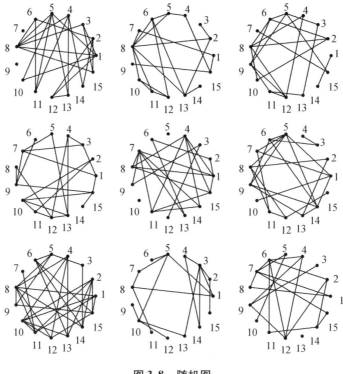

图3.8　随机图

3.3.2　子图挖掘过程

子图挖掘过程中,先给出环形模体判断条件的理论证明,然后构造结构体进行子图挖掘。

（1）定理推理

在计算几何学科中,当沿着图形轮廓线逆（顺）时针走向时,左（右）侧一直在图形的内部,右（左）侧一直在图形外部[9]。本章使用基于主体点的逆（顺）时针查找法来识别无向网络拓扑结构中的环形模体,克服了图深度优先查找（DFS）与广度优先查找（BFS）的试探性、盲目性的缺陷。

定理　在用图关联矩阵下（上）三角的元素下标表示向量的过程中,图中指定环形（凸多边形）的向量和等于由终点与起始点组成向量的2倍。

证明　设图关联矩阵 $A = \{A_{ij}\}_{n \times n}$,其中 A_{ij} 表示某个元素,采用坐标法表示向量。由于在矩阵 A 中,每个元素由于矩阵下（上）三角元素下标具有 $i > j(i < j)$ 的性质,则可确保环形子图中的所有边（两端点的编号差绝对值最大的边除外,该边的编号可用公式（3.7）求得）依次首尾相连,向量整体看来为顺（逆）时针,即边表示顺（逆）时针向量。这比用边表示个数相同但任意不同方向的向量,进行加法运算,有效节省了运算时间,同时有利于快速判断子图的封闭性。因为如果平面内有若干向量依次首尾相连,形成一条封闭的折线,那么它们的和为零向量。根据向量平移不变性,无论在图关联矩阵中还是在环形关联矩阵中,环的封闭性皆不改变,则该定理的证明可转化为在环形网络对应的矩阵中进行。

设环中的点为 **node** $= \{n_1, n_2, \cdots, n_{l-1}, n_l\}$,其中 $l(l \geqslant 3)$ 为环形所包含的点数,n_1 为起

点，n_l 为终点，其关联矩阵为 $N = \{N_{i \times j}\}_{l \times l}$。随机选取主体点 n_t，在顺时针方向时，环形的向量的和为 s，即在关联矩阵中组成环的所有点下标组成向量的和：

$$s = (n_{t+1}, n_t) + (n_{t+2}, n_{t+1}) + \cdots + (n_{l-1}, n_{l-2}) + (n_l, n_{l-1}) + (n_l, n_1) + (n_2, n_1) +$$
$$(n_3, n_2) + \cdots + (n_{t-1}, n_{t-2}) + (n_t, n_{t-1})$$
$$= (n_2, n_1) + (n_3, n_2) + \cdots + (n_{t-1}, n_{t-2}) + (n_t, n_{t-1}) + (n_{t+1}, n_t) + (n_{t+2}, n_{t+1}) + \cdots +$$
$$(n_{l-1}, n_{l-2}) + (n_l, n_{l-1}) + (n_l, n_1)$$
$$= (n_3, n_1) + \cdots + (n_t, n_{t-2}) + (n_{t+2}, n_t) + \cdots + (n_l, n_{l-2}) + (n_l, n_1)$$
$$= 2(n_l, n_1)$$

同理证明，当方向为逆时针时，$s = 2(n_1, n_l)$，证毕。

令其中一向量方向相反，若 s 值为零向量，记为 $\mathbf{0}$，则可判断 $l(l \geqslant 3)$ 条边的环形是封闭的，即可作为下文中环形模体的判断条件。

（2）子图挖掘过程

本章子图挖掘算法中，首先构造四元结构体，其依次包含边的起点、编号、终点、计数器；然后定义结构体数组，用来存储邻接矩阵下三角为 1 的元素，其中起点、终点分别用来存储元素的行标和列标，按行存储元素时，依次为每条边编号，结构体数组初始化时，计数器初值为 0；最后在子图搜索过程中，把结构体变量的起点和终点成员看作一个向量，以向量加法运算的值作为逻辑判别式，根据环形子图的长度进行迭代，再设置一个累加器，若判别式的逻辑值为 1，则累加器和相关的计数器分别加 1，反之，累加器和计数器的值不变。本章子图挖掘算法通过把矩阵中的元素压缩存储，即构建四元结构体存储数据和向量运算，有效节省了系统内存开销并降低了空间复杂度，具体过程如下。

首先设输入的无向图 $G = (V, E)$，邻接矩阵为 $\{A_{ij}\}_{n \times n}$，并定义数组 $\mathbf{Est}[m]$ 用于存储图 G 的边集：

$$\mathbf{Est}[m] = \{ <\text{start}_1, \text{id}_1, \text{end}_1, \text{counter}_1>, \cdots,$$
$$<\text{start}_t, \text{id}_t, \text{end}_t, \text{counter}_t>, \cdots,$$
$$<\text{start}_m, \text{id}_m, \text{end}_m, \text{counter}_m> \}$$

其中，id_t 为第 t 条边的 id 号，用于唯一标识每条边；start_t、end_t 分别为第 t 边的两个端点，存储邻接矩阵元素为 1 的下标；counter_t 为计数器，用来存储边 t 在不同的子图中出现的次数，其初始值为 0；m 为边的总数。使用公式（3.3）求得图 3.9 中边的总数为 10，即

$$m = \sum_{i=1}^{n} \sum_{j=1}^{i} A[i][j] \tag{3.3}$$

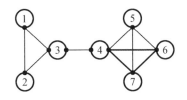

图 3.9　图示例

然后，把邻接矩阵下三角数值为 1 的元素按行存储到 $\mathbf{Est}[m]$ 中，图 3.9 中的边集存储顺序如图 3.10 所示。

$$\Rightarrow 1 \quad 0$$
$$\mapsto 1 \rightarrow 1 \quad 0$$
$$\mapsto \quad 1 \quad 0$$
$$\mapsto \quad 1 \qquad 0$$
$$\mapsto \quad 1 \rightarrow 1 \qquad 0$$
$$\mapsto \quad 1 \rightarrow 1 \rightarrow 1 \quad 0$$

图 3.10　边存储图

图 3.10 是邻接矩阵下三角为 1 的元素及主对线为 0 的元素的边存储图,其中符号⇒表示从第二行第一列开始存储,即存储入口标志。当遇到主对角线上的元素时转到下一行,箭头↦表示当前行开始判定元素是否存储,箭头→的含义是遇到 1 就存储。把图 3.7 的边存储到 **Est**[10] 中,由于未对边进行计数,所以计数器为 0,即

$$\mathbf{Est}[10] = \{ <2,1,1,0>, <3,2,1,0>, <3,3,2,0>,$$
$$<4,4,3,0>, <5,5,4,0>, <6,6,4,0>, <6,7,5,0>,$$
$$<7,8,4,0>, <7,9,5,0>, <7,10,6,0> \}$$

最后由迭代公式(3.4)计算 l-cycle 在图 G 中出现的次数:

$$\mathrm{count}_{l-\mathrm{cycle}} = \sum^{L \times M} \left[\boldsymbol{Q}(*) == \mathbf{0} \right] \tag{3.4}$$

式中　L——从 m 个不同元素中取出 $l-1$ 个元素所组成的一个集合;

　　　M——从 $m-L$ 个不同元素中取出 1 个元素所组成的集合;

　　　$L \times M$——两集合进行笛卡儿积运算,结果为一个新的集合;

　　　$\boldsymbol{Q}(*)$——计算新集合中每个元素下标组成向量的和,其结果为向量值;

　　　$\boldsymbol{Q}(*) == \mathbf{0}$——逻辑表达式,值为 0 或 1:

$$\boldsymbol{Q}(*) = \boldsymbol{p}(j) + \sum_{k=K-j} (\mathbf{Est}[k].\mathbf{start}, \mathbf{Est}[k].\mathbf{end}) \tag{3.5}$$

式(3.4)的功能是判定 $\boldsymbol{Q}(*)$ 的函数值是否为零向量,因为前面定理已证明,在此不再说明。在式(3.5)中加号右边部分为 k 个向量之和;$\boldsymbol{p}(j)$ 为由边结构体成员的 **start**、**end** 构成的向量:

$$\boldsymbol{p}(j) = -(\mathbf{Est}[j].\mathbf{start}, \mathbf{Est}[j].\mathbf{end}) \tag{3.6}$$

已知集合 $K = \{i_1, i_2, \cdots, i_{l-1}, i_l\}$,利用公式(3.7)找出 K 中指定边的成员 **start** 和 **end** 相差最大的元素,确定边的编号 j^*。例如,在图 3.9 中判断边加粗的三角形时,$K = \{4,6,7\}$,利用公式(3.7),经过迭代求解编号 j^* 为 8:

$$f(j^*) = \mathrm{argmax}(|\mathbf{Est}[j].\mathbf{start} - \mathbf{Est}[j].\mathbf{end}|) \quad j \in K \tag{3.7}$$

综上所述,利用公式(3.4)计算出图 3.3 的模体 3-cycle 的数量为 5。这样通过迭代和向量运算进行子图挖掘,有效降低了空间复杂度。

3.3.3　环形网络模体判定

通过子图挖掘,计算出环形子图在输入图和随机图中出现的次数;在计算判定过程中,根据阈值计算子图 flag 值,对有贡献性的模体进行标记,即确定环形子图为输入图的网络模

体。相比枚举法,这种方法有效降低了找到贡献值较大的环形网络模体的计算开销。

根据前文所述,依据给定的拓扑图 $G=(V,E)$ 的边集 E 产生一组随机图,设其个数为 n,并保存到 $G'[n]$。在 $G'[i]=(V'_i,E'_i)$ 中,对于 $\forall i \in [1,n]$,都有 $V'_i=V, \forall E'_i \subseteq W,W$ 为完全图 $K_n=(V,W)$ 的边集。

定义环形网络模体的结构体,其成员分别为模体在 $\forall G'[i]$ 中出现的个数 count、P_value、Z_score和flag值,其中,flag $\in \{0,1\}$,用来标记贡献值较大的模体,P_value、Z_score为模体的统计特征。

令 **Motifs**$[n]$ 为环形网络模体的结构体数组存储格式,有

$$\mathbf{Motifs}[n] = \{ <\text{count}_1, \text{P\_value}_1, \text{Z\_score}_1, \text{flag}_1, \cdots,$$
$$<\text{count}_t, \text{P\_value}_t, \text{Z\_score}_t, \text{flag}_t>, \cdots,$$
$$<\text{count}_n, \text{P\_value}_n, \text{Z\_score}_n, \text{flag}_n> \}$$

接下来,把计算出的第 i 个模体在第 j 个随机图出现的次数保存到变量 $Q[i][j]$ 中。利用式(3.8)、式(3.9)分别计算第 i 个模体的统计特征 P_value 和 Z_score:

$$\mathbf{Motifs}[i].\text{P\_value} = \frac{\sum_j^n (Q[i][j] > \mathbf{Motifs}[i].\text{count})}{n} \quad (3.8)$$

$$\mathbf{Motifs}[i].\text{Z\_score} = \frac{\mathbf{Motifs}[i].\text{count} - \dfrac{\sum_j^n Q[i][j]}{n}}{\dfrac{1}{n}\sum_j^n (Q[i][j] - \dfrac{\sum_j^n Q[i][j]}{n})^2} \quad (3.9)$$

根据两个阈值[10] ξ_1、ξ_2 采用公式(3.10)计算对应模体的 flag 值。其中,ξ_1 越小,ξ_2 越大,表明模体 **Motifs**$[i]$ 在 G 中贡献越大。根据文献[10],$\xi_1=0.01$,$\xi_2=0.1$。

$$\mathbf{Motifs}[i].\text{flag} = (\mathbf{Motifs}[i].\text{P\_value} < \xi_1 \&\& \mathbf{Motifs}[i].\text{Z\_score} < \xi_2) \quad (3.10)$$

虽然子图类型随着图和待挖掘子图的规模呈现指数级增长的趋势,即在不同的图中,模体的种类可能有很多种,但是在规模大而稠密的图中,尤其是在越来越接近完全图的大图中,环形网络模体出现的次数比其他类型的网络模体多[11-12]。因此,在规模大而稠密的图中,环形网络模体比其他类型的网络模体更具有代表性和普遍性。因此,本章的研究对象是规模大而较稠密的图,只考虑一类模体,即环形网络模体,与图 3.11 有共同特征的子图,即皆为封闭、环形,但长度 l 不同。本章方法与文献[13]方法具有普遍适应性,因为三角形模体是环形网络模体的一种特殊形式,即凡是应用到三角形模体的聚类皆可以环形网络模体聚类,但是可以用环形网络模体聚类的情况不一定可以用到三角形模体的聚类。

3.3.4 绝对贡献量化及二值化

环形网络模体发现算法可识别出环形网络模体和计算出边在不同模体中出现的次数。由于一条边属于多个模体 $l-\text{cycle}$,因此,模体数量越多,该边的贡献值越大。

设 $G=(V,E)$,边 $e \in E$,$l-\text{cycle}$ 是长度为 $l(l \geq 3)$ 的多边形网络模体 $g=(v,\xi)$,即 $l=|v|=|\xi|$。不同 l 的环形网络模体如图 3.11 所示。设 $c^l(e)$ 是包含边 e 的网络模体 $l-\text{cycle}$ 的个数,则边 e 簇绝对贡献值关于 $c^l(e)$ 表示为公式(3.11),其中 $\mathbb{C}$ 为绝对计数:

$$CS_\mathbb{C}^l(e) = c^l(e) \tag{3.11}$$

设 $l_0 \geq 3$，边 e 绝对聚类贡献值为公式(3.12)，其中 $F(\cdot)$ 是相关聚合函数，如 $AVG(\cdot)$ 或 $SUM(\cdot)$：

$$CSV_\mathbb{C} = F\left[CS_\mathbb{C}^3(e), \cdots, CS_\mathbb{C}^{l_0}(e)\right] \tag{3.12}$$

图 3.11　不同 l 的环形网络模体

通过公式(3.12)计算边绝对聚类贡献值。例如，如图 3.9 所示，边 $e=(4,5)$ 出现在多个模体中，设模体的长度 $l_0=4$，聚合函数为 $SUM(\cdot)$，则 $CSV_\mathbb{C} = SUM(2,1) = 3$。

复杂图数据常常伴有许多噪声，使求解边的绝对聚类贡献值非常小，极易混淆图的内在结构属性。因此，在复杂网络图数据挖掘之前，使用阈值对贡献关联矩阵进行二值化，以达到剔除噪声的目的。若人工设定阈值，即通过对图的认识和肉眼的观测，依据分类结果不断进行交互调整，从而选出最佳阈值。这会因每个图的贡献阈值随机性强，导致人工设定阈值效率低，而且设置偏小，不断保留过多噪声，反之，则会丢失图的主要结构信息。因此，本章采用 Ostu 动态阈值法[14]求解贡献阈值。

经过迭代，计算出所有边的绝对聚类贡献值。设 M 是贡献值关联矩阵。为了计算方便，把所有的贡献值通过式子 $x_i^* = x_i - x_{\min} + 1$ 映射到区间 $[1, L]$ 中，其中 x_i、x_i^* 分别表示贡献值映射前后的值，$x_{\min}$、L 分别为映射前的最小值和映射后的最大值，即贡献值等级为 L。设贡献值是 i 的个数为 n_i，边总数是 n，通过公式(3.13)求得贡献值的均值 $\overline{\omega}$ 为

$$\overline{\omega} = \sum_{i=1}^{L} i\left(\frac{n_i}{n}\right) \tag{3.13}$$

以 T 为阈值将边贡献值划分为两大类，即 $[1, \cdots, T]$ 构成一类，记为 C_1，$[T+1, \cdots, L]$ 构成另外一类，记为 C_2；将 C_1 和 C_2 出现的概率分别记为 $P_1(T)$ 和 $P_2(T)$；两类平均值分别记为 $u_1(T)$ 和 $u_2(T)$。通过公式(3.14)计算两类的类间距离平方 σ^2 为

$$\sigma^2 = P_1(T)\left[u_1(T) - \overline{\omega}\right]^2 + P_2(T)\left[u_2(T) - \overline{\omega}\right]^2 \tag{3.14}$$

设最大类间距准则下的阈值为 T^*，有 $\dfrac{\sigma^2(T^*) = \mathrm{argmax}\left[\sigma^2(T)\right]}{1 \leq T \leq L}$，通过迭代计算出 T^*。利用公式(3.15)对 M 进行二值化处理，过滤掉绝对聚类贡献值异常小的边，达到稀疏化图 G 的目的，有效降低图数据挖掘的时间消耗。

$$M[u][v] = f(x) = \begin{cases} 1, & CSV_\mathbb{C} \geq T^* + x_{\min} - 1 \\ 0, & CSV_\mathbb{C} < T^* + x_{\min} - 1 \end{cases} \tag{3.15}$$

例如，著名空手道俱乐部的拓扑结构[15]具有 34 个顶点和 78 条边，为使该拓扑图结构稠密复杂，进一步随机增加边，共有 127 条边，如图 3.12(a)所示，这很难聚类。利用环形网

络模体进行稀疏化后,得到稀疏化图 3.12(b)。显然,图 3.12(b)中存在 3 簇,可筛选出 48 条边,即图 3.12(a)中有 62.2%的边被过滤掉了,簇结构更加清晰。

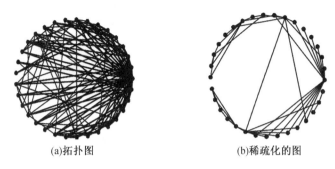

(a)拓扑图　　　　　　　　　(b)稀疏化的图

图 3.12　空手道俱乐部拓扑图及稀疏化的图

3.3.5　基于环形网络模体的图聚类

这里针对稀疏化图 G' 的顶点概率关系矩阵来模拟一个流动过程,即通过对矩阵进行扩展和膨胀迭代操作,最终完成对各个样本的分类。

第一,对二值化处理过的 $\boldsymbol{M}$ 的每个节点添加一个自返,即 $\boldsymbol{M}_{G'}[i,i]=1$,其中 $1\leqslant i\leqslant|V|$。

第二,对 $\boldsymbol{M}_{G'}$ 中的每个元素进行归一化,如公式(3.16)所示:

$$\boldsymbol{T}_{G'}[i,j] = \frac{\boldsymbol{M}_{G'}[i,j]}{\sum_{k=1}^{|V|}\boldsymbol{M}_{G'}[k,j]} \tag{3.16}$$

归一化后形成马尔科夫矩阵 $\boldsymbol{T}_{G'}$,其中每个元素的大小是顶点 i 对顶点 j 的关联程度。

第三,采用公式(3.17)对矩阵 $\boldsymbol{T}_{G'}$ 进行扩展操作,其中 w 为扩展操作系数:

$$\boldsymbol{M} = \prod_{i=1}^{w}\boldsymbol{T}_{G'} \tag{3.17}$$

第四,为了扩大初始值的影响和提升算法的效率,利用公式(3.18)对转移概率进行调整,即对矩阵 $\boldsymbol{M}$ 实施膨胀操作:

$$\Gamma_r\boldsymbol{M} = (\boldsymbol{M}_{pq})r/\sum_{i=1}^{k}(\boldsymbol{M}_{iq})r \tag{3.18}$$

式中,r 为膨胀系数。

矩阵 $\boldsymbol{M}$ 的每一列进行 r 的幂运算和归一化运算的过程记为 $\Gamma_r\boldsymbol{M}$,其中 Γ_r 为膨胀操作符。

矩阵每次进行扩展操作后,进行一次膨胀操作,使强连接越来越强,弱连接越来越弱。矩阵进行扩展和膨胀迭代操作,最终达到收敛状态。

第五,分别利用归一化互信息(NMI)和平均 F 值来评估图聚类的质量。

①归一化互信息用于描述两个划分结果之间的匹配程度,其定义为

$$\mathrm{NMI}(P,Q) = \frac{-2\sum_{i=1}^{c_P}\sum_{j=1}^{c_Q}Y_{ij}\log\left(\frac{Y_{ij}\boldsymbol{M}}{Y_i.\ Y_{.j}}\right)}{\sum_{i=1}^{c_P}Y_i.\log\left(\frac{Y_i.}{\boldsymbol{M}}\right)+\sum_{j=1}^{c_Q}Y_{.j}\log\left(\frac{Y_{.j}}{\boldsymbol{M}}\right)} \tag{3.19}$$

式中　P——输入图中簇的划分；

$\quad\quad\ Q$——试验所得的簇的划分；

$\quad\quad\ C_P$——簇的实际个数；

$\quad\quad\ C_Q$——算法划分的簇数；

$\quad\quad\ Y$——混合矩阵,其元素$Y_{ij} = |i \cap j|$（$i \subset P, j \subset Q$,$|i \cap j|$表示$i \cap j$的1范数）；

$\quad\quad\ Y_{i\cdot}$——混合矩阵Y第i行的和；

$\quad\quad\ Y_{\cdot j}$——混合矩阵Y第j列的和。

$NMI(P,Q) \in [0,1]$,其值越大,两个划分越相似;反之,则两个划分相似性越小。

②设簇的标准$C = \{c_1, c_2, \cdots, c_k\}$,通过平均 F 值来评估基于图簇的聚类质量。对于有监督的图聚类,$c_i \in C$表示为$F(\bar{c})\big|_{c_i}$,是精度和召回率的调和平均数,则簇$\bar{c}$的 F 值定义为

$$F(\bar{c}) = \max F(\bar{c})\big|_{c_i} \quad c_i \in C \tag{3.20}$$

预测簇$\bar{c}$的 F 值基于标准簇为$c^* \in C$,$\bar{c}$接近最佳c。根据经验,平均 F 值越大,聚类质量和效果越好。

3.3.6　算法描述

1.算法

本章提出的基于环形网络模体应用马尔科夫聚类的图挖掘模型由两个算法组成。算法3.1 计算拓扑图 G 中每一条边的簇绝对贡献值。算法 3.2 首先根据图 G 的点集产生 n 个随机图;然后,在图 G 和 n 个随机图中进行子图搜索、环形模体判定、对绝对聚类贡献值矩阵 M_{CSV_C} 进行二值化;最后,对矩阵 M_{CSV_C} 进行马尔科夫聚类,并做出评价、返回挖掘结果。

算法 3.1　计算边绝对聚类贡献值矩阵 M_{CSV_C}

输入:图 G 邻接矩阵 $A = \{A_{ij}\}_{|V| \times |V|}$ 和环形网络模体的长度 l。

输出:图绝对聚类贡献值矩阵。

　1.利用公式(3.3)计算图的边数 m;

　2.构造结构体,定义该结构体的数组 **Est**$[m]$ 用来存储图的边;

　3.从 m 个不同元素中取出 $l-1$ 个元素组成集合 L;从 $m-L$ 个不同元素中取出 1 个元素组成集合 M;两集合进行笛卡儿积运算,得到一个新的集合;遍历新的集合,利用环形的封闭条件计算出边 e 在不同的模体中出现的次数。

```
if Q( * ) = = 0
  for(j =1;j≤l;j + +)
    Est[i_j].counter + +;
  end for
//逻辑表达式成立,边计数器加1。
end if
```

4. 设 $M_{\mathrm{CSV_C}}$ 为边绝对聚类贡献值矩阵,其初始值为 **0** 矩阵;

```
for(j =1;j≤m;j + +)
  M_CSVc[j.start][j.end] = j.counter;
  M_CSVc[j.end][j.start] = j.counter;
  //该矩阵关于主角对线对称。
end for
```

Return 边绝对聚类贡献值矩阵 $M_{\mathrm{CSV_C}}$。

算法 3.2　基于环形网络模体应用马尔科夫聚类的图挖掘

输入:图 $G = (V,E)$,图 3.11 中的某类多边形子图,一个聚合函数 $F(\cdot)$。

输出:聚类结果评价值。

1. 根据图 G 产生 n 个随机图,并赋值保存到 $G'[n]$ 中;
2. 调用算法 3.1,对 G 和 $G'[n]$ 分别进行子图搜索;
3. 利用公式(3.8) ~ 公式(3.10)进行网络模体判定;
4. 采用 Ostu 方法求解贡献阈值,对矩阵 $M_{\mathrm{CSV_C}}$ 进行二值化;
5. 利用公式(3.16) ~ 公式(3.18),对 $M_{\mathrm{CSV_C}}$ 进行马尔科夫聚类;
6. 用 NMI 或者平均 F 值对聚类结果进行分析;

Return 聚类结果评价值。

---

2. 时间复杂度分析

设图 $G = (V,E)$ 对应的邻接矩阵为 $A = \{A_{ij}\}_{|V| \times |V|}$,在算法 3.1 中,由于该矩阵为对称矩阵,只需要遍历下(上)三角元素即可,则步骤 1 时间复杂度为 $O\left[\frac{|V|(|V|+1)}{2}\right]$。在步骤 2 中,结构体数组变量申明一次,时间复杂度是 $O(1)$。步骤 3 中,从 m 个不同元素中取出 $l-1$ 个元素,记作 L,集合数为 $\binom{|E|}{l-1}$,从 $m-L$ 个不同元素中取出 1 个元素组成集合 M,两集合进行笛卡儿积运算,得到一个新的集合;遍历新的集合,利用环形的封闭条件计算出边 e 在不同模体中出现的次数,由于对逻辑表达式 $Q(*) = =0$ 进行判断时,需要执行公式(3.5)和计算器累加操作,则步骤 3 的时间复杂度为 $O(l|E|^{l-1})$;步骤 4 的作用是赋值于矩阵,并且该矩阵对称,则步骤 4 的时间复杂度为 $O\left[\frac{|V|(|V|+1)}{2}\right]$。对算法 3.1 的每一步骤的时间复杂度进行相加,即可知该算法的时间复杂度为 $O[|V|^2 + |E| + l|E|^{l-1}]$。

在算法 3.2 中,步骤 1 的功能是根据 Erdös-Rényi 模型生成 n 个随机图,即执行 n 次,则

时间复杂度是 $O(n)$。在步骤 2 中,由于要调用算法 3.1 的次数为 $n+1$ 次,则其时间复杂度为 $O[(n+1)(|V|^2+|E|+l|E|^{l-1})]$。利用公式(3.8)~公式(3.10)进行网络模体判定,程序执行的次数约为 $n+n^2$,则步骤 3 的时间复杂度表示为 $O(n^2)$。在步骤 4 中,在最坏的情况下把贡献值分为 $|E|$ 等级,则该时间复杂度为 $O(|E|)$。在步骤 5 中,细分为扩展和膨胀两个阶段,前者执行矩阵相乘,故时间复杂度为 $O(|V|^3)$,后者的时间复杂度为 $O(|V|^2)$,由于迭代至收敛的次数很难证明,现有实验[16-19]显示为 $10\sim100$,则步骤 5 的时间复杂度为 $O(|V|^3)$。在步骤 6 中,用 NMI 进行分析,其时间复杂度为 $O(PQ)$。则算法 3.2 中所有步骤的时间复杂度累加为 $O\left[n+n^2+(n+1)\left(\dfrac{|V|^2}{2}+|E|+l|E|^{l-1}\right)+|V|^3+PQ\right]$,即该算法的时间复杂度为

$$O\left[n\left(\frac{|V|^2}{2}+|E|+l|E|^{l-1}\right)+|V|^3\right],$$ 这也是本章模型的时间复杂度。

3.4　实　验　验　证

这部分对实验环境和数据进行介绍,对环形模体的选择进行说明,通过算法模拟实验验证本章算法在运行时间和精度方面的性能,并进行分析。

(1)实验环境和数据

实验硬件平台为具有 Dell Precision T5600 1.8GHz 处理器的工作站,内存为 4 GB,类型为 DDR3,硬盘的类型为 SATA 3.5 英寸,2 个硬盘运行的操作系统为 Windows 7 Professional 64位操作系统。使用 MATLAB 语言实现算法编程,其版本为 MATLAB R2015a。

这里对实验数据的稠密性和稀疏性的判断不是单纯依靠点数和边数,或者通过眼睛观察,而是通过稀疏图和稠密图的严格定义[20],即根据不等式 $e-n\lg n>0$ 进行判断,其中 e 表示图的边数,n 表示点数,该不等式的布尔值为 1 时图为稠密图;反之,为稀疏图。

在表 3.1 中,Amazon0601、Web Graph、Slashdot、wikiVote、HepTh、AstroPH、S. cerevisiae 皆为稠密数据。其中,前 6 组数据是从斯坦福大学网络数据分析项目组 Stanford Network AnalysisProject(SNAP)[11]获得的真实数据(http://snap. stanford. edu/data/index. html),后一组数据[21]S. cerevisiae 为面包酵母蛋白质交互网络模体(http://dip. doe - mbi. ucla. edu/dip);AstroPH 和 HepPh 皆是高能物理论文的引用网络模体。这些网络模体的节点数和边数如表 3.1 所示,其中 S. cerevisiae 为生命科学领域的实验方法常采用的数据,而 AstroPH 和 HepPh 是高能物理领域聚类比较有代表性的实验数据。这里利用这两种领域的数据检验本章模型的普适性。另外,wikiVote、Amazon0601、Web Graph、AstroPH 和 Slashdot 数据的点数和边数相对较大,可用来检测本章模型对相对大的图数据是否有效。

表 3.1　实验数据

网络模体名称	节点数	边数
Amazon0601	403 394	3 387 388
Web Graph	281 093	2 312 497
Slashdot	82 168	948 464
AstroPH	18 772	396 160
wikiVote	7 715	103 689
HepTh	9 877	51 971
S. cerevisiae	5 119	44 630

（2）环形网络模体选择

这里对其中四个规模较大的数据集 Amazon0601、Web Graph、AstroPH 和 HepTh 选择不同的模体长度进行测试,这四组数据点集和边集的规模比较大,具有复杂性、代表性,其他数据规模相对较小,且运行时间不足以说明本章算法的优越性,难以使人信服。对所述四个规模较大的数据集进行子图挖掘实验,结果如图 3.13 所示。整体而言,网络模体长度 l 越长,所构建的环形网络模体消耗时间资源越来越少且占用系统资源越来越多。虽然四组数据运行时间可能拟合,但就运行时间来看,随着网络模体长度的增加,运行时间呈下降趋势。其中,l 选择 5 时,运行时间的下降率最大;当网络模体的长度逐渐变大时,内存使用容量的百分比逐渐变大,即随着网络模体长度值变大,消耗系统资源增大,调度延时高且不稳定,甚至有溢出的可能[16]。在内存使用容量的百分比的曲线中,每两点的直线斜率不一,但是每条直线在 l 选择 5 和 6 之间的斜率时内存使用容量整体最大,表明在 l 等于 6 时内存使用容量的增长率最大,即消耗系统资源多。因为随着网络模体长度的增长,在搜索符合长度的子图过程中所用的时间相对比较少,但同时内存使用量变大,所以在以下实验中,对时间资源和系统资源进行了折中考虑,网络模体的长度选择 5。

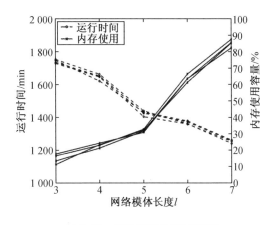

图 3.13　模体选择和内存使用

（3）算法运行时间分析

本章从表 3.1 中选择在实际应用中较具代表性、较稠密的实验数据集,即 wikiVote、

AstroPH、Slashdot、Web Graph、Amazon0601，在运行时间方面进行对比测试。在进行测试时，本章算法分别与基于模体的 MCDTM 模型、gSparsify 算法和基于优化的 SCIE 算法、LocalImprove 算法进行对比，结果如图 3.14 所示。

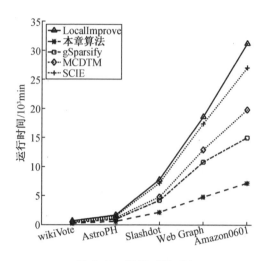

图 3.14　运行时间对比

在前两组数据集中，MCDTM 模型、gSparsify 算法与本章算法在运行时间方面相差很小，是拟合的。这是由于本章算法进行模体特征计算、数据预处理时花费了时间。但随着数据集规模逐渐变大，MCDTM 模型和 gSparsify 算法的运行时间呈现类似于指数增长的趋势，本章算法的优势越来越明显。MCDTM 模型采用了期望最大化算法，该算法利用最大似然参数估计模型的参数，首先假设生成每个三角形相互独立；其次生成整个网络三角形的概率为生成各个三角形的概率乘积，借用对数形式将其转变为对数似然；最后求解对数似然的最大值。该模型对初始状态敏感、极易陷入局部最优，并且在现实网络图中，每个三角形都不一定是相互独立的，因此在估计模型的参数时，消耗时间资源比较多。gSparsify 算法在路径索引时，对四个连接条件进行布尔运算，局部稀疏化指数、长度阈值等四个聚类的关键参数采取逐步获得最优解的方法而并未从整体考虑最优运行时间。实验结果表明，本章算法较基于模体的 MCDTM 模型和 gSparsify 算法在运行时间方面有明显优势。

在每组数据实验中，基于优化的 SCIE 算法和 LocalImprove 算法所消耗的时间资源，随着数据集的节点数和边数增多，增长率也呈指数增长。SCIE 算法采用"内外夹逼"的思想，即每个局部的点都基于 K 步游走建立相似度模型，得到核心子图并计算核心子图的所有邻居子图，然后向外扩展核心子图，用邻居子图夹逼核心子图，使得核心子图的扩张受到限制，从而得到所求的局部社区。随着数据集规模的变大，局部不同的点也增加，基于 K 步游走建立相似度模型和计算核心子图的所有邻居子图就比较耗时，且在达到扩张核心子图和抑制核心子图的收敛状态时耗时最多。LocalImprove 算法通过模拟数据流来划分社区的算法，其包括两个算法：LocalFlow 算法和 LocalFlowexact 算法。前者要求使 PageRank 随机游走遍历的节点集合最大化，递归调用数据流算法，递归的次数与数据集的规模猛增；后者在残差图中定义长度函数，求解函数过程中仅访问"访问良好"的顶点，即为其提供精确且最大的数据流而避免消耗过多的时间资源。

（4）算法运行精度分析

算法精度测试选用四个数据集，分别是 S. cerevisiae、HepTh、Web Graph 和 Amazon0601，其中边数和节点数皆依次增长。在进行测试过程中，本章算法分别与 MCDTM 模型、gSparsify 算法、LocalImprove 算法和 SCIE 算法在 F 值和 NMI 两方面进行对比分析，结果如图 3.15 和图 3.16 所示。

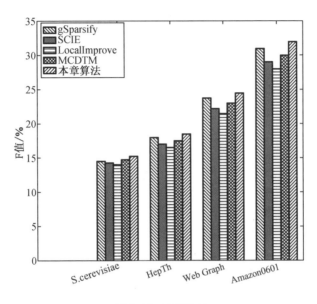

图 3.15　F 值比较

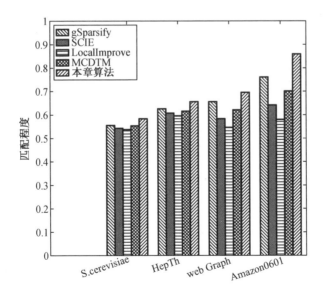

图 3.16　NMI 的比较

整体而言，随着数据集规模的增长，精度方面，MCDTM 算法、gSparsify 算法、LocalImprove 算法和 SCIE 算法皆不如本章算法：

①本章算法的聚类 F 值和 NMI 值越在小规模的数据集中应用时越比其他数据大;

②本章算法精度变化趋势为递增,而另外的四个算法精度变化趋势为单调递减。原因是,在 gSparsify 算法中人工设定局部稀疏化指数,导致效率低,且若设置偏小,会保留过多噪声,反之,又会丢失图的主要结构信息;MCDTM 模型求解参数时,假设每个三角形模体相互独立,但是在现实网络图中,大部分三角形网络模体并不相互独立,这影响了参数的有效性,故影响了该模型聚类的精度;SCIE 算法中,每个点都基于 K 步游走建立相似度模型,$K=3$ 时,由于最相似的节点不只是其邻居节点或其二级邻居节点,还有其他级的节点,即没有覆盖该节点的所有最相似节点,所以建立模型的相似度比较低,最终影响了该算法的聚类精度;LocalImprove 算法在迭代过程中,找到的是局部最大的数据流和最小"切割"处,所得到的参数不是全局的,不能很好地解决"移动漂移"问题,使该算法的聚类精度受到影响。

综上所述,在精度方面,本章算法比基于模体的 MCDTM 模型、gSparsify 算法与没有用到模体的、基础于优化的 SCIE 算法和 LocalImprove 算法有明显的提升。

3.5　本章小结

在当今图数据广泛应用的背景下,本章提出了基于环形网络模体应用马尔科夫聚类的图挖掘模型(gmmMcanm)。本章算法首先在真实的网络图和根据输入图点集生成的一组随机图中挖掘子图,计算出网络模体的统计特征值 P_value 和 Z_score,根据这两个阈值共同判定子图是否为网络模体,同时利用向量的加法性质判断网络模体是否为环形,并利用算法 3.1 计算边的簇贡献值;然后计算 Ostu 动态阈值对贡献值矩阵进行二值化操作,以达到图稀疏化的目的;最后对已稀疏化的图 G' 进行扩展和膨胀操作。实验结果表明,本章算法可以有效地减少运算时间,在保证聚类质量的情况下提高聚类运算效率,尤其当图数据集较大、较为稠密时,本章算法优势更为明显。

未来工作中需要继续改进的地方有两点:一是图的网络模体类型在逐渐增多,而本章只对环形网络模体在图数据挖掘所起的作用进行了分析;二是构造随机图时本章只使用了一种模型,未对不同的随机模型进行说明和实验比对,没有找到与输入图相匹配的最佳随机图构造模型。综上,不同类型的网络模体在图数据挖掘所起的作用和找到最佳的随机图构造模型成为下一步研究的重点。

参 考 文 献

[1] BI F M, WANG W K, CHEN L. DBSCAN: Density-based spatial clustering of applications with noise[J]. Journal of Nanjing University, 2012, 48(4): 491-498.

[2] ANKERST M, BREUNIG M M, KRIEGEL H P, et al. OPTICS: ordering points to identify the clustering structure [C]. Acm Sigmod Record, 1999, 28(2): 49-6.

［3］ GUPTA M, GAO J, SUN Y, et al. Integrating community matching and outlier detection for mining evolutionary community outliers［J］. Kdd, 2012, 859 – 867.

［4］ FOUNTOULAKIS K, LIU M, GLEICH D F, et al. Flow-based algorithms for improving clusters：A unifying framework, software, and performance［EB/OL］. 2020：arXiv：2004.09608［cs. LG］. https：//arxiv. org/abs/2004.09608.

［5］ STROGATZ S H. Exploring complex network［J］. Nature, 2001, 410(6825)：268 –276.

［6］ 吴铭. 基于链接预测的关系推荐系统研究［D］. 北京：北京邮电大学, 2012.

［7］ MILO R, SHEN-ORR S, ITZKOVITZ S, et al. Network motifs：Simple building blocks of complex networks［J］. Science, 2002, 298(5594)：824 –827.

［8］ ALBERT R, BARAB SI A L. Statistical mechanics of complex networks［J］. Review of Modern Physics, 2002, 74(1)：xii.

［9］ 张淮声, 张佑生, 方贤勇. 基于矢量积的二维封闭图形轮廓信息提取方法［J］. 计算机工程与应用, 2002, 38(8)：93 –94.

［10］ MASOUDI-NEJAD A, SCHREIBER F, KASHANI Z R. Building blocks of biological networks：a review on major network motif discovery algorithms［J］. Iet Systems Biology, 2012, 6(5)：164.

［11］ LAHAV G, ROSENFELD N, SIGAL A, et al. Dynamics of the p53-Mdm2 feedback loop in individual cells［J］. Nature Genetics, 2004, 36(2)：147 –150.

［12］ MILO R, ITZKOVITZ S, KASHTAN N, et al. Superfamilies of evolved and designed networks［J］. Science, 2004, 303(5663)：1538 –1542.

［13］ 莫春玲. 复杂网络中聚类方法及社团结构的研究［D］. 武汉：武汉理工大学, 2007.

［14］ OTSU N. A Threshold selection method from gray-level histograms［J］. IEEE Transactions on Systems Man & Cybernetics, 1979, 9(1)：62 –66.

［15］ ZACHARY W W. An information flow model for conflict and fission in small groups1［J］. Journal of Anthropological Research, 1977, 33(4)：452 –473.

［16］ 刘珂男, 童薇, 冯丹, 等. 一种灵活高效的虚拟 CPU 调度算法［J］. 软件学报, 2017, 28(2)：398 –410.

［17］ 柴变芳, 赵晓鹏, 贾彩燕, 等. 大规模网络的三角形模体社区发现模型［J］. 南京大学学报(自然科学), 2014, 50(4)：466 –473.

［18］ ZHAO P. GSparsify：graph motif based sparsification for graph clustering［J］. ACM International on Conference on Information and Knowledge Management, 2015：373 –382.

［19］ BERNARDES J S, VIEIRA F R, COSTA L M, et al. Evaluation and improvements of clustering algorithms for detecting remote homologous protein families［J］. BMC Bioinformatics, 2015, 16(1)：34.

［20］ 殷新春. 数据结构学习与解题指南［M］. 武汉：华中科技大学出版社, 2001.

[21] XENARIOS I, SALWÍNSKI L, DUAN X J, et al. DIP, the Database of Interacting Proteins: A research tool for studying cellular networks of protein interactions [J]. Nucleic Acids Research, 2002, 30(1): 303 – 305.

第4章 基于多生理信号多频段的情感分类方法研究

4.1 概　　述

　　情感作为人对客观现实的一种特殊反映形式,在我们日常生活中扮演着非常重要的角色,影响着每个人的生理和心理状态。积极情绪可以使人身体健康,提高工作和学习效率;而消极情绪则会降低生活质量,影响人际关系。现代社会生活节奏越来越快,给人造成的心理压力越来越大,由消极情绪导致的各种疾病也越来越多地出现在日常生活中,如因长期负面情绪积累而导致的抑郁症等,给人们带来了极大的身心伤害。因此,对人类情感状态进行监控与准确识别十分重要,有助于相关疾病的监测与预防,也有助于人们对自身负面情绪进行及时调节,对身心健康、人际交往、工作效率等都有十分重要的意义。此外随着计算机技术的不断发展,人工智能的出现对计算机的要求与日俱增,识别用户情感、优化用户体验、增强人机交互,也成为智能终端厂商占领市场先机的重要途径。

　　情感计算(affective computing)[1]的概念由美国 MIT 多媒体实验室的 Picard 教授于1997 年首次提出。她指出情感计算是与情感相关、来源于情感或能够对情感施加影响的计算。情感计算的目的是赋予计算机识别、理解、表达和适应人的情感的能力,从而使人和计算机之间能够更好地交互。通常人的情感表达有多种方式,现阶段情感计算可以分为语音情感识别、生理信号情感识别、面部表情情感识别和动作情感识别等。如 Zhang 等[2]通过将双正交小波熵与模糊支持向量机相结合从人的面部表情中提取特征进行情感识别,Mao等[3]通过使用卷积神经网络从语音中提取突出特征进行情感识别,还有很多学者已经在这些方面展开了大量研究。然而,通过声音、表情等外在的情感表现形式得到的识别结果无法保证其可靠性,因为声音和表情都比较容易被人为改变,尤其是在一些社交场合,如即使一个人处于负面情绪状态,也可能在正式的社交场合保持微笑。

　　生理信号作为人体内部状态的一种反映,不易受到人为的控制,可以更真实、客观地反映人的情感状态。目前,已经有研究表明生理信号能够揭示人的情感状态。同时随着无线和可穿戴传感器技术的发展,研究人员能够更加方便地获取各种生理信号,而且基于生理信号的情感识别领域已经出现了越来越多的国际标准数据集,这使得基于生理信号的情感识别研究受到更广泛的关注,并被应用到许多领域,如安全驾驶、心理健康监测、睡眠状态监测、社会安全等。

4.1.1 研究现状

用于情感识别的生理信号数据主要来源于人体器官在工作时产生的电信号。现有的研究中包含多种生理电信号,如由大脑产生的脑电(electroencephalogram, EEG)信号、心脏产生的心电(electrocardiogram, ECG)信号、眼睛产生的眼电(electrooculogram, EOG)信号、肌肉产生的肌电(electromyogram, EMG)信号、皮肤产生的皮肤电反应(galvanic skin response, GSR)信号等。近年来,由于收集 EEG 信号具有无创性、速度快和成本低等优势,专注于通过 EEG 信号进行情感识别的研究不断增加[4-6]。Bairy 等通过使用离散小波变换计算标准差、能量、平均值等特征的方式从 EEG 信号中提取可识别信息,构建了抑郁情绪自动分类系统。Bong 等[7]将 EEG 信号进行小波包变换,提取赫斯特指数作为特征,使用 KNN 和概率神经网络进行情感分类,这种方法用于通过掌握准确的情感状态来预防中风复发。Jie 等[8]通过计算样本熵从 EEG 信号中提取特征,使用加权支持向量机进行情感分类。Wang 等[9]运用 EEG 信号的功率谱、小波特征等来进行情绪识别,结果显示,利用功率谱进行脑电特征识别效果较好。郭金良等[10]提出稀疏组 lasso-granger 因果关系方法对 EEG 信号进行特征提取,并采用支持向量机进行情感分类。

除对 EEG 信号进行分类以外,现有研究表明,外围生理信号状态也会对情绪变化[11-12]做出反应,因此,有许多研究者通过分析处理外围生理信号来对情感进行分类。Cheng 等[13]为可穿戴设备建立了一个基于 ECG 信号的负面情绪实时检测系统。Jerritta 等[14]基于面部 EMG 信号采用高阶统计变量和主成分分析方法进行情感识别。He 等[15]通过对人的 ECG 信号特征进行提取后,经过情感分类来分析音乐对负面情绪的调节能力。杨照芳[16]对生理信号进行非线性特征提取,研究心跳间期和皮肤电信号中的情感响应模式。但整体来看,现阶段存在的基于外围生理信号的情感识别研究成果与基于脑电信号的情感识别研究成果相比数量较少。

然而,一些研究发现,使用单一生理信号精确地反映情绪变化是非常困难的[17],越来越多的研究试图通过对多种生理信号进行处理以得到更好的情感分类效果。Wen 等[18]将 GSR、指尖血氧饱和度和心率作为输入信号,通过随机森林对五种情感进行分类。Das 等[19]将 ECG 和 GSR 信号结合起来,并计算它们的功率谱密度,将其作为特征用于开心、悲伤和中性三种情感的分类。Mirmohamadsadeghi 等[20]从 ECG 和呼吸信号中提取特征进行情感识别。Valenza 等[21]将 ECG、GSR 和呼吸信号结合起来,提取非线性特征进行情感识别。Mouhannad 等[22]基础于 ECG、GSR 和皮肤温度信号,采用自动特征校准模型和卷积神经网络相结合,形成情感识别系统。李超[23]通过对 ECG、GSR 和光电脉搏信号进行分析处理,提出了基于个体生理反应特异性分组的情感识别模型。

基于生理信号的情感识别已有大量的研究成果,但还存在许多亟待解决的问题。Mühl 等[24]指出,在相关研究中还存在的一些挑战,如缺少评估和比较各种研究方法的统一标准;缺少具有针对性的独立用户情感稳定分类模型;对信号进行处理时识别和删除人为活动的技术还不成熟等。因此,通过利用生理信号进行情感识别还存在很大的发展空间。

4.1.2 本章研究内容

本章针对基于生理信号的情感分类方法进行研究,主要提出了基于脑电信号多尺度特征情感分类方法和基于滤波与 Hjorth 参数相结合的多生理信号多频段特征提取方法;基于情感特征的集成分类模型。具体内容如下。

首先,对基于生理信号进行情感分类过程中的相关基础知识进行简要介绍,包括情感模型、生理信号数据集、数据预处理方法、特征提取方法、分类模型和分类评估方法与参数。

其次,针对特征提取方法和分类模型展开研究,主要工作包括两个部分:

(1)基于脑电信号多尺度特征情感分类方法

针对脑电信号的非线性和非平稳性特点,本章提出了基于 EMD 和 AR 相结合的脑电特征提取方法,以及基于经验小波变换(empirical wavelet transform, EWT)和自回归模型相结合的脑电特征提取方法。基于 EMD 和 AR 模型相结合的脑电特征提取方法,通过将选取的脑电信号进行 EMD 分解,得到一系列具有不同特征尺度的数据序,称为本征模态函数(intrinsic mode function, IMF)分量;计算所选取分量的 AR 模型系数作为特征,将从不同分量中提取出的包含情感脑电深层特性的特征组成特征集,通过支持向量机对样本特征进行情感分类,得到分类结果。基于 EWT 和 AR 模型相结合的脑电特征提取方法,将 EWT 应用到脑电信号的情感分类中,处理脑电信号,得到经验小波函数(empirical wavelet function, EWF);对选取的函数进行特征计算并分类,将结果和基于 EMD 与 AR 模型相结合的脑电情感分类方法进行比较。

(2)基于多生理信号多频段的集成情感分类方法

针对情感分类结果存在不稳定性的情况,研究中引入了眼电信号和肌电信号,并提出了基于滤波与 Hjorth 参数相结合的多频段特征提取方法和基于情感特征的集成分类模型。在研究过程中,首先将脑电信号、眼电信号和肌电信号进行滤波,提取出其中的 theta、alpha、beta 和 gamma 四个频段数据;然后计算每一频段的 Hjorth 参数作为情感特征集的组成部分,形成脑电特征集、脑电眼电组合特征集、脑电肌电组合特征集和脑电眼电肌电组合特征集;最后,对四个特征集分别采用 KNN、分类和回归树(CART)、随机森林及三者组成的集成分类模型进行特征样本分类。

最后,对本章提出的主要方法进行了总结,对未来研究工作进行了展望。

4.1.3　本章组织结构

本章的组织结构细化为五节:

4.1 节是概述,主要包括基于生理信号进行情感分类的研究背景及意义、国内外研究现状及本章的主要研究内容和组织结构。

4.2 节是基于生理信号的情感分类基础知识,主要介绍了情感模型,生理信号情感数据集,以及在情感分类过程中常用的数据预处理方法、特征提取方法、分类模型、分类评价方法和参数。

4.3 节是基于脑电信号的多尺度特征情感分类方法,主要提出了基于 EMD 与 AR 模型相结合的脑电特征提取方法,基于 EWT 与 AR 模型相结合的脑电特征提取方法;将脑电信号分解为不同尺度的特征序列后,进行 AR 系数计算作为特征集,运用支持向量机进行分类,并将两种方法的实验结果进行比较。

4.4 节是基于多生理信号多频段的集成情感分类方法,研究中选取了脑电信号、眼电信号和肌电信号。通过对每一种生理信号进行不同频段的提取与特征计算,提出了基于滤波与 Hjorth 参数相结合的特征提取方法;通过集成多个分类器形成分类模型,提出了基于情感特征集成分类方法。

4.5 节对本章工作进行了总结,并结合情感分类领域存在的问题对下一步工作内容进行了展望。

4.2 基于生理信号的情感分类基础知识

现阶段基于生理信号的情感识别方法主要可以分为两类:一类是使用传统的机器学习方法,也就是将分类模型具体化,重点在于自主设计的特征提取方法;另一类是使用深度学习方法,它可以学习数据内在规则并自动提取特征。情感识别的整体框架如图 4.1 所示:首先,需要在情感触发后对数据进行获取,选择合适的情感模型标记数据形成标准情感数据集;其次,在数据预处理阶段,为了消除由测量仪器、电磁干扰、人为移动等产生的噪声,需要对数据进行过滤等操作,这一阶段在传统机器学习方法和深度学习中都有实行;再次,利用传统机器学习方法对数据进行特征提取,将处理好的特征输入到分类器中,通过分类器进行情感分类和识别,而深度学习则是一个整体结构,它们将预处理好的原始数据输入模型直接进行情感判定后输出结果,应用较为普遍的深度学习模型有卷积神经网络(CNN)、深度神经网络(DNN)和循环神经网络(RNN)等;最后,两种学习方法都可以根据分类结果利用评价指标对模型进行评估。

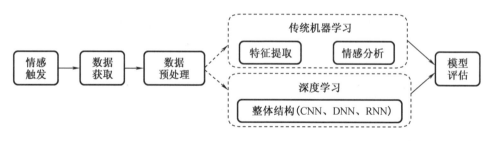

图 4.1 情感识别的整体框架

对于传统机器学习方法,最重要的是从原始数据中发现情感特征并提取出最具有可识别性的特征,从而增强整个模型的表现。而对于深度学习方法来说,不再需要人为地提取特征。它的模型是一个会直接给出判定结果的整体结构,可以克服传统方法特征提取阶段的困难。但为了达到很好的精度,深度学习往往需要大量数据的支撑,在只能提供有限数据量的基于生理信号的情感识别任务中,深度学习算法可能不能对数据的规律进行无偏差的估计。而且深度学习中图模型的复杂化导致算法的时间复杂度急剧提升,为了保证算法的实时性,需要更高的并行编程技巧和更多更好的硬件支持。接下来本章将对情感模型、生理信号情感数据集、数据预处理方法、特征提取方法、分类模型、模型评价方法和参数进行介绍。

4.2.1　情感模型

人的情感是复杂且多样的,基本情绪的定义在几十年前就被提出,但心理学家至今没有给出被广泛认可的、精确的情感定义。现阶段,心理学家一般通过两种方式来定义情感:一种是将情感分为若干个离散的类别,称为离散情感模型;另一种是通过多个维度来标记情感,称为维度情感模型。

(1)离散情感模型

离散情感模型是将情感定义为若干个离散的基本情绪。Ekman[25]认为情感是离散的,可测量的,与生理状态相关的。Ekman 提出了一些基本情绪的特性:人们生来拥有没有学习过的情感;在同样的情境下人们拥有相同的情感;人们以相似的方式表达情感,这时展现出的生理模式相似。根据这些特点,Ekman 总结出了人的六种基本情绪:开心、悲伤、生气、恐惧、惊讶和厌恶。Plutchik[26] 提出了包含开心(joy)、信任(trust)、恐惧(fear)、惊讶(surprise)、悲伤(sadness)、厌恶(disgust)、生气(anger)和期望(anticipation)这八种情绪的情感轮模型,如图 4.2 所示。离散情感模型主要是通过文字对情感进行描述,但这种方式很难应用于一些复杂情绪,因为用文字对它们进行精确表达是十分困难的,因此需要被定量分析。

图 4.2　Plutchik 的情感轮模型

(2)维度情感模型

随着研究的深入,心理学家发现在一些独立情绪之间存在着特定的关系,比如愉悦和喜欢,仇恨和厌恶。而且,同样的情感词汇描述也可能代表不同的强度,如开心可能代表有点开心,也可以是非常开心。因此,心理学家开始构建多维度的情感空间模型。Lang[27]通过调查得出情感能够被分类到由愉悦度(valence)和激活度(arousal)共同组成的二维空间模型中。其中,愉悦度表示主体情感状态的正负性,激活度表示主体神经生理的激活水平。不同的情感都能够在这个二维空间中找到对应的点,如生气可以用(低愉悦度值,高激活度值)表示,悲伤可以用(低愉悦度值,低激活度值)表示。但该二维情感空间模型很难识别相似的情感,如恐惧和生气都在低愉悦度和低激活度的区域内。基于此,Mehrabian 等[28]将二维的情感模型扩展到三维,加入了优势度(dominance),它表示主体对情景和他人的控制状态,如图4.3所示。在这种情况下一维度生气和恐惧可以被很容易地区分出来,因为生气控制度高,恐惧控制度低。

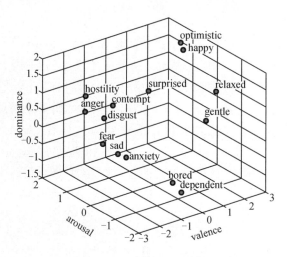

图4.3   三维情感空间模型

本章的主要数据来源于 DEAP 数据集[29],采用的情感模型即为维度空间模型。通过让被试者分别在愉悦度、激活度、控制度和喜欢度上从1到9进行打分,按照不同分值对样本进行情感标注。本章的研究主要在愉悦度和激活度所组成的二维空间上进行,分为二分类任务和四分类任务。愉悦度上二分类任务为高愉悦度(HV)和低愉悦度(LV)研究;激活度上二分类任务为高激活度(HA)和低激活度(LA)研究。四分类任务为低激活度低愉悦度(LA/LV)、低激活度高愉悦度(LA/HV)、高激活度低愉悦度(HA/LV)、高激活度高愉悦度(HA/HV)研究。DEAP 数据集共有32个被试者产生的1 280个样本,在二分类任务和四分类任务下样本的分布情况如表4.1所示。

表4.1   不同分类任务下样本个数

任务	类别	样本个数
二分类	HA	754
	LA	526
	HV	724
	LV	556
四分类	LA/LV	260
	LA/HV	266
	HA/LV	296
	HA/HV	458

4.2.2　生理信号情感数据集

为得到人在不同情感下的生理信号数据,需要通过一些情感触发材料对人的情感进行唤醒。一般的情感触发材料包括图片、音乐、视频等。1997 年国际精神健康组织提出了著名的国际开放情感图片系统 IAPS[30],2005 年中国情感图片系统 CAPS 也被提出[31]。2017年,Zhang 等[32] 提出了被称为情感虚拟现实系统(AVRS)的情感唤醒系统。该系统主要由 8 个情感 VR 场景组成,通过不同的情感触发材料对人的情感进行唤起,以此来采集生理信号。国际上现已存在一些供研究者们使用的标准情感数据集,如将音乐视频作为触发材料采集的 DEAP[29],将电影和图片作为触发材料采集的 Soleymani[33],将电影片段作为触发材料采集的 SEED[34] 和 BioVid EmoDB[35]。本章研究的主要数据都来源于 DEAP 数据集,下面将对 DEAP 数据集的具体采集过程进行介绍。

DEAP 数据集中的所有生理信号数据都是通过 32 个被试者在观看 40 个 1 min 长的音乐视频时采集得到的。这 40 个音乐视频片段是在 120 个原始音乐视频中采用情感突出算法提取出其中情感最突出的 1 min,再经过一半的手动确定、一半网站情感标签选择组成最终的 40 个音乐视频片段,用来对被试者情感进行诱发。

采集的人体生理信号,共包括 40 个生理信号通道,其中 32 个脑电通道和包括垂直眼电、水平眼电、斜方肌电信号、颧肌信号、皮肤电反应、呼吸带、体积描记器与身体温度的 8 个外围生理信号通道。脑电信号的采集采用了国际 10/20 系统,其电极分布情况如图 4.4 所示。为方便使用,对采集的原始数据进行了一系列处理:首先,在采集数据时采样频率为 512 Hz,降采样处理为 128 Hz,并使用带通滤波器滤出 4 ~ 45 Hz 频率的信号;然后移除 EEG 信号中的人为眼电干扰;最终每名被试者拥有一个 40 × 40 × 8 064 大小的生理信号数据集以供研究。

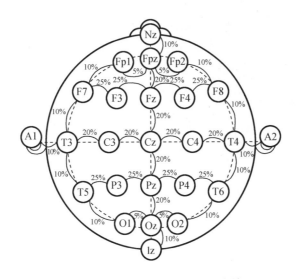

图 4.4　国际 10/20 系统的电极分布情况

4.2.3　数据预处理方法

由于采集的原始生理信号的复杂性和主观性,以及在采集过程中信号受到来自测量仪器、电磁和人为活动的干扰,因此通过对数据进行预处理进而在情绪识别的早期阶段消除信号中的噪声是非常重要的。本节主要对生理信号常用的几种预处理方法进行简要介绍,包括滤波、离散小波变换(DWT)、独立成分分析(ICA)。

(1)滤波

对于滤波,许多低通滤波器被用来对心电信号、肌电信号等进行预处理,如 FIR 滤波器、椭圆滤波器、自适应滤波器、Butterworth 滤波器等。平滑滤波器经常被用来对原始 GSR 信号进行处理。Jerritta 等[14]通过陷波滤波器去除信号串扰,之后通过 128 点移动平均滤波器进行平滑处理。Gong 等[36]使用相同的过滤器来最小化呼吸信号的基线。Izard[37]采用高通滤波器,在截止频率分别为 0.1 Hz 和 4 Hz 时处理呼吸和 ECG 信号,以消除基线漂移。

(2)离散小波变换

在一些研究中[38-39],离散小波变换被用于减少生理信号的噪声。由于白噪声的正交小波变换仍然是白噪声,根据信号的不同传播特性和小波变换中每个尺度下的噪声,由噪声产生的系数幅值最大点可以被消除,并且系数幅值最大点对应的信号可以被保留,然后可以通过剩余系数幅值极大值重建小波系数以恢复信号。

(3)独立成分分析

独立成分分析已在 Valenza 等[36]的研究中被用于从心电图中提取和消除呼吸性窦性心律失常的成分,它将原始信号分解为独立的成分,并且在具备一些专业知识的情况下可以通过用眼睛观察去除伪影成分。Alickovic 等[40]比较了主成分分析、独立成分分析和多尺度主成分分析三种去噪方法,结果表明多尺度主成分分析效果最好。

通常,对于明显的异常信号,如信号收集中的电极剥落,或者由于对象的无意挤压引起的信号丢失,在具有一定专业知识的情况下可以通过视觉观察去除异常成分。而对于正常原始信号中包含的干扰信号,需要不同的方法(如滤波、DWT、ICA)根据不同生理信号和不同干扰源的时域和频域特征来降低噪声。

4.2.4　特征提取方法

特征提取方法在传统的机器学习情感识别方法中是非常重要的一个阶段,下面介绍几种主要的特征提取方法:傅里叶变换和短时傅里叶变换、小波变换、自动编码器。

(1)傅里叶变换和短时傅里叶变换

针对情感识别来说,从生理信号中提取出最突出的统计特征非常重要。脑电信号等生理信号非常复杂并且具有非平稳的特性,在这种情况下,功率谱密度和光谱熵等一些统计特征是众所周知的适用于情感识别的特征。傅里叶变换可以将信号从时域上映射到频域上进行处理,从而计算信号频谱。因此,一些研究[41-42]采用傅里叶变换来计算脑电信道的频谱图。由于傅里叶变换具有不能处理非平稳信号的缺点,所以短时傅里叶变换被提出来。短时傅里叶变换通过将整个信号分解成多个等长的碎片,每个碎片可以近似认为是平稳的,再将傅里叶变换应用其中。在一些研究中[43-44],一种 512 点长的短时傅里叶变换被用来从 30 个 EEG 通道中提取频谱。

（2）小波变换

处理非平稳信号时，小窗口适合高频部分，大窗口适合低频部分。但是短时傅里叶变换的窗口是固定的，这限制了它的应用。而小波变换提供了一个不固定的时频窗口，能够在时频域上进行局部分析，因此适用于将生理信号分解成各种时间和频率的尺度。小波基函数的表示方式如下：

$$\mathrm{WT}(a,b) = \frac{1}{\sqrt{a}}\int_{-\infty}^{+\infty} f(t)\varphi\left(\frac{t-b}{a}\right)\mathrm{d}t \quad a,b \in \mathbf{R}, a > 0 \tag{4.1}$$

式中　a——尺度参数；

　　　b——平移参数；

　　　φ——母小波。

小波变换的表现主要由母小波决定，其中小尺度依据信号的高频部分确定，大尺度依据信号的低频部分确定。常用的母波有 Haar 小波、Daubechies 小波和 Coif 小波等。小波变换后系数被用来恢复原始信号。现有的一些研究工作[45-46]，通过选取不同的母波对生理信号进行小波变换处理以得到情感特性更加突出的特征。

（3）自动编码器

自动编码器是一种基于 BP 算法的无监督算法，它包含一个输入层、一个或多个隐藏层和一个输出层。输入层的维度等于输出层的维度，因此从输入层到隐藏层称为编码器网络，从隐藏网络到输出层称为解码器网络。自动编码器主要实现步骤为：首先，初始化编码器网络和解码器网络的权重；然后，根据重构误差的最小化原则训练自动编码器。通过传递解码器网络的链接方法并使用反向传播误差找到自动编码器的最佳权值，很容易获得期望的梯度值。Liu 等[47]的研究表明，双峰深自动编码器高层级的特征提取对情感识别是有效的。

4.2.5　分类模型

在情感识别中，最主要的任务是将输入信号给定一个特定情感类别。现存在多种适用于情感识别的分类模型，包括线性判别分析、二次判别分析、KNN、随机森林、粒子群优化、支持向量机、概率神经网络、深度学习和长短期记忆。

SVM 对于二分类任务是非常有用的分类模型。由于一些数据的非线性特征，导致样本无法在低维空间中被正确分类，将样本映射到具有核函数的高维空间，这样使得样本可以线性分离。KNN 作为一种惰性学习算法，它是一种基于权重的分类方法[48]，相对容易理解和实现。然而，KNN 需要存储所有训练集，这导致时间和空间的高度计算复杂性。非线性分类器，如 SVM 和 KNN，准确地计算决策边界，这可能发生过拟合现象，影响泛化能力。与它们相比，线性判别分析的泛化能力更强。作为线性分类器，通过将特征值投影到新的子空间来决定样本所属类别[49]。对于高维数据，RF 和神经网络算法的分类性能通常更好。CNN 是对传统神经网络的改进，其中权重共享和局部连接可以帮助降低网络的复杂性。

各种研究选择不同的生理信号、特征集和刺激源，这意味着在不同条件下存在不同的最佳分类模型，我们只能在某些特定条件下讨论最优分类模型。下面将对几种常用的分类模型进行介绍。

（1）SVM

SVM 是一种二分类模型，它的目的是寻找一个超平面来对样本进行分割，分割的原则是间隔最大化，最终转化为一个凸二次规划问题来求解。SVM 已被许多研究用来对生理信号进行情感识别，目前是在此领域应用最多的分类器。然而，由于在模型中对两个类别设置的惩罚权重相同，常规 SVM 在不平衡数据集中不起作用，并且最佳分离超平面可能倾向于少数类别。

（2）线性判别分析

线性判别式分析，也叫作 Fisher 线性判别，是模式识别的经典算法，它是在 1996 年由 Belhumeur 引入模式识别和人工智能领域的。线性判别分析的基本思想是将高维的模式样本投影到最佳判别矢量空间，以达到抽取分类信息和压缩特征空间维数的效果，投影后保证模式样本在新的子空间有最大的类间距离和最小的类内距离，即模式在该空间中有最佳的可分离性，它在分类过程中不需要额外的参数。现有研究[50]已使用线性判别分析相关方法进行样本情感分类。

（3）KNN

KNN 通过测量不同特征值之间的距离进行分类。如果一个样本在特征空间中的 k 个最相似（即特征空间中最邻近）的样本中的大多数属于某一个类别，则该样本也属于这个类别，其中 k 通常是不大于 20 的整数。KNN 算法中，所选择的邻居都是已经正确分类的样本。该方法在定类决策上只依据最邻近的一个或者几个样本的类别来决定待分样本所属的类别。Wang 等[51]使用 KNN 对四种情绪进行分类，从心电信号、肌电信号和呼吸信号中提取四种特征，平均识别率为 82%。

4.2.6　常用评价方法和参数

对分类模型进行评估是分类任务中重要的一个环节。模型过于简单时，容易发生欠拟合；模型过于复杂时，又容易发生过拟合。为了达到一个合理的平衡，此时需要对模型进行认真评估。接下来将介绍几个常用的模型评价方法与评价参数。

（1）Hold - Out 方法

使用 Hold - Out 方法时，先将初始数据集分为训练集和测试集两部分。训练集用于模型的训练，测试集则进行性能的评价。然而，在实际应用中，常常需要反复调试和比较不同的参数设置以提高模型在新数据集上的预测性能。这一调参优化的过程就被称为模型的选择，如果重复使用测试集，测试集等于成为训练集的一部分，此时模型容易发生过拟合。因此通常数据的 30% ~80% 被用来训练模型，剩余的数据被用来测试。

（2）k 折交叉验证

使用 k 折交叉验证方法时，首先将数据集分为 k 个子集，其中的 $k-1$ 折用于模型的训练，1 折用于测试。将这一过程重复 k 次，便可获得 k 个模型及其性能评价。然后计算基于不同的、独立的子集下模型的平均值作为最终结果。其中，10 折交叉验证是最常用的一种方法。在本章的实验中采用的即是 10 折交叉验证的方法。

（3）准确率、精确率、召回率和 F 值

准确率和错误率最常用于分类任务中。准确率表示正确分类的样本数和总样本的比例。错误率是指错误分类的样本数与总样本的比例。

精确率(P)和召回率(R)一般根据公式(4.2)、公式(4.3)和表4.2进行计算：

$$P = \frac{TP}{TP + FP} \tag{4.2}$$

$$R = \frac{TP}{TP + FN} \tag{4.3}$$

表4.2 分类的混淆矩阵

真实标签	预测标签	
	正类(P)	负类(N)
正类(T)	真正类(TP)	假负类(FN)
负类(N)	假正类(FP)	真负类(TN)

F值定义为精确率和召回率的调和平均值：

$$F = \frac{2PR}{P + R} \tag{4.4}$$

本节主要对基于生理信号进行情感分类的相关基础知识进行了简要介绍,包括情感模型、生理信号数据集、数据预处理方法、特征提取方法、分类模型和模型评估常用方法与参数。情感模型包括离散情感模型和维度情感模型。生理信号数据集部分,主要对本章采用的 DEAP 数据集进行了详细介绍。同时简单介绍了常用的数据预处理方法:滤波、离散小波变换和独立成分分析;常用的特征提取方法:傅里叶变换和短时傅里叶变换、小波变换和自动编码器;常用的分类模型:SVM、线性判别分析、KNN;常用的评价方法与参数:Hold-Out 方法、k 折交叉验证、准确率、精确率、召回率和 F 值。

4.3 基于脑电信号的多尺度特征情感分类方法

情感作为人类日常生活中非常重要的一部分,影响着我们的社会交往、理性决策和生活状态等。由于情感的重要性,随着计算机技术的不断发展,通过计算机进行生理信号的情感识别已经成为人机交互的一个重要研究内容[52-53]。在生理信号中,由于脑电信号具有高分辨率、低成本的特性,并且对人类行为有很好的反馈,已有许多研究者通过不同的方法从脑电信号中定义情感[54-55]。但由于大脑中有数十亿神经元复杂地连接在一起,这些神经元产生的脑电信号具有非线性、非平稳和随机的特性,给识别情绪带来了很大的困难[56]。本章针对脑电信号的这些特性,提出了基于脑电信号的多尺度特征情感分类方法。其中包括基于脑电信号的 EMD 与 AR 模型相结合的特征提取方法和 EWT 与 AR 模型相结合的特征提取方法。本章方法首先对脑电信号进行预处理后,根据提出的特征提取方法对信号进行多尺度特征提取,并选用支持向量机作为分类模型对提出的方法进行评价。

4.3.1 基于脑电信号多尺度特征情感分类流程

本章所提出的情感分类方法基本流程如图 4.5 所示,所使用数据来自标准数据集 DEAP,并将其中的脑电信号分离出来。DEAP 中包含 32 个脑电通道,每个通道包含每个被试者观看 40 个视频 63 s 的数据,前 3 s 是基准信号数据。大量脑电数据在使用特征提取方法时时间成本较高,所以为降低成本对数据进行了预处理。

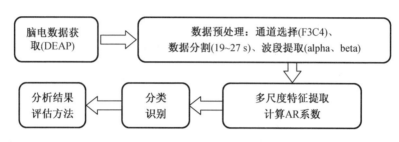

图 4.5 EMD 与 AR 系数结合算法流程图

本章数据预处理主要分为三个部分:脑电通道选择、数据分割、波段提取。现有研究表明,大脑中人类的情感活动主要集中在额叶、颞和中心区域,如 F3、F4、T3、T4、C3 和 C4 通道[57]。其中额叶区和颞区被认为是最能展现大脑活跃程度的 beta 波最明显的区域,所以实验中选择 F3、F4、C3 和 C4 进行两两组合,计算皮尔逊相关系数。皮尔逊相关系数用于度量两个变量之间的相关程度,其值介于 − 1 与 1 之间,值越接近于 0 代表相关性越弱。表 4.3 中展示了四个通道两两组合后的皮尔逊相关系数计算结果,最终选择 F3 和 C4 作为实验通道。

表 4.3 不同通道组合的皮尔逊相关系数

通道组合	相关系数
F3F4	0.634 9
C3C4	0.561 0
F3C3	0.581 3
F4C3	0.584 2
F4C4	0.580 7
F3C4	0.554 7

确定实验通道之后,开始对数据进行分割。首先,选取 9 s 为时间窗长度对移除前 3 s 基准信号后的 60 s 有效数据进行分割,重叠窗长度为 6 s,即共分割出 18 段数据。然后,计算每一段数据中 beta 波的相对能量,选取相对能量最高的一段数据作为实验数据。因为 beta 波相对能量越高,证明大脑在这一时间段越活跃,对情感的评估表现会越好。计算时,先对分割出的每一时间段数据进行快速傅里叶变换提取出 beta、alpha、theta 和 gamma 波段数据,使用公式(4.5)计算各波的能量,其中 x_n 表示离散信号幅度,N 表示离散点个数,再由

式(4.6)计算出 beta 波每一时间段数据中的相对能量;最终得到每一时间段的计算结果如表4.4所示。由表中数据可以看出 19~27 s 这一时间段中 beta 波相对能量最高,被选为实验时间段。

$$E = \sum_{n=1}^{N} |x_n|^2 \tag{4.5}$$

$$E_b = \frac{E_\beta}{E_\beta + E_\alpha + E_\theta + E_\gamma} \tag{4.6}$$

表4.4　每一时间段 beta 波的相对能量

时间段/s	beta 波的相对能量	时间段/s	beta 波的相对能量
1~9	0.262 3	28~36	0.364 4
4~12	0.314 8	31~39	0.369 5
7~15	0.346 3	34~42	0.360 8
10~18	0.361 6	37~45	0.353 7
13~21	0.364 9	40~48	0.360 1
16~24	0.372 7	43~51	0.364 6
19~27	0.376 6	46~54	0.367 5
22~30	0.370 9	49~57	0.358 1
25~33	0.367 3	51~60	0.361 3

确定实验通道与实验时间段后,使用 Butterworth 滤波器提取 alpha、beta 波段数据作为实验数据,至此数据预处理阶段结束。本章接下来的部分将对基于脑电信号的 EMD 与 AR 模型相结合的特征提取方法和基于脑电信号的 EWT 与 AR 模型相结合的特征提取方法进行仔细描述,并结合实验具体过程和通过支持向量机得到的分类结果进行分析与评估。

4.3.2　EMD 与 AR 自回归模型相结合的特征提取方法

本章针对脑电信号非平稳、非线性和随机的特性,提出了基于 EMD 与 AR 模型相结合的特征提取方法。下面首先对具体方法进行简单介绍,然后具体描述提取过程。

(1)EMD 分解

EMD 分解是由 Huang 等[58]1998 年提出的一种针对非线性、非平稳信号的自适应信号分解算法。这种方法本质上是将一个信号进行平稳化处理,把信号中真实存在的不同尺度的波动逐级分解出来,形成一系列具有不同特征尺度的数据序列,称为本征模态函数(IMF)。EMD 分解打破了传统的定义频率的方式,给出了信号本质形象的描述,给出了瞬时频率合理的定义,是整个信号分析领域的一个重大突破。

EMD 分解在本章所提方法应用中主要实现过程如下。

①将一个样本作为一组信号 $f(t)$ 进行 EMD 分解,首先解出 $f(t)$ 中所有的局部极值点。

②采用三次样条插值函数分别拟合上步中所求出的极大值点和极小值点,连接所有的

局部极大值点得到$f(t)$的上包络线$e_{\max}(t)$,连接所有的局部极小值点得到$f(t)$的下包络线$e_{\min}(t)$。

③根据公式(4.7)计算上包络线与下包络线的均值曲线:

$$m_1(t) = \frac{e_{\max}(t) + e_{\min}(t)}{2} \tag{4.7}$$

④求出输入原始信号$f(t)$与$m_1(t)$的差值:

$$h_1(t) = f(t) - m_1(t) \tag{4.8}$$

⑤判断$h_1(t)$是否达到IMF分量的两个标准:

a.函数在整个时间范围内,局部极值点和过零点的数目相等或它们的数目至多差一个,并且在任意时间点,上包络线和下包络线的平均值必须为零;

b.满足筛选停止条件。

如果$h_1(t)$符合至少一个上述标准,那么$h_1(t)$就是第一个IMF分量。由于大部分情况下,$h_1(t)$满足不了这两个条件,则重复步骤①~④,直到第k次循环后得到的差值$h_{1,k}(t)$为一个IMF分量,将其记为$c_1(t)$。

⑥从信号$f(t)$中减去$c_1(t)$,得到剩余信号$r_1(t)$,其公式表示为:

$$r_1(t) = f(t) - c_1(t) \tag{4.9}$$

⑦将信号$r_1(t)$视为$f(t)$,再次执行步骤①~⑥,如此循环n次,同时得到n个IMF分量$[c_1(t), c_2(t), \cdots, c_n(t)]$,直到$r_n(t)$为一个单调函数或者只存在一个极点为止。此时,原始信号$f(t)$表示如下:

$$f(t) = \sum_{l=1}^{n} c_l(t) + r_n(t) \tag{4.10}$$

式(4.10)中$c_1(t) \sim c_n(t)$(n个IMF分量)从高频到低频依次排列,$r_n(t)$为残余分量。

越往后的IMF分量频率越低,识别率越低,在实验中统一选取了前四个IMF分量作为实验数据。图4.6是一条作为输入的原始数据样本,图4.7是经过EMD分解后所分解出的前四个IMF分量。

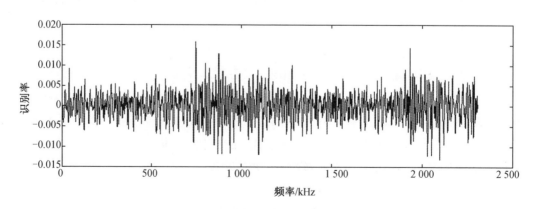

图4.6　原始样本数据

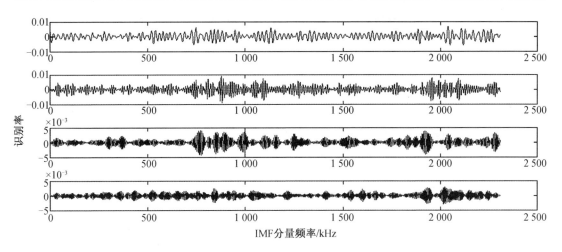

图 4.7 经过 EMD 分解后前四个本征模态函数

（2）自回归模型

自回归模型建立在自然信号在时间上有相关联的趋势的前提下。通常通过它能够利用之前的一些测量值来预测下一个测量值。传统的 AR 模型是基于之前的测量值并利用一组系数 a_i 来预测当前的信号值 x_t，如公式（4.11）所示：

$$x_t = \sum_{i=1}^{p} a_i x_{t-i} + \varepsilon \tag{4.11}$$

式中，ε 为零均值的白噪声，表示原信号与它的线性加权和近似值之间的差值。参数 p 称为 AR 模型的阶数，它决定了利用多少之前的输入来预测当前的输入。参数 p 可以通过交叉验证等优化过程来选择，或用一个较小的任意数作为先验值。本章对由 EMD 从脑电信号分解出的不同尺度的数据序列分量计算 AR 系数，其中阶数 p 从 2 取到 11，计算结果作为最终的脑电信号多尺度特征，用于对样本进行情感识别。

（3）实验结果与分析

将得到的脑电信号多尺度特征通过 SVM 进行样本分类，计算分类准确率。表 4.5 和表 4.6 分别是在原始数据经过 EMD 分解后取前四个 EMD 函数，在时间窗长度分别取 3 s 和 9 s 的情况下，AR 模型阶数取 2 到 11 时得到的实验结果。从两个表的比较中可以看出，当时间窗长度取 3 s 时得到的分类准确率要普遍高于时间窗取 9 s 时的结果。而且 AR 模型阶数的变化对分类结果有所影响。图 4.8 和图 4.9 分别是时间窗取 3 s 与 9 s 时分类准确率随 AR 阶数变化的折线图。从图表结合可以明显看出，对于激活度上的二分类任务（HA/LA），当时间窗长度为 3 s，AR 阶数取 2 时，得到最好的分类准确率为 87.35%；对于愉悦度上的二分类任务（HV/LV），当时间窗长度为 3 s，AR 阶数取 3 时，得到最好的分类准确率为 83.12%。可以看出对于不同的情感维度，为得到最好的分类效果需要设置不同参数。从图和表中也可以看出，随着 AR 阶数的增加，分类准确率整体呈现下滑趋势。

表 4.5　由 EMD 分解后时间窗为 3 s 时的不同阶数实验结果

阶数 p		2	3	4	5	6
准确率/%	HV/LV	79.77	83.12	82.49	81.95	79.83
	HA/LA	87.35	82.12	81.32	83.90	82.18
阶数 p		7	8	9	10	11
准确率/%	HV/LV	79.53	77.03	75.78	71.48	70.79
	HA/LA	81.41	78.60	76.01	73.84	66.49

表 4.6　由 EMD 分解后时间窗为 9 s 时的不同阶数实验结果

阶数 p		2	3	4	5	6
准确率/%	HV/LV	71.02	71.57	76.80	76.33	72.12
	HA/LA	75.14	78.91	75.70	76.63	73.37
阶数 p		7	8	9	10	11
准确率/%	HV/LV	72.97	68.19	68.76	64.84	66.25
	HA/LA	73.20	68.75	67.67	67.19	68.05

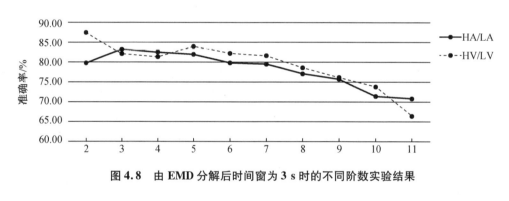

图 4.8　由 EMD 分解后时间窗为 3 s 时的不同阶数实验结果

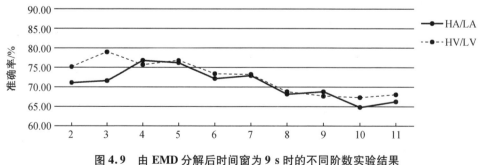

图 4.9　由 EMD 分解后时间窗为 9 s 时的不同阶数实验结果

表 4.7 是由本章提出的方法得到的准确率与现存的一些研究成果的比较。Li 等[59]在时频域对脑电信号进行分析,并提出非线性动力学特征与 SVM 相结合的模型,得到激活度上 83.7% 的准确率,愉悦度上 80.7% 的准确率。Tripathi 等[41]从脑电信号中提取出统计学特征并与神经网络相结合在激活度与愉悦度上分别得到 73.3% 和 81.4% 的准确率。Yin

等[42]提取出能量谱等特征并与神经网络相结合,在激活度与愉悦度上分别得到了 77.1%
和 76.1% 的准确率。与上述三种方法相比,本章提出的方法得到准确率更高,对脑电信号
进行情感二分类任务表现更好。

表 4.7　本章方法与现有方法的准确率比较

模型	激活度/%	愉悦度/%
Li 等[73](2017)	83.70	80.70
Tripathi 等[74](2017)	73.30	81.40
Yin 等[75](2017)	77.10	76.10
本章方法	87.35	83.12

4.3.3　EWT 与 AR 模型相结合的特征提取方法

(1)EWT

经验小波变换是由 Gilles[60] 在 2013 年提出的,它是将小波变换的科学性和 EMD 的自
适应优势结合起来而提出的一种用于信号自适应分析的方法。该方法不仅可以对信号进
行傅里叶频谱分析,同时可通过特定方法确定信号的边界值,而且可以根据小波变换的理
论基础,类似地定义经验小波变换的公式,自适应地组建信号的正交及紧支撑要求的小波
基,通过 Hilbert 变换,就能获取所有分信号的频谱特征。

本章 EWT 主要实现过程如下。

①将每一行数据作为一个样本先进行快速傅里叶变换,获取信号的傅里叶频谱,并规
范化至 $[-\pi,\pi]$。

②使用边缘探测算法确定分割频谱的 $N-1$ 个边缘 $\omega_n(1\leqslant n\leqslant N-1)$,同时假定 $\omega_0=0$,
$\omega_N=\pi$。

③定义分段 $\Lambda_n=[\omega_{n-1},\omega_n]$,根据式(4.12)构造尺度函数 $\hat{\phi}_n$:

$$\hat{\phi}_n(\omega)=\begin{cases}1 & |\omega|\leqslant\omega_n-\tau_n\\ \cos\left(\dfrac{\pi}{2}\beta\left[\dfrac{1}{2\tau_n}(|\omega|-\omega_n+\tau_n)\right]\right) & \omega_n-\tau_n\leqslant|\omega|\leqslant\omega_n+\tau_n\\ 0 & \text{其他}\end{cases} \tag{4.12}$$

④根据式(4.13)构造一组经验小波 $\hat{\psi}_n$:

$$\hat{\psi}_n(\omega)=\begin{cases}1 & \omega_n+\tau_n\leqslant|\omega|\leqslant\omega_{n+1}-\tau_{n+1}\\ \cos\left(\dfrac{\pi}{2}\beta\left[\dfrac{1}{2\tau_{n+1}}(|\omega|-\omega_{n+1}+\tau_{n+1})\right]\right) & \omega_{n+1}-\tau_{n+1}\leqslant|\omega|\leqslant\omega_{n+1}+\tau_{n+1}\\ \sin\left(\dfrac{\pi}{2}\beta\left[\dfrac{1}{2\tau_n}(|\omega|-\omega_n+\tau_n)\right]\right) & \omega_n-\tau_n\leqslant|\omega|\leqslant\omega_n+\tau_n\\ 0 & \text{其他}\end{cases}$$

$$\tag{4.13}$$

⑤经验小波构造完成后,根据式(4.14),将数据进行 EWT 处理,取其得到的前四个模态的数据:

$$W_f^\varepsilon(n,t) = <f,\psi_n> = \int f(\tau)\overline{\psi_n(\tau-t)}\mathrm{d}\tau = \left[\overline{f(\omega)\hat{\psi}_n(\omega)}\right]^v \quad (4.14)$$

图 4.10 是一条作为输入的原始数据样本,图 4.11 是经过 EWT 处理所分解出的前四个分量。

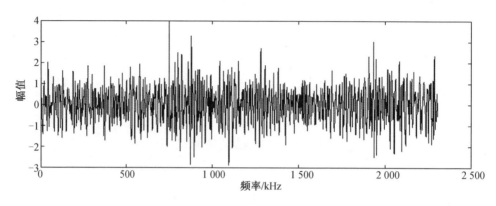

图 4.10 原始样本数据

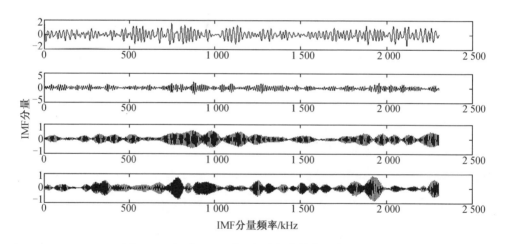

图 4.11 经过 EWT 处理所分解出的前四个函数分量

(2)实验结果比较与分析

表 4.8 与表 4.9 分别是在原始数据经过经验小波变换后取前四个经验小波函数,在时间窗长度分别取 3 s 和 9 s 的情况下,AR 模型阶数取 2 到 11 时得到的实验结果。从表中可以看出对于激活度和愉悦度上的二分类任务,EWT 与 AR 相结合的方法都是在时间窗长度为 3 s,AR 阶数取 2 时得到最高的分类准确率,分别是 72.04% 和 66.80%。与使用本章提出的 EMD 与 AR 相结合的特征提取方法得到的实验结果相比都较低。所以,虽然 EWT 在某些方面上对 EMD 方法进行了改进,但对于本章提出的与 AR 模型相结合的针对脑电信号特征提取并进行情感分类的任务来说,EMD 表现出了更好的效果。

表 4.8　由 EWT 处理后时间窗为 3 s 时的不同阶数实验结果

阶数 p		2	3	4	5	6
准确率/%	HV/LV	66.80	61.55	61.00	59.77	60.56
	HA/LA	72.04	68.35	60.69	67.10	68.29
阶数 p		7	8	9	10	11
准确率/%	HV/LV	58.12	58.29	56.57	55.32	56.17
	HA/LA	65.63	67.18	68.44	65.54	64.37

表 4.9　由 EWT 处理后时间窗为 9 s 时的不同阶数实验结果

阶数 p		2	3	4	5	6
准确率/%	HV/LV	63.60	60.63	58.20	58.99	56.72
	HA/LA	60.32	60.78	57.97	58.58	59.37
阶数 p		7	8	9	10	11
准确率/%	HV/LV	56.33	55.24	54.61	56.87	56.40
	HA/LA	61.25	60.86	58.83	58.99	58.84

　　本节主要针对脑电信号非线性、非平稳性的特点提出了基于脑电信号多尺度特征情感分类方法,主要包括基于脑电信号的 EMD 与 AR 模型相结合的特征提取方法和基于脑电信号的 EWT 与 AR 模型相结合的特征提取方法。首先,从国际标准数据集 DEAP 中提取出脑电信号,根据相关性分析和 beta 波相对能量分别确定实验通道为 F3C4、实验数据为 19 s 到 27 s。其次,提取出 beta 波段和 alpha 波段数据。

　　基于脑电信号的 EMD 与 AR 模型相结合的特征提取方法,首先将脑电信号经过经验模态分解处理后,采用前 4 个经验模态函数进行特征计算,时间窗分别设置为 3 s 和 9 s 时,AR 阶数取 2 到 11。最后,使用支持向量机进行情感分类。结果表明,对于激活度上的二分类任务,当时间窗长度为 3 s,AR 阶数取 2 时,得到最好的分类准确率为 87.35%;对于愉悦度上的二分类任务,当时间窗长度为 3 s,AR 阶数取 3 时,得到最好的分类准确率为 83.12%。

　　基于脑电信号的 EWT 与 AR 模型相结合的特征提取方法,首先将脑电信号进行经验小波变换,取得到的前四个经验小波函数作为实验数据,计算时间窗分别为 3 s 和 9 s 时,AR 阶数取 2 到 11 时的 AR 系数作为特征集,使用支持向量机进行情感分类。从实验结果中表明,对于激活度和愉悦度上的二分类任务,经验小波变换与 AR 模型相结合的方法都是在时间窗长度为 3 s,AR 阶数取 2 时得到最高的分类准确率,分别是 72.04% 和 66.80%。由此可见,在基于脑电信号的激活度和愉悦度上的二分类任务中,经验模态分解与 AR 模型相结合的特征提取方法得到的分类结果要好于经验小波变换与 AR 模型相结合的特征提取方法。

4.4　基于多生理信号多频段的集成情感分类方法

人的神经系统可以分为两个部分,即中枢神经系统和外围神经系统。外围神经系统又由自主神经系统和躯体神经系统组成。自主神经系统由感觉和运动神经元组成,其在中枢神经系统和各种内部器官之间起作用,如心脏、肺、内脏和腺体。当人们面对某些特定情况时,各种器官所产生的电信号,如脑电图、心电图、呼吸信号,皮肤电反应和肌电会以某种方式发生变化。Jie[8]的研究表示根据人情绪的变化,生理信号通过人体的中枢神经系统和自主神经系统进行回应。通过生理信号进行情绪识别领域中已经存在了许多研究,已尝试根据各种类型的信号、特征和分类模型,在情绪变化和生理信号之间建立标准和固定关系。然而,研究发现使用单个生理信号精确地反映情绪变化是相对困难的[17]。因此,使用多种生理信号的情绪识别在研究和实际应用中都具有重要意义。本章主要提出了一种基于多生理信号多频段的集成情感分类方法。研究中首先将脑电信号、眼电信号和肌电信号分别进行多频段提取,包括 theta(4 ~ 8 Hz)、alpha(8 ~ 13 Hz)、beta(13 ~ 30 Hz)和 gamma(30 ~ 43 Hz)频段;再将多生理信号通过 Hjorth 参数进行特征提取;最后采用 K 近邻、随机森林和决策树单一分类模型和三者共同组成的集成分类模型来进行情感分类。下面将对本章方法的实现过程进行具体阐述,并对实验结果进行对比分析。

4.4.1　基于多生理信号多频段的集成分类方法流程

本章所提出的分类方法基本流程如图 4.12 所示。信号(SIGNALS)主要来源于国际标准数据集 DEAP。本章算法首先从 DEAP 中提取出其中的脑电(EEG)信号、眼电(EOG)信号和肌电(EMG)信号;对每一种信号进行不同频段数据的获取,通过 Butterworth 滤波器,分别筛选出其中的 theta(4 ~ 8 Hz)、alpha(8 ~ 13 Hz)、beta(13 ~ 30 Hz)和 gamma(30 ~ 43 Hz)频段数据;然后,对每一种生理信号的每一频段数据以 10 s 为时间窗长度计算 Hjorth 的三个参数,三个参数分别称为活动性(activity)、移动性(mobility)和复杂性(complexity),并将其作为分类特征集。本章研究中有 EEG 信号特征集、EEG 信号和 EOG 信号组合特征集、EEG 信号和 EMG 信号组合特征集、EEG 信号与 EOG 信号、EMG 信号组合特征集,共四种特征集形式。最后,将四种特征集分别输入到 KNN、RF、CART 单一分类模型和它们共同组成的集成分类模型(ENS)中进行最终的情感分类。本章主要是在激活度与愉悦度上进行情感二分类任务与情感四分类任务。方法的具体实现过程和实验结果与分析将在以下部分介绍。

4.4.2　基于多频段提取与 Hjorth 参数相结合的特征提取方法

(1)频段提取过程

本节主要使用 Butterworth 滤波器对生理信号进行频段提取。将脑电信号、眼电信号、肌电信号中的每一样本数据进行过滤,提取出其中的 theta 波段、alpha 波段、beta 波段和 gamma 波段数据。

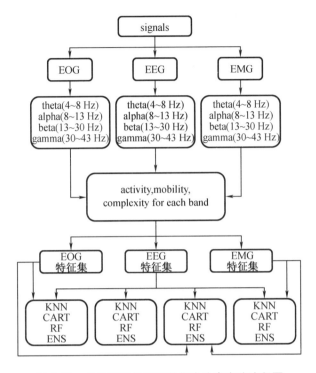

图 4.12　多生理信号多频段集成分类方法流程图

Butterworth 滤波器的具体实现过程如下:

$$|H_a(\mathrm{j}\omega)|^2 = \frac{1}{1 + \left(\dfrac{\omega}{\omega_c}\right)^{2N}} \tag{4.15}$$

公式(4.15)为 Butterworth 滤波器的幅度平方函数 $|H_a(\mathrm{j}\omega)|^2$,该函数用来表示信号的幅频特性。其中,$N$ 为滤波器阶数,ω/ω_c 为归一化频率。为使幅度平方函数满足通带最大衰减系数 α_p 和阻带最小衰减系数 α_s 的要求,设计传输函数 $H_a(s)$:

$$H_a(s) = \frac{\omega_c^N}{\prod\limits_{k=0}^{N-1}(s - s_k)} \tag{4.16}$$

式中　$s = |H_a(\mathrm{j}\omega)|^2$;

　　$s_k(k = 0,1,\cdots,N-1)$——s 平面的极点。

由于各滤波器的幅频特性不同,为使设计统一,将所有的频率归一化,p 称为归一化复变量,令 $p = \mathrm{j}\omega/\omega_c$,得到归一化传输函数:

$$H_a(p) = \frac{1}{\prod\limits_{k=0}^{N-1}(p - p_k)} \tag{4.17}$$

式中,$p_k(k = 0,1,\cdots,N-1)$ 为归一化极点。

为提取不同频段数据,将归一化低通 $H_a(p)$ 转化为带通 $H(s)$:

$$H(s) = H_a(p) \Big|_{p = \frac{s^2 + \omega_l \omega_u}{s(\omega_u - \omega_l)}} \tag{4.18}$$

式中 ω_u——通带上限频率;

     ω_l——通带下限频率。

为得到信号中的 theta(4~8 Hz)波段数据、alpha(8~13 Hz)波段数据、beta(13~30 Hz)波段数据和 gamma(30~43 Hz)波段数据,使用 Butterworth 带通滤波器,设置滤波器阶数为8,通带上限频率和通带下限频率分别为所提取波段的上、下截止频率,然后根据公式(4.18)将每一波段分别进行提取得到实验数据。

(2)Hjorth 参数

Hjorth[61]于1970年提出了 Hjorth 参数,这为计算时变信号的三个重要特征提供了一种快速的方法,这三个特征为平均功率、均方根频率及均方根频率展开。这些参数可以由信号的一阶导数和二阶导数求得,所以也称归一化斜率描述符。三个 Hjorth 参数分别称为活动性(activity)、移动性(mobility)和复杂性(complexity),三者的数学计算公式如下:

$$\text{activity} = \text{var}[y(t)] \tag{4.19}$$

$$\text{mobility} = \sqrt{\frac{\text{var}\left[\frac{dy(t)}{dt}\right]}{\text{var}(y(t))}} \tag{4.20}$$

$$\text{complexity} = \sqrt{\frac{\text{mobility}\left[\frac{dy(t)}{dt}\right]}{\text{mobility}[y(t)]}} \tag{4.21}$$

其中,$y(t)$ 表示输入信号。根据以上公式以 10 s 长度为时间窗计算 Hjorth 三个参数作为情感特征。将从脑电信号、眼电信号和肌电信号中提取出的情感特征分别组合成不同的情感特征集输入到分类模型中,对每一个样本代表的情感状态进行判定。最后,对不同组合下的特征集得到的分类结果进行汇总、比较与分析,这一部分将在实验结果与分析中具体阐述。

4.4.3   基于情感特征集成分类方法

现有的大多数情绪识别研究仅使用单一分类模型来对情感进行判定,这是导致分类结果稳定性不足的原因之一。通过结合多个分类器的预测结果提高分类模型的分类准确率是一种解决方法,这一方法称为集成方法。该方法由训练数据构建一组基分类器,然后通过对每个基分类器的预测进行投票来进行最终样本的分类。

装袋(bagging)是一种生成多个不同基分类器的方法,它是一种根据均匀概率分布从数据集中重复抽样(有放回)的技术,它为每一个基分类器都构造出一个同样大小但各不相同的训练集,从而训练出不同的基本分类器。由于装袋算法本身所具有的特点,使得它非常适合用来并行训练多个基本分类器,因此在本章研究中,将 KNN,RF 和 CART 作为基分类器建立集成分类模型,这是一种并行集成分类方法,具体实现过程如算法4.1描述。

算法 4.1　基于多数投票的集成分类算法

输入：特征数据集 D，包括脑电特征集、脑电眼电特征集、脑电肌电特征集、脑电眼电肌电特征集。

1. 将 D 按 1:9 的比例分为测试集 Test 和训练集 Train。

2. 从 Train 中通过装袋方法重复抽样构造出三个大小相同的样本组成不同的训练子集 T1、T2 和 T3。

3. 分别对分类模型进行训练，用 T1 训练 KNN 得到基分类器 H1，T2 训练 CART 得到基分类器 H2，T3 训练 RF 得到基分类器 H3。

4. 将 Test 中待分类样本分别输入到 H1、H2 和 H3 中，得到预测标签 L1、L2 和 L3。

5. 根据多数投票的法则，从 L1、L2 和 L3 中得出最终的预测标签 L，L 所代表的类别作为该样本分类结果。

4.4.4　实验验证

1. 二分类任务

表 4.10 是基于多生理信号多频段的集成情感分类方法在激活度和愉悦度上二分类任务的实验结果。从中可以看出当采用脑电、眼电、肌电信号的组合特征集，使用集成分类模型（ENS）进行分类时，可以得到最高的分类准确率，激活度上为 94.42%，愉悦度上为 94.02%。而且从准确率的标准差和 F 值来看，当三种生理信号组合特征集和集成分类模型同时作用时，分类结果表现最为稳定，具有较强的鲁棒性。

表 4.10　二分类任务的分类结果

特征集与分类模型	LA/HA		LV/HV	
	准确率/%	F 值	准确率/%	F 值
EEG + KNN	79.98 ± 3.28	0.754 6	78.80 ± 3.09	0.757 5
EEG + CART	93.35 ± 2.51	0.918 6	92.74 ± 2.47	0.917 1
EEG + RF	87.97 ± 3.32	0.852 8	87.83 ± 3.18	0.859 9
EEG + ENS	94.04 ± 2.29	0.926 5	93.80 ± 2.38	0.928 4
EEG + EOG + KNN	80.32 ± 3.71	0.759 6	79.17 ± 3.53	0.762 2
EEG + EOG + CART	93.39 ± 2.37	0.919 4	92.62 ± 2.40	0.915 3
EEG + EOG + RF	87.77 ± 3.27	0.849 7	88.24 ± 3.31	0.864 4
EEG + EOG + ENS	94.33 ± 2.26	0.929 9	94.20 ± 2.17	0.932 9
EEG + EMG + KNN	80.53 ± 3.20	0.761 7	79.44 ± 3.43	0.764 4
EEG + EMG + CART	93.50 ± 2.59	0.920 6	93.12 ± 2.30	0.921 0
EEG + EMG + RF	87.66 ± 3.60	0.849 2	88.12 ± 3.05	0.862 5
EEG + EMG + ENS	94.41 ± 2.16	0.930 8	93.69 ± 2.26	0.927 2

表 4.10　（续）

特征集与分类模型	LA/HA		LV/HV	
	准确率/%	F 值	准确率/%	F 值
EEG + EOG + EMG + KNN	80.52 ± 3.16	0.761 5	79.10 ± 3.42	0.760 9
EEG + EOG + EMG + CART	93.53 ± 2.64	0.921 0	93.06 ± 2.35	0.920 4
EEG + EOG + EMG + RF	87.49 ± 3.67	0.847 5	87.77 ± 3.48	0.859 6
EEG + EOG + EMG + ENS	94.42 ± 1.96	0.931 0	94.02 ± 2.15	0.930 8

为更好地分析不同信号特征组合和不同分类模型对实验结果的影响,实验对相应结果进行了折线图绘制。图 4.13 和图 4.14 分别是不同分类模型在激活度和愉悦度上对相同特征集的 10 折交叉分类结果。从中可以看出,分类模型的选择对分类结果有较大影响,对于本章所提出的特征集,单一分类模型中决策树表现最好,随机森林次之,KNN 最差,而集成分类模型得到结果要优于任意单一分类模型。图 4.15 和图 4.16 分别是统一分类模型对于不同信号的不同组合特征集的 10 折交叉分类结果。从图中可以看出使用统一分类模型对不同生理信号组合特征集分类准确率差异性不大,但对三种信号共同组合特征集进行分类时结果表现出更好的稳定性,并得到最高的分类准确率。表 4.111 是本章方法与现有的一些方法比较。Zoubi 等[62]通过 LSM 模型对人的情感状态进行识别得到激活度为88.54%,愉悦度为84.63%结果。Piho 和 Tjahjadi[63]通过缩短信号寻找其中互信息最强的部分作为特征进行情感识别,得到激活度为89.84%,愉悦度为89.61%的结果。所以,本章所提出的方法得到结果要高于现存一些方法。

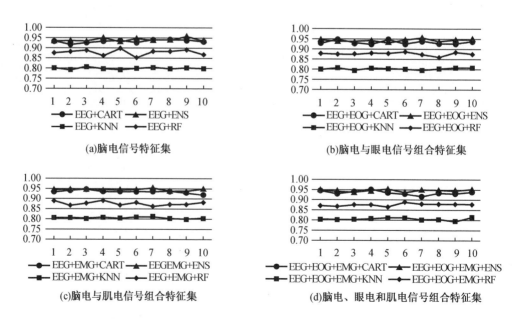

(a)脑电信号特征集

(b)脑电与眼电信号组合特征集

(c)脑电与肌电信号组合特征集

(d)脑电、眼电和肌电信号组合特征集

图 4.13　不同分类器在激活度上对不同特征集分类结果

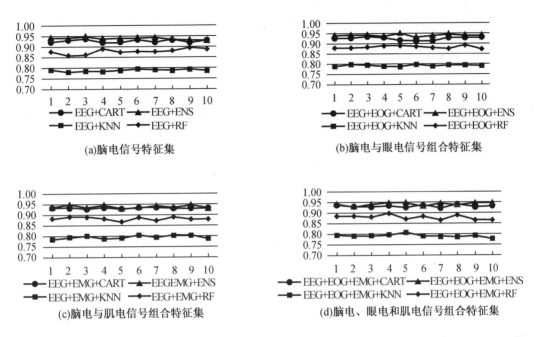

(a)脑电信号特征集　　　　　　　　　　(b)脑电与眼电信号组合特征集

(c)脑电与肌电信号组合特征集　　　　(d)脑电、眼电和肌电信号组合特征集

图 4.14　不同分类器在愉悦度上对不同特征集的分类结果

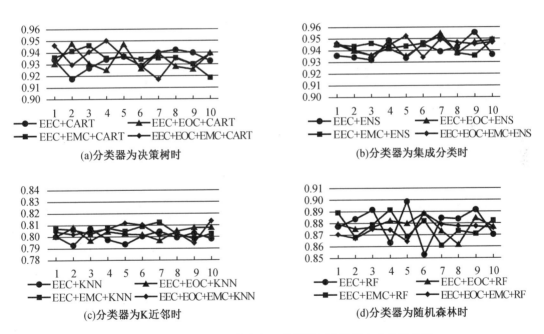

(a)分类器为决策树时　　　　　　　　　(b)分类器为集成分类时

(c)分类器为K近邻时　　　　　　　　　(d)分类器为随机森林时

图 4.15　不同生理信号组合在相同分类器下在激活度上分类结果

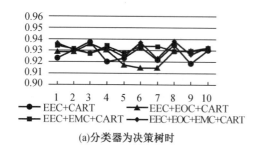

(a)分类器为决策树时

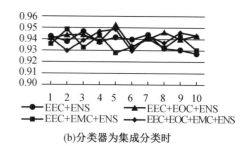

(b)分类器为集成分类时

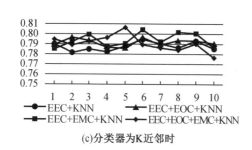

(c)分类器为K近邻时

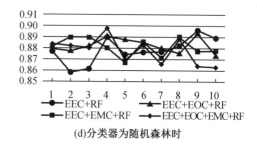

(d)分类器为随机森林时

图4.16　同生理信号组合在相同分类器下在愉悦度上的分类结果

表4.11　本章方法与现有方法准确率比较

模型	激活度/%	愉悦度/%
Zoubi[57]（2018）	88.54	84.63
Piho、Tjahjadi[58]（2018）	89.84	89.61
本章方法	94.42	94.02

2. 四分类任务

表4.12是在激活度与愉悦度上进行低激活度低愉悦度（LA/LV）、低激活度高愉悦度（LA/HV）、高激活度低愉悦度（HA/LV）和高激活度高愉悦度（HA/HV）四类任务的情绪识别结果。从中可以看出，当特征集为脑电、眼电、肌电信号的组合特征集时，利用集成分类模型（ENS）进行分类得到最高的平均分类准确率，为90.74%；当选用相同分类模型，不同特征集组合时，对分类结果影响不大；但当选用相同特征集组合，不同分类模型时，分类结果浮动较为明显。因此，可以得出结论：在激活度与愉悦度上进行四类任务时，特征集组合的选取对结果的影响较小，分类模型的选取对结果影响较大，其中三种生理信号特征集组合与集成分类模型的结合表现最为稳定。

对于四类情感状态，决策树、随机森林和集成分类模型都对高激活度高愉悦度状态有最好的识别能力，而KNN对低激活度高愉悦度状态有最好的识别能力。对于四种情感状态的识别，脑电、眼电、肌电信号组合特征集与集成分类模型相结合都得到最好的分类准确率，分别为低激活度低愉悦度88.81%、低激活度高愉悦度91.58%、高激活度低愉悦度90.96%、高激活度高愉悦度91.22%。

表 4.12　四分类任务的分类结果

特征集与分类模型	平均分类准确率/%	准确率/%			
		LA/LV	LA/HV	HA/LV	HA/HV
EEG + ENS	90.41	89.15	91.11	89.70	91.16
EEG + KNN	80.66	82.15	84.71	77.96	79.22
EEG + CART	87.26	86.81	86.39	86.77	88.34
EEG + RF	77.94	75.69	73.15	79.00	81.33
EEG + EOG + ENS	90.38	89.23	90.48	89.82	91.33
EEG + EOG + KNN	81.14	81.69	84.82	79.63	79.66
EEG + EOG + CART	87.47	86.58	86.51	87.80	88.31
EEG + EOG + RF	78.21	78.12	74.97	77.45	80.63
EEG + EMG + ENS	90.42	89.73	90.46	90.12	90.98
EEG + EMG + KNN	80.83	81.96	84.43	79.14	79.19
EEG + EMG + CART	87.29	87.08	86.42	87.73	87.63
EEG + EMG + RF	78.68	77.15	76.72	78.50	80.78
EEG + EOG + EMG + ENS	90.74	88.81	91.58	90.96	91.22
EEG + EOG + EMG + KNN	80.98	81.65	85.07	79.00	79.52
EEG + EOG + EMG + CART	87.43	87.54	86.02	87.69	88.04
EEG + EOG + EMG + RF	80.23	79.62	77.43	78.76	83.15

4.5　本 章 小 结

　　本章首先对基于生理信号进行情感分类的相关基础知识从情感模型、数据集、数据预处理、特征提取、分类模型和评估方法等各个方面进行了介绍;然后,针对基于生理信号进行情感分类时存在的信号非线性、非平稳性特点导致分类困难的问题和一般情感分类模型分类结果不稳定、波动较大的问题展开研究,提出了具有针对性的情感分类方法,主要内容总结如下。

　　①针对脑电信号的非线性、非平稳性特点,提出了基于脑电信号的多尺度特征情感分类方法。

　　首先,提出了基于脑电信号的 EMD 与 AR 模型结合的特征提取方法。通过将脑电信号进行预处理和 alpha、beta 波段的数据提取后,分别进行 EMD 分解,得到一系列具有不同特征尺度的数据序列 IMF,选取前四个 IMF 作为实验数据。对每一条数据进行 AR 模型参数计算形成特征集,采用 SVM 对特征集进行情感分类。结果为:在激活度上的二分类任务,当时间窗长度为 3 s,AR 阶数取 2 时,得到最好的分类准确率,87.35%;在愉悦度上的二分类任务,当时间窗长度为 3 s,AR 阶数取 3 时,得到最好的分类准确率,83.12%。

其次,提出了基于脑电信号的 EWT 与 AR 模型结合的特征提取方法。通过将脑电信号进行 EWT 处理,得到信号分解出的不同的尺度特征,用以计算特征集,利用 SVM 得到分类结果。最终,该方法在激活度和愉悦度上的二分类任务,都是在时间窗长度为 3 s,AR 阶数取 2 时得到最高的分类准确率,分别是 72.04% 和 66.80%,结果要低于基于 EMD 分解的特征提取方法得到的结果。

②针对情感分类结果存在不稳定的问题,提出了基于多生理信号多频段的集成情感分类方法。

首先,通过对脑电信号、眼电信号和肌电信号进行多频段数据提取,分别提取出 theta、alpha、beta 和 gamma 频段数据。对每一种信号每一波段进行 Hjorth 参数计算作为特征,不同信号特征组合,形成脑电特征集、脑电眼电组合特征集、脑电肌电组合特征集、脑电眼电肌电组合特征集。然后分别通过 K 近邻、决策树、随机森林单一分类模型和三者集成分类模型进行情感分类。最后,当采用脑电、眼电和肌电信号组合特征集,采取集成分类模型进行分类时,二分类任务得到最高的分类准确率,激活度上为 94.42%,愉悦度上为 94.02%;四分类任务得到最高的平均分类准确率 90.74%。

结果表明,当对多信号的多频段进行特征计算形成特征集,通过集成分类模型进行情感分类,得到的分类结果最好,并表现出较强的鲁棒性。同时,实验表明,选取不同分类模型对结果造成的影响要大丁选取不同特征集组合;通过集成分类模型得到的结果一直优于任意单一分类模型。

本章的研究还处于初级阶段,基于生理信号的情感分类研究中还存在许多问题,根据已有研究,下一阶段的研究内容可以分为以下几个部分:

①现阶段可用于情感分类的生理信号数据量还不够,通过实验进行标注需要消耗大量的人力、物力和时间,可以将迁移学习应用到情感数据的标注问题上,通过学习现有标注数据的内在规律,对直接采集的原始生理信号进行自动标注,这样可节约大量成本。

②由于不同个体之间的差异性,针对单一个体进行情感模型建立更具有实用意义。接下来的工作将对每一个体的生理信号数据进行单独分析,包括特征提取方法差异性比较和分类模型选择等。

参 考 文 献

[1] PICARD R . A ective Computing[J]. [S. l.]: Cambridge, MA: MIT Press, 1997.

[2] ZHANG Y D, YANG Z J, LU H M. Facial emotion recognition based on biorthogonal wavelet entropy, fuzzy support vector machine, and stratified cross validation[J]. IEEE Access, 2016, 4(99): 8375 – 8385.

[3] MAO Q, DONG M, HUANG Z,et al. Learning salient features for speech emotion recognition

using convolutional neural networks [J]. IEEE Transactions on Multimedia, 2014, 16, 2203－2213.

[4] ALARCAO S M, FONSECA M J. Emotions recognition using EEG signals: A survey[J]. IEEE Transactions on Affective Computing, in press, doi: 10.1109/TAFFC. 2017. 2714671, 2017.

[5] JENKE R, PEER A, BUSS M. Feature extraction and selection for emotion recognition from EEG[J]. IEEE Transactions on Affective Computing, 2014, 5(3): 327－339.

[6] KIM M K, KIM M, OH E, et al. A review on the computational methods for emotional state estimation from the human EEG [J]. Computational and Mathematical Methods in Medicine, 2013, 573734.

[7] BONG S Z, WAN K, MURUGAPPAN M. Implementation of wavelet packet transform and non linear analysis for emotion classification in stroke patient using brain signals [J]. Biomedical Signal Processing and Control, 2017, 36: 102－112.

[8] JIE X, CAO R, LI L. Emotion recognition based on the sample entropy of EEG[J]. Bio Medical Materials and Engineering, 2014, 24(1): 1185－1192.

[9] WANG X W, NIE D, LU B L. EEG-based emotion recognition using frequency domain features and support vector machines[C]//Neural Information Processing, 2011: 734－743. DOI:10.1007/978-3-642-24955-6_87.

[10] 郭金良, 方芳, 王伟, 等. 基于稀疏组 lasso-granger 因果关系特征的脑电信号情感识别[J]. 模式识别与人工智能, 2018, 31(10): 941－949.

[11] DE GER AYATA, Y. YASLAN, M K. Emotion recognition via random forest and galvanic skin response: Comparison of time based feature sets, window sizes and wavelet approaches [C]. In TIPTEKNO, Antalya, Turkey, 2016.

[12] ZHONG Y, ZHAO M, WANG Y, et al. Recognition of emotions using multimodal physiological signals and an ensemble deep learning model[J]. Computer Methods and Programs in Biomedicine, 2017, 140: 93－110.

[13] CHENG Z, SHU L, XIE J, et al. A novel ECG-based real-time detection method of negative emotions in wearable applications [C]. In: Proceedings of the International Conference on Security, Pattern Analysis, and Cybernetics, Shenzhen, China, 2017: 296－301.

[14] JERRITTA S, MURUGAPPAN M, WAN K, et al. Emotion recognition from facial EMG signals using higher order statistics and principal component analysis[J]. Journal of the Chinese Institute of Engineers, 2014, 37(3): 385－394.

[15] HE J, LIU G Y, WEN W H. Non-Linear analysis: music and human emotions[J]. 3rd International Conference on Education, Management, Arts, Economics and Social Science (ICEMAESS), 2015.

[16] 杨照芳. 心跳间期和皮肤电信号中的情感响应模式研究[D]. 重庆: 西南大学, 2015.

[17] LIN S, XIE J Y, YANG M Y, et al. A review of emotion recognition using physiological signals[J]. Sensors, 2018, 18(7): 2074 – 2114.

[18] WEN W, LIU G, CHENG N et al. Emotion recognition based on Multi-Variant correlation of physiological signals[J]. IEEE Transaction Affective Computing. 2014, 5(2): 126 – 140.

[19] DAS P, KHASNOBISH A, TIBAREWALA D N. Emotion recognition employing ECG and GSR signals as markers of ANS[C]. Proceedings of the Advances in Signal Processing, Pune, India, 2016.

[20] MIRMOHAMADSADEGHI L, YAZDANI A, VESIN J M. Using cardio-respiratory signals to recognize emotions elicited by watching music video clips[J]. Proceedings of the 2016 IEEE 18th International Workshop on Multimedia Signal Processing (MMSP), Montreal, QC, Canada, 2016: 1 – 5.

[21] VALENZA G, LANATA A, SCILINGO E P. The role of nonlinear dynamics in affective valence and arousal recognition[J]. IEEE Transaction Affective Computing. 2012, 3: 237 – 249.

[22] MOUHANNAD A, FADI M, AHMAD M, et al. A globally generalized emotion recognition system involving different physiological signals[J]. Sensors, 2018, 18(6): 1905 – 1923.

[23] 李超. 多模态生理信号情感识别研究[D]. 天津: 天津大学, 2016.

[24] MÜHL C, ALLISON B, NIJHOLT A, et al. A survey of affective brain computer interfaces: Principles, state-of-the-art, and challenges[J]. Brain-Computer Interfaces, 2014(2), 1: 66 – 84.

[25] EKMAN, P. An argument for basic emotions[J]. Cognition & Emotion, 1992, 6(3): 169 – 200.

[26] PLUTCHIK R. The nature of emotions[J]. American Scientist, 2001, 89(4): 344 – 350.

[27] LANG P J. The emotion probe: Studies of motivation and attention[J]. American Psychologist, 1995, 50(5): 372 – 385.

[28] MEHRABIAN A. Comparison of the PAD and PANAS as models for describing emotions and for differentiating anxiety from depression[J]. Journal of Psychopathology and Behavioral Assessment, 1997, 19(4): 331 – 357.

[29] KOELSTRA S, MUHL C, SOLEYMANI M, et al. DEAP: A database for emotion analysis using physiological signals[J]. IEEE Transaction Affective Computing. 2012, 3(1): 18 – 31.

[30] LANG P J. International Affective Picture System (IAPS): Technical manual and affective ratings[J]. The Center for Research in Psychophysiology, University of Florida: Gainesville, FL, USA, 1995.

[31] BAI L, MA H, HUANG H, et al. The compilation of Chinese emotional picture system: A trial of 46 Chinese college students[J]. Chinese Mental Health Journal, 2005, 19(11):

719 – 722.

[32]　ZHANG W, SHU L, XU, X,et al. Affective virtual reality system (AVRS): Design and ratings of affective VR scenes[C]. Proceedings of the International Conference on Virtual Reality and Visualization, Zhengzhou, China, 2017.

[33]　SOLEYMANI M, LICHTENAUER J, PUN T,et al. A multimodal database for affect recognition and implicit tagging[J]. IEEE Transaction Affective Computing, 2012, 3 (1): 42 – 55.

[34]　ZHENG W L, LU B L. A multimodal approach to estimating vigilance using EEG and forehead EOG[J]. Journal of Neural Engineering, 2017, 14(2): 026017.

[35]　ZHANG L, WALTER S, MA X,et al. Bio Vid Emo DB: A multimodal database for emotion analyses validated by subjective ratings[J]. In Proceedings of the 2016 IEEE Symposium Series on Computational Intelligence (SSCI), Athens, Greece, 2016.

[36]　VALENZA G, LANATA A, SCILINGO E P. The role of nonlinear dynamics in affective valence and arousal recognition[J]. IEEE Transaction Affective Computing. 2012, 3 (2): 237 – 249.

[37]　IZARD C E. Emotion theory and research: Highlights, unanswered questions, and emerging issues[J]. Annual Review of Psychology, 2009, 60: 1 – 25.

[38]　CHENG Y, LIU G Y, ZHANG H L. The research of EMG signal in emotion recognition based on TS and SBS algorithm [J]. Proceedings-3rd International Conference on Information Sciences and Interaction Sciences, ICIS 2010, 2010: 363 – 366.

[39]　GONG P, MA H T, WANG Y. Emotion recognition based on the multiple physiological signals[J]. Proceedings of the IEEE International Conference on Real-time Computing and Robotics (RCAR), Angkor Wat, Cambodia, 2016: 140 – 143.

[40]　ALICKOVIC E, BABIC Z. The effect of denoising on classification of ECG signals[C]. Proceedings of the XXV International Conference on Information, Communication and Automation Technologies, Sarajevo, Bosnia Herzegovina, 2015: 1 – 6.

[41]　TRIPATHI S, ACHARYA S, SHARMA R D,et al. Using deep and convolutional neural networks for accurate emotion classification on DEAP dataset[C]. Proceedings of the Twenty-Ninth AAAI Conference on Innovative Applications, San Francisco, CA, USA, 2017: 4746 – 4752.

[42]　YIN Z, ZHAO M, WANG Y,et al. Recognition of emotions using multimodal physiological signals and an ensemble deep learning model[J]. Computer Methods and Programs in Biomedicine, 2017, 140: 93 – 110.

[43]　LIN Y P, WANG C H, JUNG T P, et al. EEG-based emotion recognition in music listening [J]. IEEE Transactions on Bio Medical Engineering, 2010, 57(7): 1798 – 1806.

[44]　CHANEL G, ANSARI-ASL K, PUN T. Valence-arousal evaluation using physiological signals

in an emotion recall paradigm[J]. Proceedings of the IEEE International Conference on Systems, Man and Cybernetics, Montreal, QC, Canada, 2007, 37: 2662 - 2667.

[45] LI X, SONG D, ZHANG P, et al. Emotion recognition from multi-channel EEG data through Convolutional Recurrent Neural Network [J]. Proceedings of the IEEE International Conference on Bioinformatics and Biomedicine, Shenzhen, China, 2016: 352 - 359.

[46] ZIED G, LACHIRI Z, MAAOUI C. Emotion recognition from physiological signals using fusion of wavelet based features [C]. Proceedings of the International Conference on Modelling, Identification and Control, Sousse, Tunisia, 2015.

[47] LIU W, ZHENG W L, LU B L. Multimodal emotion recognition using multimodal deep learning [J]. In Proceedings of the International Conference on Neural Information Processing, Kyoto, Japan, 2016.

[48] COVER T M, HART P E. Nearest neighbor pattern classification[J]. IEEE Transactions on Information Theory, 1967, 13(1): 21 - 27.

[49] FRANKLIN J. The elements of statistical learning: Data mining, inference and prediction [J]. Journal of the American Statistical Association, 2005, 27: 83 - 85.

[50] KIM J, ANDRé E. Emotion recognition based on physiological changes in music listening [J]. IEEE Transactions on Pattern Analysis and Machine Intelligence, 2008, 30(12): 2067 - 2083.

[51] WANG Y, MO J. Emotion feature selection from physiological signals using tabu search [C]. Proceedings of the 2013 25th Chinese Control and Decision Conference, Guiyang, China, 2013: 3148 - 3150.

[52] ALARCAO S M, FONSECA M J. Emotions recognition using EEG signals: A survey[J]. IEEE Transaction on Affective Computing, 2017, in press, doi: 10.1109/TAFFC.2017. 2714671.

[53] ALI M, MOSA A H, MACHOT F A, et al. EEG-based emotion recognition approach for e-healthcare applications[C]. Proc. of ICUFN, 2016: 946 - 950.

[54] PHAM T D, TRAN D, MA W L, et al. Enhancing performance of EEG-based emotion recognition systems using feature smoothing[C]//Neural Information Processing, 2015: 95 - 102. DOI:10.1007/978 - 3 - 319 - 26561 - 2_12.

[55] MOHAMMADI Z, FROUNCHI J, AMIRI M. Wavelet-based emotion recognition system using EEG signal[J]. Neural Computing and Applications, 2017, 28(8): 1985 - 1990.

[56] LI M, CHEN W, ZHANG T. Automatic epileptic EEG detection using DT-CWT-based non-linear features[J]. Biomed Signal Process Control, 2017, 34: 114 - 125.

[57] GÜNTEKIN B, BAŞAR E. Event-related beta oscillations are affected by emotional eliciting stimuli[J]. Neuroscience Letters, 2010, 483(3): 173 - 178.

［58］ HUANG N E, SHEN Z, LONG S R. The empirical mode decomposition and the Hilbert spectrum for nonlinear and nonstationary time series analysis, Proc［J］. Royal Society London A, 1998, 454: 903 － 995.

［59］ LI X, YAN J Z, CHEN J H, et al. Channel division based multiple classifiers fusion for emotion recognition using EEG signals［J］. In Proceedings of the 2017 International Conference on Information Science and Technology, Wuhan, China, 2017, 11: 07006.

［60］ GILLES J. Empirical wavelet transform［J］. IEEE Transactions on Signal Processing, 2013, 61(16): 3999 － 4010.

［61］ HJORTH B. EEG analysis based on time domain properties［J］. Electroencephalography and Clinical Neurophysiology, 1970, 29(3): 306 － 310.

［62］ ZOUBI O A, AWAD M, KASABOV N K. Anytime multipurpose emotion recognition from EEG data using a Liquid State Machine based framework［J］. Artificial Intelligence in Medicine, 2018, 86: 1 － 8.

［63］ PIHO L, TJAHJADI T. A mutual information based adaptive windowing of informative EEG for emotion recognition［J］. IEEE Transactions on Affective Computing, 2018, in press, DOI: 10. 1109/TAFFC. 2018. 2840973.

第5章 基于社交网络和移动通信的数据挖掘技术

科学技术和互联网络的发展带动社交媒体逐渐走向成熟并成为新兴产业,各种社交软件(如Facebook、Twitter、微博)走进人们的日常生活。此外,手机作为"第五大传播媒介"以定向传播和互动传播为特点,利用其便携性获得了丰富的受众资源。如此多样化的媒体方式为人们的社交沟通、娱乐消遣以及信息分享提供了极大便利。在使用这些媒体应用的同时会产生数量惊人且种类繁多的用户数据,包括用户个人资料、交互信息、浏览历史、兴趣偏好等。在不侵犯个人隐私的情况下充分挖掘和分析这些传播数据背后的信息,利用这些信息来为商业发展和社会应用提供数据支撑,将会使这些数据的潜在价值得到释放。然而,社交媒体数据存在三大难点亟待解决:第一,数据产生动态化,流数据的时效性强,更新速度快,数据规模不断扩展;第二,数据类型复杂化,不仅包括传统的关系数据类型,也包括网页、视频、图片等各种形式的、未加工的、半结构化的和非结构化的数据;第三,数据价值提取困难化,数据总含量虽然以指数形式快速增长,但隐藏在大数据内部的重要信息并没有按照相应比例增加,增大了信息获取的难度。

对海量媒体数据进行高效数据挖掘并获取有价值的信息,需要对数据进行合理的组织和分类,去除冗余数据对目标信息的干扰。广泛的媒体数据在传播过程中,存在格式不统一、表达方式不一致、各种数据资源混杂等问题,进行有效的排序和信息提取非常困难。因此,只有把握好对海量媒体数据的分析和掌控,才能更加充分地处理和利用这些数据,并且能更有效地发挥各大社交平台的重要作用。特征选择和聚类分析可以更好地提高社交媒体数据的利用效率,确保能够快速、准确、实时地获取大数据的特征信息。

研究媒体数据的信息传播规律和机制主要意义如下:

①深化社交媒体数据传播理论的探究,构造用户相关性的社交信息传播模型,对于分析社交媒体用户特征和数据特征,发掘动态媒体数据的信息传播过程及规律具有重要意义。

②通过了解社交媒体数据流中信息的传播方式和特点,深化对信息传播本质的认识,从海量社交媒体数据中提取用户所关注的信息,帮助专家、学者总结社交媒体数据的重要模型,对未来应用进行预测。

③有效地分析和挖掘媒体数据可以激发和引导社会事件的发展趋势,能够准确、高效地为具有共同爱好的媒体用户群体进行个性推荐,降低企业和消费者的营销成本,推动企业营销模式的不断创新。

④网络技术的普及,扩大普通民众获取信息的渠道和语言表达的平台,使得网络与现实社会相互融合,加速聚集和扩展舆情发展的热度和广度。从社交媒体研究入手,对舆情演变规律进行全方位的研究,力求对政府的舆情引导和社会安定做出贡献。

5.1　概　　述

针对社交媒体数据的挖掘研究已获得国内外学者的广泛关注,该方面的研究不仅代表了学术科研的兴趣走向,也代表了商业界及工业界的需求和希望。学者们所提出的价值导向为大数据研究和实践注入新内含和动力。

5.1.1　研究现状

特征选择[1]能够将高维的数据空间转换成低维的数据空间,并删除冗余数据和不相关数据,进而获取最佳特征子集,达到数据降维的目的。根据数据是否存在类标签,特征选择可分为有监督特征选择算法和无监督特征选择算法。有监督特征选择算法[2]利用类标签里的识别信息,能够从不同数据实体中选出符合类别要求的特征子集。获得广泛使用的特征选择算法包括 t - test 算法、RelifF 算法和拓展的 ReliFF 算法[3]。t - test 算法用于比较两组数据是否来自同一分布,并显示两组数据的方差在统计上是否具有显著差异,对数据的整合度要求较高。ReliFF 算法属于一种计算数据特征权值的方法,要求目标属性必须为连续值,其局限在于不能有效去除冗余特征。拓展的 ReliFF 算法能够解决冗余数据,但是算法计算消耗大,不能用于大规模数据挖掘。真实的社交媒体数据不连续且容量大,因此无监督特征选择算法越来越受重视,其搜索过程不受限于类标签的缺失,而是根据度量聚类性能[4]产生有效的特征子集。无监督特征选择在处理高维数据时,根据不同的特征标准定义特征关联,不需要设置额外的约束条件,就可以得到多组特征子集。He 等[5]提出的 LapScore 算法既能够用于有监督特征选择又能够用于无监督特征选择。来自同一类别的数据彼此相近,数据空间的局部结构比全局结构更重要。利用 LapScore 算法为局部几何数据结构构造最近邻域图模型,用以评估特征数据的重要性。Zhao 等[6]提出了基于光谱分析的特征选择框架模型 SPEC,该框架能够对相似性不同的数据矩阵进行测量,进而生成相应的频谱分析特征选择算法,能够对有监督特征选择和无监督特征选择进行联合研究。Li 等[7]提出的 NDFS 特征选择算法,在无监督情况下利用光谱聚类获取输入样本的聚类标签,这样能够辨别数据信息;将聚类标签与特征选择矩阵相结合可以获取带有较好分辨力的特征子集;为了减少冗余和噪声数据,将 $\ell_{2,1}$ 范数最小约束增添到目标函数中,保证特征矩阵的稀疏性。Li 等[8]将聚类分析和稀疏性结构分析相结合提出一个新的无监督特征选择算法 CGSSL,非负光谱聚类能够获得精准的输入数据的聚类标签,不仅可以用于特征选择,也可以用来预测被不同特征共享的隐藏结构。在此基础上该作者又将 CGSSL 算法做了进一步改进[9],在图像处理和模式识别当中,非负光谱分析可以获取更精准的集群输入图像标签,行稀疏模型与 $\ell_{2,p}$ 范数相结合后的模型更适用于特征选择并且具有较好的鲁棒性。

近几年,利用稀疏正则化[10]降低数据维度已广泛应用于特征选择研究,包括多任务特征选择、$\ell_{2,1}$ 正则化、光谱特征选择。这些研究通过稀疏矩阵正则化能够将无监督特征选择嵌入到模型学习过程中。Argyriou 等[11]提出了 $\ell_{2,1}$ 范数正则化模型。在此基础上,Liu

等[12]将特征选择与$\ell_{2,1}$正则化相结合解决多维数据任务。Zhao 等[13]根据$\ell_{2,1}$范数稀疏回归,提出了光谱分析的特征选择算法,能够有效地选出具有强相关的特征数据并删除冗余数据。Yang 等[14]提出的将判别分析和$\ell_{2,1}$范数最小化相结合的无监督特征选择框架,可以从整个特征集合中选出最具有差别性的特征子集。上述算法主要适用于同一分布的属性值数据,使用范围较小且效率受限。

不同于传统特征选择方法,利用数据相关性处理特征选择分为一对一或一对多两种关系组成。Tang[15]尝试利用相关性解决社交媒体数据,整合网络媒体数据中存在的不同关系类型。为了进一步改进相关性特征选择的算法,全新的 LinkedFS 模型[16]被提出。该模型根据用户在网络上发的帖子作为相关信息辅助模型学习,转发相同的帖子则表明用户相关性强。该模型基于$\ell_{2,1}$范数正则化处理稀疏数据矩阵,可显著提高特征选择的性能。但是,LinkedFS 是一种有监督特征选择算法,只能用于处理带有类标签的网络媒体数据。LUFS算法[17]是一种无监督特征选择算法,对社交媒体数据利用模块最大化提取社交维度,进而对关联用户进行聚合处理,提取伪类标签作为无监督特征选择的标准,通过线性判断分析数学化相关用户的从属关系。但是该算法忽略了关联用户之间的强弱连接,平等对待所有用户关系增加了特征选择的噪声干扰。

前面提到的算法主要是针对某一时刻的静态媒体数据,没有考虑到媒体数据的实时动态变化问题,因此很难概括整个媒体数据的特征空间。对于数据流的相关研究,alpha-investing[18]回归模型通过估计新特征的数值来决定该特征是否应该被选择,一旦某个特征被选择,将永远存在。Wu[19]提出了一种在线特征选择方法。这一方法根据数据相关性和冗余分析获得最优特征子集,如果候选特征与现有特征存在较强的相关关系,则接受该特征数据,但是该算法没有考虑到数据冗余问题。Guo 等[20]针对动态网络提出了一种节点分类方法,考虑到网络结构和节点内容的变化,通过特征选择对节点进行分类,该算法计算消耗较大,对节点进行分类时存在一定的误差。Li 等[21]提出了媒体数据流的无监督特征选择算法 USFS。该算法利用每个用户的社会背景作为无监督特征选择的约束条件,定时提取媒体数据流中的特征数据。然而具有相同社会背景的用户不一定具有较强的相关性,该算法忽视了用户的关系强弱,增大了计算开销。

聚类分析作为数据挖掘技术中的重要方法之一,能够使相同类别数据具有较大的相似性,不同类别数据具有较小的相似性。经过专家、学者的努力探索,聚类分析的科研探究硕果累累。Li 等[22]探讨了针对动态对象的聚类分析,并且对微簇进行拓展分析。Chakrabarti等[23]对聚类方法进行了改进,使之能够处理动态变化的集群数据,但是改进后的算法要求数据的动态变化速度要尽可能地慢,不适用快速变化的数据。Chen 等[24]提出了 D-Stream框架,能够有效识别出群簇中的异常值。Aggarwal 等[25]主要是对不完整的动态数据进行分析研究,当数据量足够大时,利用联合聚类处理复杂事件。Leung 等[26]根据数据的相关性对高维数据进行聚类分析,能够识别数据空间里的任意子空间。上述的这些方法,对数据对象的距离和质量具有较高的要求。由于本章的第二个研究方案中需要处理的是来自于手机通信的不完整数据,具有一定不分散性和不确定性,上述聚类方法不能保证较好的计算效果。

5.1.2　本章结构

5.1 节首先简述了对媒体数据进行数据挖掘的重要现实意义,然后讲述了媒体数据挖掘的国内外研究现状。5.2 节详细介绍了特征选择与聚类分析的相关技术。5.3 节详细阐述了用户相关性的动态网络媒体数据无监督特征选择算法:首先,构建了特征选择模型,通过对模型的分析,给出了用户关系和连接项强弱的描述;然后,根据用户相关性和动态数据特性提出框架模型,并对实现步骤具体介绍;接下来,使用三个真实社交网络媒体数据集与五种算法进行对比试验,利用数据分段模拟实时数据更新,验证本章提出算法的有效性和准确性。5.4 节论述利用不完整数据对交通异常情况进行检测:首先,利用相关性聚类分析方法将手机通话数据转化为车辆密度数据;然后,根据手机通话量变化率的异常情况推测车辆行驶异常;最后对媒体数据的研究进行了总结,并对未来工作进行了展望。

5.2　特征选择和聚类分析

5.2.1　特征选择

特征选择是解决高维媒体数据问题的有效方法,能够提高模块学习能力,缓解维灾难。依据其与分类器的关系可以分为 Filter[27-28] 方法、Wrapper 方法和 Embedded 方法。Filter 方法是根据某一特定标准对特征进行优劣评估,如距离、相容性、从属关系等,从若干个特征数据中选出性质较优的特征构成子集。Filter 方法不依赖具体的模型学习过程,具有较高的运行效率,但需要设置特征阈值作为最优子集选择的标准。利用 Filter 方法提取最优特征集合,其分类性能不但与特征数据的权值计算方法有关,而且与搜索特征数据的策略和特征阈值的设定密切相关。Wrapper 方法对模型的学习过程要求较高,将样本数据分成训练子集和测试子集两部分进行多次模拟验证。多次训练得到的分类器的分类精确率,可以用来度量每组特征数据的重要性,预先定义的学习算法的预测能力能够评估特征子集的质量。该方法的主要功能是明确搜索方略以及对学习机性能进行评价。但是为了选择出性能最好的特征子集,Wrapper 方法需要进行大量计算,不适用于大规模数据挖掘,而且该方法容易产生“过适应”问题,推广性较差。Embedded 方法能够在学习机训练过程中对特征数据进行集成处理,逐步优化目标函数实现最优特征选择。该方法不需要将数据样本分成训练集和测试集,减小了评估特征集合的时间开销,可以快速得到最佳特征子集,但是如何设计恰当的数学优化模型是主要难点。

5.2.2　聚类分析

聚类分析可以在没有任何参考和标准的情况下,按照数据对象各自的特征和标准进行分析和归类,使相同类别的数据对象相似性尽可能大,不同类别的数据对象相似性尽可能小。聚类属于一种无监督学习,不需要对样本数据进行类标号,也不需要建立特定的分析模型,只需要根据数据对象的某些属性的相似程度进行样本分组。例如,根据数据之间的距离长短将其划分为若干组,要求组内数据对象的距离最小化而组间数据对象的距离最大化。聚类分析模型原理如图 5.1 所示。

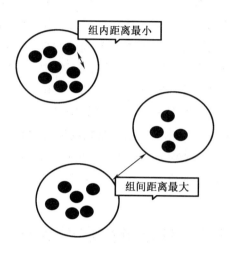

图 5.1 聚类分析模型原理

聚类分析具有非常广泛的应用领域,被专家学者应用到各行各业,如商业上可以对不同用户特征值进行分析,生物上可以对动植物进行分类,等等。下面对目前较为常用的五种聚类方法进行简单介绍。

(1)划分方法

给定的数据集合含有 K 个元组或对象,划分方法是将其分成 N 个数据分组,每个分组代表一个聚类簇。划分时需要满足以下条件:①$N < K$;②每个数据分组至少有一个元组或对象;③每个元组或对象只能分配给一个数据分组。

(2)层次方法

层次方法是将给定的数据集合分解成层次树结构,包含自顶向下和自底向上两种方式。自顶向下要求每个数据对象都作为单独子集与相邻子集进行合并,直到所有子集归并为一个集合时为止。自底向上要求所有数据对象作为一个集合,每次经过迭代分解出更小的子集,直到每个子集只由一个数据对象构成。

(3)基于密度的方法

基于密度的方法能过滤掉聚类簇的低密度数据空间进而获取稠密数据样本,这种方法不仅能够过滤掉噪声数据,而且可以发现任意形状的聚类。

(4)基于网格的方法

基于网格的方法是将样本数据空间分解为有限个数据单元组成的网络结构,所有的聚类操作都以每个数据单元为对象。其优势在于计算速度快,且处理时间只与网格数据有关。

(5)基于模型的方法

基于模型的方法将数据与模型建立最好的模型关系,试图对样本数据与数学模型进行适应性优化,主要分为统计学方法和神经网络学方法。

5.3　基于用户相关性的动态网络媒体数据的无监督特征选择算法

移动互联网、社交媒体的快速发展极大地推动了各个领域对文本、图像、视频等网络媒体数据处理的需求。但该类数据具有高维度、动态更新、内容复杂的特性,这增大了特征计算以及分类的难度。目前网络媒体数据的特征选择算法大多是针对静态数据,并且对数据的规整度要求较高,因此本章提出了一种基于用户相关性的动态网络媒体数据的无监督特征选择(UFSDUC)算法,对动态网络媒体数据提取特征信息。

5.3.1　模型框架

UFSDUC 算法包括用户相关性建模计算和动态媒体数据特征选择计算两部分,模型框架如图 5.2 所示。用户相关性建模计算首先进行节点分析,从用户的媒体文本数据提取用户特征,根据用户的相互关注行为获取交互向量,探讨用户的背景信息以发现其社交因素;然后进行关系分析,用户 - 特征矩阵和社交因素矩阵可以生成相关用户矩阵,将生成的矩阵与关系强度计算相结合来度量用户之间的关系强弱,并将三种用户关系类型 MFS、SFM 和 FEO 分别数学化,其中 MFS 指多用户关注同一用户(即 multi-user follow same user);SMF 指同一用户关注多用户(即 same user follow multi-user);FEO 指用户彼此关注(即 follow each other)。用户相关性建模计算部分利用用户相关性作为约束条件对提高无监督特征选择的效率和准确度具有重要意义。

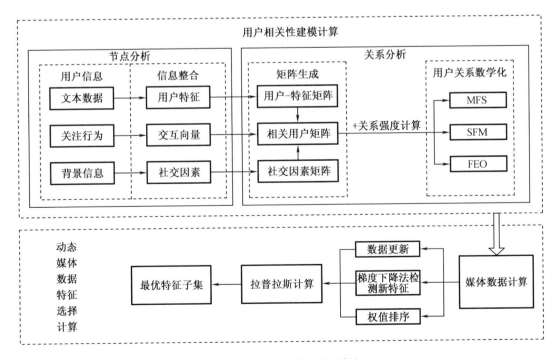

图 5.2　UFSDUC 算法模型框架

UFSDUC 在动态网络媒体数据特征选择部分主要是对动态网络数据进行计算,利用数据分组法模拟媒体数据的动态变化,更新媒体数据;然后利用梯度下降法检测每个时间段产生的新特征,并判断是否接受该特征,进而对特征权值计算排序;最后更新拉普拉斯矩阵,输出特征子集。

5.3.2 用户节点分析

本节对网络用户的相关数据进行分析整合。每个给定的用户实体,包含三种用户属性信息,分别是文本数据、关注行为、背景信息,对这些属性信息进行整合后可分别得到用户特征、交互向量和社交因素,对其进行研究有利于相关性用户的分析和数学化。

1. 用户特征

社交网络媒体中,对用户发布的所有文字数据进行整合处理,可以提取出该用户的特征信息。首先对用户发布的所有文本数据进行分词、过滤、词性标注等预处理,然后采用信息增益的方法提取特征词,最后利用 tf × idf 方法计算每个特征词的权值,即 $w_i = tf_i[\text{text}(u)] \times \log \dfrac{N}{n_i}$,其中 $\text{text}(u)$ 表示用户 u 的所有文字数据,$tf_i[\text{text}(u)]$ 表示特征词 i 在 $\text{text}(u)$ 中的频率;$\log \dfrac{N}{n_i}$ 为特征词 i 的逆文档频率,N 表示语料库中的文本总数,n_i 表示包含特征词 i 的文本总数。只要 w_i 大于给定阈值,则这个特征词就可以看作用户 u 的一个特征,通过这种方式即可获得用户的特征数据。用户 u 的特征集合表示为 $f = \{f_1, f_2, \cdots, f_m, \cdots\}$,其中 f_m 代表第 m 个特征数据。如图 5.3(a)所示,假设每个时间间隔内只动态产生一个特征数据,到第 t 个时间间隔时,每个网络用户有 t 个特征,即 $f^t = \{f_1, f_2, \cdots, f_t\}$,那么在第 $t+1$ 个时间间隔会出现新的特征集合 $f^{t+1} = \{f_1, f_2, \cdots, f_t, f_{t+1}\}$。社交网络中的用户集合可标记为 $u = \{u_1, u_2, \cdots, u_n \cdots\}$,其中 u_n 代表第 n 个网络用户。在第 t 个时间间隔时,用户集合 u 与特征集合 f 之间的关系表达式为 $X^t = [f_1, f_2, \cdots, f_t] \in \mathbf{R}^{t \times n}$。如图 5.3(b)所示,网络媒体用户之间通常存在关注关系(follow relation),可以利用矩阵 $S \in \mathbf{R}^{n \times n}$ 表示用户之间的关注情况,如果 u_j 关注 u_i,则 $S(i,j) = 1$;如果 u_j 不关注 u_i,则 $S(i,j) = 0$。

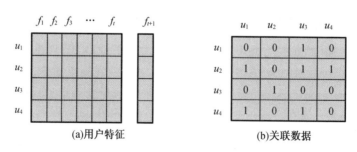

图 5.3　社会媒体用户特征及关联情况

2. 交互关系

社交网络中的用户有两种典型行为,关注其他用户(following)或被其他用户关注(followed)。图 5.4(a)所示为社交媒体用户通过交互活动形成的关系网络,图中已经标出了用户之间的朋友关系或"粉丝"关系。仔细观察社交媒体用户之间的关注情况,可以发现网络用户存在三种基本关系类型,下面对影响特征选择的三种用户关系类型进行详细论述。

多用户关注同一用户(MFS)如图 5.4(b)所示,如果两个用户 u_1 和 u_3 关注同一用户 u_4,那么这两个用户 u_1 和 u_3 的微博可能有相似的主题。同一用户关注多用户(SFM)如图 5.4(c)所示,如果两个用户 u_2 和 u_4 被同一个用户 u_1 关注,那么这两个用户 u_2 和 u_4 的微博可能有相似的主题。用户彼此相互关注(FEO)如图 5.4(d)所示,如果两个用户 u_2 和 u_3 相互关注,说明这两个用户有类似的兴趣爱好,那么这两个用户 u_2 和 u_3 的微博可能有相似的主题。同质性[29-33]有助于对三种关系的理解:社交网络中志趣相投的用户很可能有关联;反之,有关联的用户很可能志趣相投。

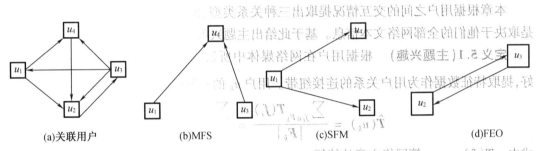

(a)关联用户　　　(b)MFS　　　(c)SFM　　　(d)FEO

图 5.4　媒体用户及关系类型

3.社交因素

社交网络中的用户因为某些因素而相互关联,比如兴趣、教育背景、社会地位等,每种因素都与用户的某些特征或属性有关[34]。实际应用中社交媒体用户之间的关联,主要是因为具有类似的爱好或教育背景等,相似性反映关联用户的特征空间。从相关信息中提取社交因素对特征选择至关重要,本章根据混合成员随机块模型[35]研究潜在的用户社交因素。社交因素以一定概率相互作用形成社会关系,$\boldsymbol{\pi}^i \in \mathbf{R}^k$ 表示每个用户 u_i 都存在 k 维潜在社交因素,π^i_g 表示 u_i 具有社交因素 g 的概率,这说明每个实体可以同时具有不同从属关系的复合社交因素。不同社交因素之间的作用关系存储在 $u_i \rightarrow u_j$ 的矩阵 $\boldsymbol{B}$ 中,每个值的取值范围在 0 到 1 之间。相关信息的产生过程如下:

①每个关联用户 u_i 都设置 k 维向量 $\boldsymbol{\pi}_i \sim \mathrm{Dirichlet}(\boldsymbol{\theta})$。

②每组关联用户 $u_i \rightarrow u_j$,提取关系向量 $\boldsymbol{S}(i,j) \sim \mathrm{Bernoulli}(\boldsymbol{B})$。

由可扩展推理算法[36]获取 n 个用户实体的有效社交因素 $\boldsymbol{\Pi} = [\boldsymbol{\pi}_1, \boldsymbol{\pi}_2, \cdots, \boldsymbol{\pi}_n]^{\mathrm{T}} \in \mathbf{R}^{n \times k}$。

5.3.3　用户关系计算

本节对三种用户关系进行数学化推导,并结合连接强弱的计算方法对相关性用户进行特征选择。

1.关系数学化

关联用户提取潜在社交因素作为约束条件,通过回归模型进行特征选择。在第 t 个时间间隔,给定用户全部社交因素 $\boldsymbol{\pi}^i$,通过式(5.1)的最小化问题能够找到最优特征子集:

$$\min_{\mathbf{w}^{(t)}} \theta(\mathbf{W}^{(t)}) = \frac{1}{2} \sum_{i=1}^{k} \| \mathbf{X}^{(t)^{\mathrm{T}}} (\mathbf{w}^{(t)})^i - \boldsymbol{\pi}^i \|_2^2 + \alpha \sum_{i=1}^{k} \| (\mathbf{w}^{(t)})^i \|_1$$

$$= \frac{1}{2} \| \mathbf{X}^{(t)^{\mathrm{T}}} \mathbf{W}^{(t)} - \boldsymbol{\Pi} \|_F^2 + \alpha \| \mathbf{W}^{(t)} \|_1 \tag{5.1}$$

式中 $\| \cdot \|_F$——矩阵的弗罗贝尼乌斯范数;

$\mathbf{W}^{(t)} = [\mathbf{w}_1, \mathbf{w}_2, \cdots, \mathbf{w}_k] \in \mathbf{R}^{x \times k}$——映射矩阵,表示在第 t 个时间间隔,为每个用户实体分配 k 维潜在社交因素向量;

α——损失-函数与 ℓ_1 范数之间的权衡参数。

ℓ_1 范数的主要作用是使 $(\mathbf{w}^{(t)})^i$ 的某些系数恰好为 0,便于选取带有非零系数的特征值。

本章根据用户之间的交互情况提取出三种关系类型,说明两个用户之间的兴趣关联度是取决于他们的全部网络文本信息。基于此给出主题兴趣定义。

定义 5.1(主题兴趣) 根据用户在网络媒体中所发表或转发的文章确定用户兴趣爱好,提取特征数据作为用户关系的连接纽带。用户 u_k 的主题兴趣 $\hat{T}(u_k)$ 定义为公式(5.2):

$$\hat{T}(u_k) = \frac{\sum_{f_i \in F_k} T(f_i)}{|F_k|} = \frac{\sum_{f_i \in F_k} \mathbf{W}^{\mathrm{T}} f_i}{|F_k|} \tag{5.2}$$

式中 $T(f_i)$——一篇网络文章的特征;

$|F_k|$——用户 u_k 的所有网络文章的特征集合。

利用主题兴趣数学化三种用户关系。

MFS 该用户关系表明多个"粉丝"用户关注了相同的网络用户,说明这些"粉丝"之间可能对相同主题感兴趣。为了数学化这种关系类型,首先构造 MFS 的用户关系矩阵为 $\mathbf{FI}$,当 u_i 和 u_j 关注相同用户(如 u_k)时,则 $\mathbf{FI}(i,j) = 1$,否则,等于 0。$\mathbf{FI}$ 可以根据用户关联矩阵 $\mathbf{S}$ 计算获得,即 $\mathbf{FI}(i,j) = \mathrm{sign}(\mathbf{S}^{\mathrm{T}} \mathbf{S})$。特征信息的规则化约束为公式(5.3):

$$\frac{1}{2} \sum_{u_i} \sum_{u_j \in N_k} \| \hat{T}(u_i) - \hat{T}(u_j) \|_2^2$$

$$= \frac{1}{2} \sum_{i,j} \mathbf{FI}(i,j)^{(t)} \| (\mathbf{W}^{(t)})^{\mathrm{T}} \mathbf{F}^{(t)} \mathbf{H}(:,i)^{(t)} - (\mathbf{W}^{(t)})^{\mathrm{T}} \mathbf{F}^{(t)} \mathbf{H}(:j)^{(t)} \|_2^2$$

$$= \mathrm{tr} \left[(\mathbf{W}^{(t)})^{\mathrm{T}} \mathbf{F}^{(t)} \mathbf{H}^{(t)} \mathbf{L_{FI}}^{(t)} (\mathbf{H}^{(t)})^{\mathrm{T}} (\mathbf{F}^{(t)})^{\mathrm{T}} \mathbf{W}^{(t)} \right]$$

$$= \| (\mathbf{W}^{(t)} \mathbf{F}^{(t)} \mathbf{H}^{(t)})^{\mathrm{T}} (\mathbf{L_{FI}})^{\frac{1}{2}} \|_2^2 \tag{5.3}$$

式中 N_k——粉丝用户集合;

$\mathbf{H} \in \mathbf{R}^{t \times n}$——指示器矩阵,如果用户 u_j 含有特征 f_i,那么 $\mathbf{H}(i,j) = \frac{1}{|F_j|}$;

$D_{\mathbf{FI}}^t$——对角线矩阵,且 $D_{\mathbf{FI}}^t(i,i) = \sum_j \mathbf{FI}(j,i)^t$;

$\mathbf{L_{FI}} = D_{\mathbf{FI}} - \mathbf{FI}$——定义在 $\mathbf{FI}$ 上的拉普拉斯矩阵。

给公式(5.1)添加规则化约束,得到 MFS 用户关系类型的最优化特征选择公式:

$$\frac{1}{2} \min_{\mathbf{w}^{(t)}} \| \mathbf{X}^{(t)} \mathbf{W}^{(t)} - \boldsymbol{\Pi} \|_F^2 + \alpha \| \mathbf{W}^{(t)} \|_1 + \frac{1}{2} \beta \sum_{u_k \in u} \sum_{u_i, u_j \in N_k} \| \hat{T}(u_i) - \hat{T}(u_j) \|_2^2 \tag{5.4}$$

式(5.4)的第一部分可转化为

$$\frac{1}{2}\parallel \boldsymbol{X}^{(t)\mathrm{T}}\boldsymbol{W}^{(t)}-\boldsymbol{\varPi}\parallel_F^2 = \mathrm{tr}(\boldsymbol{W}^{(t)\mathrm{T}}\boldsymbol{X}^{(t)}\boldsymbol{X}^{(t)\mathrm{T}}\boldsymbol{W}^{(t)}-2\boldsymbol{\varPi}^{\mathrm{T}}\boldsymbol{X}^{(t)\mathrm{T}}\boldsymbol{W}^{(t)}+\boldsymbol{\varPi}^{\mathrm{T}}\boldsymbol{\varPi}) \tag{5.5}$$

结合式(5.4)和式(5.5),有恒等式:

$$\mathrm{tr}(\boldsymbol{W}^{(t)\mathrm{T}}\boldsymbol{X}^{(t)}\boldsymbol{X}^{(t)\mathrm{T}}\boldsymbol{W}^{(t)}-2\boldsymbol{\varPi}^{\mathrm{T}}\boldsymbol{X}^{(t)\mathrm{T}}\boldsymbol{W}^{(t)}+\boldsymbol{\varPi}^{\mathrm{T}}\boldsymbol{\varPi})+\mathrm{tr}[(\boldsymbol{W}^{(t)})^{\mathrm{T}}\boldsymbol{F}^{(t)}\boldsymbol{H}^{(t)}\boldsymbol{L}_{\mathrm{FI}}(t)(\boldsymbol{H}^{(t)})^{\mathrm{T}}(\boldsymbol{F}^{(t)})^{\mathrm{T}}\boldsymbol{W}^{(t)}]$$

$$=\mathrm{tr}[\boldsymbol{W}^{(t)\mathrm{T}}(\boldsymbol{X}^{(t)}\boldsymbol{X}^{(t)\mathrm{T}}+\beta\boldsymbol{F}^{(t)}\boldsymbol{H}^{(t)}\boldsymbol{L}_{\mathrm{FI}}\boldsymbol{H}^{(t)\mathrm{T}}\boldsymbol{F}^{(t)\mathrm{T}})\boldsymbol{W}^{(t)}-2\boldsymbol{\varPi}^{\mathrm{T}}\boldsymbol{X}^{(t)\mathrm{T}}\boldsymbol{W}^{(t)}]$$

$$=\mathrm{tr}(\boldsymbol{W}^{(t)\mathrm{T}}\boldsymbol{A}\boldsymbol{W}^{(t)}-2\boldsymbol{P}\boldsymbol{W}^{(t)}) \tag{5.6}$$

那么 MFS 用户关系等价于:

$$\min_{\boldsymbol{W}}\mathrm{tr}[(\boldsymbol{W}^{(t)})^{\mathrm{T}}\boldsymbol{A}^{(t)}\boldsymbol{W}^{(t)}-2\boldsymbol{P}^{(t)}\boldsymbol{W}^{(t)}]+\alpha\parallel\boldsymbol{W}^{(t)}\parallel_1 \tag{5.7}$$

式中,$\boldsymbol{A}=\boldsymbol{X}\boldsymbol{X}^{\mathrm{T}}+\beta\boldsymbol{F}\boldsymbol{H}\boldsymbol{L}_{\mathrm{FI}}\boldsymbol{H}^{\mathrm{T}}\boldsymbol{F}^{\mathrm{T}}$,$\boldsymbol{P}=\boldsymbol{\varPi}^{\mathrm{T}}\boldsymbol{X}^{\mathrm{T}}$。上述为 MFS 用户关系的数学化证明。与此类似,SFM 和 FEO 也可以得到相似的证明过程。

SFM　设 FD 为 SFM 的用户关系矩阵,当 u_i 和 u_j 被相同用户 u_k 关注时,则 $\mathbf{FD}(i,j)=1$,**FD** 根据用户关联矩阵 $\boldsymbol{S}$ 计算获得,即 $\mathbf{FD}=\mathrm{sign}(\boldsymbol{S}\boldsymbol{S}^{\mathrm{T}})$,那么 SFM 用户关系数学化等价于公式(5.8):

$$\min_{\boldsymbol{W}}\mathrm{tr}[(\boldsymbol{W}^{(t)})^{\mathrm{T}}\boldsymbol{A}^t\boldsymbol{W}^{(t)}-2\boldsymbol{P}^{(t)}\boldsymbol{W}^{(t)}]+\alpha\parallel\boldsymbol{W}^{(t)}\parallel_1 \tag{5.8}$$

式中,$\boldsymbol{A}=\boldsymbol{X}\boldsymbol{X}^{\mathrm{T}}+\beta\boldsymbol{F}\boldsymbol{H}\boldsymbol{L}_{\mathrm{FD}}\boldsymbol{H}^{\mathrm{T}}\boldsymbol{F}^{\mathrm{T}}$,$\boldsymbol{P}=\boldsymbol{\varPi}^{\mathrm{T}}\boldsymbol{X}^{\mathrm{T}}$,$\boldsymbol{L}_{\mathrm{FD}}$ 是定义在 **FD** 上的拉普拉斯矩阵。公式推导过程与 MFS 类似。

FEO　设 FE 为 FEO 的用户关系矩阵,当 u_i 和 u_j 相互关注时,则 $\mathbf{FE}(i,j)=1$,**FE** 根据用户关联矩阵 $\boldsymbol{S}$ 计算获取,即 $\mathbf{FE}(i,j)=\mathrm{sign}(\boldsymbol{S}\boldsymbol{S})$,那么 FEO 用户关系数学化等价于公式(5.9):

$$\min_{\boldsymbol{W}}\mathrm{tr}[(\boldsymbol{W}^{(t)})^{\mathrm{T}}\boldsymbol{A}^t\boldsymbol{W}^{(t)}-2\boldsymbol{P}^{(t)}\boldsymbol{W}^{(t)}]+\alpha\parallel\boldsymbol{W}^{(t)}\parallel_1 \tag{5.9}$$

式中,$\boldsymbol{A}=\boldsymbol{X}\boldsymbol{X}^{\mathrm{T}}+\beta\boldsymbol{F}\boldsymbol{H}\boldsymbol{L}_{\mathrm{FE}}\boldsymbol{H}^{\mathrm{T}}\boldsymbol{F}^{\mathrm{T}}$,$\boldsymbol{P}=\boldsymbol{\varPi}^{\mathrm{T}}\boldsymbol{X}^{\mathrm{T}}$,$\boldsymbol{L}_{\mathrm{FE}}$ 是定义在 **FE** 上的拉普拉斯矩阵。公式推导过程与 MFS 类似,这里不再阐述。

仔细观察三个定理可以发现用户相关性特征选择模型相当于解决公式(5.10)的优化问题:

$$\min_{\boldsymbol{W}}\mathrm{tr}[(\boldsymbol{W}^{(t)})^{\mathrm{T}}\boldsymbol{A}^t\boldsymbol{W}^{(t)}-2\boldsymbol{P}^{(t)}\boldsymbol{W}^{(t)}]+\alpha\parallel\boldsymbol{W}^{(t)}\parallel_1 \tag{5.10}$$

主要不同之处在于三种用户关系类型的关系矩阵不同,不同的用户关系有不同的 $\boldsymbol{A}$ 表达。MFS 类型时,对应用户关系矩阵 **FI**,并且 $\boldsymbol{A}=\boldsymbol{X}\boldsymbol{X}^{\mathrm{T}}+\beta\boldsymbol{F}\boldsymbol{H}\boldsymbol{L}_{\mathrm{FI}}\boldsymbol{H}^{\mathrm{T}}\boldsymbol{F}^{\mathrm{T}}$,$\boldsymbol{P}=\boldsymbol{\varPi}^{\mathrm{T}}\boldsymbol{X}^{\mathrm{T}}$;当 SFM 类型时,对应用户关系矩阵 **FD**,并且 $\boldsymbol{A}=\boldsymbol{X}\boldsymbol{X}^{\mathrm{T}}+\beta\boldsymbol{F}\boldsymbol{H}\boldsymbol{L}_{\mathrm{FD}}\boldsymbol{H}^{\mathrm{T}}\boldsymbol{F}^{\mathrm{T}}$,$\boldsymbol{P}=\boldsymbol{\varPi}^{\mathrm{T}}\boldsymbol{X}^{\mathrm{T}}$;当 FEO 类型时,对应用户关系矩阵 **FE**,并且 $\boldsymbol{A}=\boldsymbol{X}\boldsymbol{X}^{\mathrm{T}}+\beta\boldsymbol{F}\boldsymbol{H}\boldsymbol{L}_{\mathrm{FE}}\boldsymbol{H}^{\mathrm{T}}\boldsymbol{F}^{\mathrm{T}}$,$\boldsymbol{P}=\boldsymbol{\varPi}^{\mathrm{T}}\boldsymbol{X}^{\mathrm{T}}$。

2. 关系强弱预测

强弱预测就是给定一对社交网络上有链接的用户,判断其之间是否具有强关系,区分用户强弱链接有助于社交媒体数据的特征选择。关系强度用于预测重构造现有用户关系的关联强度值,如图5.5所示,社交媒体用户关系的二进制数据转化为数值型数据[37~39]可以提高特征选择效率,本节介绍四种代表性的关系强度预测方法。

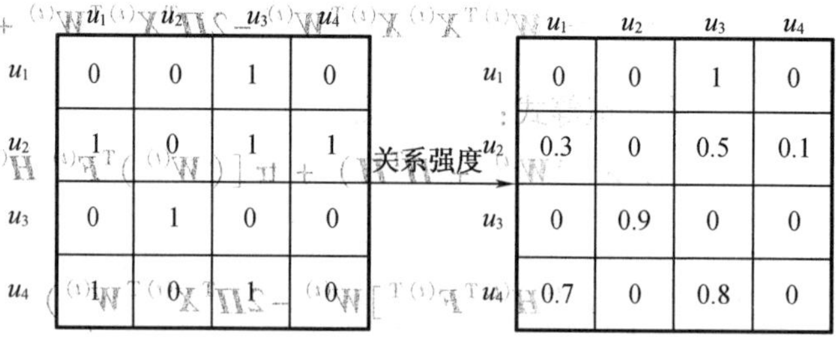

	u_1	u_2	u_3	u_4			u_1	u_2	u_3	u_4
u_1	0	0	1	0		u_1	0	0	1	0
u_2	1	0	1	1	关系强度	u_2	0.3	0	0.5	0.1
u_3	0	1	0	0	→	u_3	0	0.9	0	0
u_4	1	0	1	0		u_4	0.7	0	0.8	0

图 5.5　关系强度预测

①结构度量(structural measure),用于测量两个用户在社交网络中的距离,用户之间的距离相近则可能存在强有力的关系纽带。下面是结构度量的代表性方法。

a. NCF,针对关注关系 $u_i \rightarrow u_j$,NCF 定义为

$$\text{NCF}(i,j) = \frac{|\Gamma(i) \cap \Gamma(j)|}{\Gamma(i)} \tag{5.11}$$

式中,$\Gamma(i) = |x|x \rightarrow u_i|$ 是 u_i 的"粉丝"集合。

b. Jaccard 系数,只关心用户间是否具有共同特征,其针对关注关系 $u_i \rightarrow u_j$ 的定义为

$$\text{Jaccard}(i,j) = \frac{|\Gamma(i) \cap \Gamma(j)|}{|\Gamma(i) \cup \Gamma(j)|} \tag{5.12}$$

c. KS,针对 $u_i \rightarrow u_j$,将所有从 u_i 到 u_j 的可能路径按递增顺序排列,通过公式(5.13)的长度衡量确定最短路径:

$$\text{KS}(i,j) = \sum_{\ell=1}^{\infty} \beta^{\ell} |\text{path}_{i,j}^{\ell}| \tag{5.13}$$

式中,$\text{path}_{i,j}^{\ell}$ 表示 u_i 到 u_j 的路径集合,ℓ 表示长度,β 值设置为 0.05。

②内容度量(content measure)是测定用户产生网络数据内容相似度的重要指标[40]。假设 c_i 是用户 u_i 的支持向量机:$c_i = \frac{1}{|F_i|} \sum_{f_j \in F_i} f_j$,其中$|\cdot|$表示集合的大小。对于关注关系 $u_i \rightarrow u_j$,内容度量定义为

$$\text{CS}(u_i, u_j) = \frac{\langle c_i, c_j \rangle}{\| c_i \| \| c_j \|} \tag{5.14}$$

式中$\langle \cdot, \cdot \rangle$表示两个向量的内积;$\| \cdot \|$表示向量的 ℓ_2 范数。

③相互影响度量(interaction measure),表明社交媒体中只有少数用户具有强关系类型,且彼此间互动非常频繁,可能存在相互转发文章、互写评论等活动[41]。用户的互动方式集合为 $I_1, I_2, \cdots, I_m$,表示 m 种互动方式,针对关注关系 $u_i \rightarrow u_j$,相互影响度量定义为

$$\text{IM}(i,j) = \frac{\sum_{k=1}^{m} I_k(i,j)}{\sum_{j=1}^{n} \sum_{k=1}^{m} S(i,j) I_k(i,j)} \tag{5.15}$$

式中,$I_k \in \mathbf{R}^{n \times n}$ 表示第 k 种互动方式在用户中的交互频率;分子是 u_i 和 u_j 之间的相互作用频率之和;$S(i,j)$有关联的所有用户关系,分母是 u_i 的全部相互作用频率之和。

④混合度量(hybrid measure),是对结构度量、内容度量、相互影响度量的综合考虑。利用线性关系组合上述三种测量方法定义为

$$\mathrm{HM}(i,j) = \theta_1 \mathrm{SS}(i,j) + \theta_2 \mathrm{CS}(i,j) + (1 - \theta_1 - \theta_2)\mathrm{IM}(i,j) \tag{5.16}$$

式中,$0 \leqslant \theta_1 \leqslant 1, 0 \leqslant \theta_2 \leqslant 1, 0 \leqslant \theta_1 + \theta_2 \leqslant 1$。当 $\theta_1 = 1$ 时,混合度量相当于结构度量;当 $\theta_2 = 1$ 时,混合度量相当于内容度量;当 $\theta_1 = 0, \theta_2 = 0$ 时,混合度量相当于相互作用度量。

3. 相关性用户算法实现

算法结合关系强度对模型进一步研究并给出收敛分析,受文献[30]启发,采用拉格朗日函数解决此优化问题:

$$\theta(\boldsymbol{W}^{(t)}) = \mathrm{tr}\left[(\boldsymbol{W}^{(t)})^{\mathrm{T}} \boldsymbol{A}^{(t)} \boldsymbol{W}^{(t)} - 2\boldsymbol{P}^{(t)} \boldsymbol{W}^{(t)}\right] + \alpha \|\boldsymbol{W}^{(t)}\|_1 \tag{5.17}$$

ℓ_1 范数虽然不可微,但是存在次微分,即 $\dfrac{\partial}{\partial \boldsymbol{W}} \|\boldsymbol{W}\|_1 = \mathrm{sign}(\boldsymbol{W})$,文献[21]利用该思想对 ℓ_1 范数进行求导实验,对公式(5.17)求导得到公式(5.18):

$$\frac{\partial \theta(\boldsymbol{W}^{(t)})}{\partial \boldsymbol{W}^{(t)}} = 2\boldsymbol{A}^{(t)} \boldsymbol{W}^{(t)} - 2(\boldsymbol{P}^{(t)})^{\mathrm{T}} + \alpha \boldsymbol{D_W}^{(t)} \tag{5.18}$$

根据 $\lambda \boldsymbol{E} - \boldsymbol{W}$ 可以求得 $\boldsymbol{W}$ 的对角矩阵 $\boldsymbol{D_W}$,其中 $\boldsymbol{E}$ 是单位矩阵。设导数为 0,得到 $\boldsymbol{W} = (2\boldsymbol{P} - \alpha \boldsymbol{D_W})(2\boldsymbol{A})^{-1}$,可知 $\boldsymbol{W}$ 取决于 $\boldsymbol{D_W}$。用户相关性特征选择模型的优化方法如算法 5.1 所述。

算法 5.1　用户相关性特征选择算法(UCFS)

输入:$\{\boldsymbol{X}, \boldsymbol{F}, \boldsymbol{S}\}$ 和期望特征数量 k。

输出:k 个最相关特征。

1. 任意选择一个关系强度预测用来更新邻接矩阵 $\boldsymbol{S}$;

2. 根据选择的假说设置 $\boldsymbol{P}$ 和 $\boldsymbol{A}$;

3. 设置 $n = 0$ 并且初始化 $\boldsymbol{D_{W_n}}$ 作为单位矩阵;

4. while(not convergent) do

{计算 $\boldsymbol{W}_{n+1} = (2\boldsymbol{P} - \alpha \boldsymbol{D_{W_n}})(2\boldsymbol{A})^{-1}$;

更新对角线矩阵 $\boldsymbol{D_{W_{n+1}}}$;

$n = n + 1$;}

5. end while

6. 根据 $\|\boldsymbol{W}\|_1$ 分类每个特征,按降序排列选择前 k 个特征值;

7. 输出特征选择结果;

8. end

根据文献[30]对于任意两个非 0 常数 x 和 y 都存在不等式关系:

$$\sqrt{x} - \frac{x}{2\sqrt{y}} \leqslant \sqrt{y} - \frac{y}{2\sqrt{y}} \tag{5.19}$$

引申到本章可以得到

$$\|\boldsymbol{W}_{n+1}\|_1 - \frac{\|\boldsymbol{W}_{n+1}\|_1}{\|\boldsymbol{W}_n\|_1} \leqslant \|\boldsymbol{W}_n\|_1 - \frac{\|\boldsymbol{W}_n\|_1}{\|\boldsymbol{W}_n\|_1} \tag{5.20}$$

这表明：

$$\mathrm{tr}(\boldsymbol{W}_{n+1}^{\mathrm{T}}\boldsymbol{A}\boldsymbol{W}_{n+1} - 2\boldsymbol{P}\boldsymbol{W}_{n+1}) + \alpha\sum_i \frac{\|\boldsymbol{W}_{n+1}\|_1}{\|\boldsymbol{W}_n\|_1} \leqslant \mathrm{tr}(\boldsymbol{W}_n^{\mathrm{T}}\boldsymbol{A}\boldsymbol{W}_n - 2\boldsymbol{P}\boldsymbol{W}_n) + \alpha\sum_i \frac{\|\boldsymbol{W}_n\|_1}{\|\boldsymbol{W}_n\|_1}$$

(5.21)

进而满足下面的不等式：

$$\mathrm{tr}(\boldsymbol{W}_{n+1}^{\mathrm{T}}\boldsymbol{A}\boldsymbol{W}_{n+1} - 2\boldsymbol{P}\boldsymbol{W}_{n+1}) + \alpha\sum_i\|\boldsymbol{W}_{n+1}\|_1 - \alpha(\sum_i\|\boldsymbol{W}_{n+1}\|_1 - \sum_i\frac{\|\boldsymbol{W}_{n+1}\|_1}{2\|\boldsymbol{W}_n\|_1}) \leqslant$$

$$\mathrm{tr}(\boldsymbol{W}_n^{\mathrm{T}}\boldsymbol{A}\boldsymbol{W}_n - 2\boldsymbol{P}\boldsymbol{W}_n) + \alpha\sum_i\|\boldsymbol{W}_n\|_1 - \alpha(\sum_i\|\boldsymbol{W}_n\|_1 - \sum_i\frac{\|\boldsymbol{W}_n\|_1^2}{2\|\boldsymbol{W}_n\|_1})$$

(5.22)

最后可以证明：

$$\mathrm{tr}(\boldsymbol{W}_{n+1}^{\mathrm{T}}(\boldsymbol{A}+\alpha\boldsymbol{D}_{\boldsymbol{W}_n})\boldsymbol{W}_{n+1} - 2\boldsymbol{P}\boldsymbol{W}_{n+1}) \leqslant \mathrm{tr}(\boldsymbol{W}_n^{\mathrm{T}}(\boldsymbol{A}+\alpha\boldsymbol{D}_{\boldsymbol{W}_n})\boldsymbol{W}_n - 2\boldsymbol{P}\boldsymbol{W}_n)$$

(5.23)

递归时目标函数单调递减，迭代方法收敛于最优解。

5.3.4 媒体数据流特征选择

在已经对媒体用户进行关系分类和数学建模的情况下，这里进一步考虑网络数据动态变化的时间参数，实现相关性用户的动态网络媒体数据无监督特征选择算法（UFSDUC）。

首先描述动态网络媒体数据特征选择的一般过程。根据时间流动的特性，按照一定的时间间隔设置时间逐渐递增，每个时间段内 UFSDUC 算法决定是否接受新特征，如果该特征纳入最优特征集合，则进一步判断是否需要重新整合特征集，重复该过程直到没有新特征出现。

由用户相关性特征选择优化公式(5.17)进一步改进，得到公式(5.24)：

$$\min_{(\boldsymbol{w}^{(t)})^i, i\in k}\theta((\boldsymbol{w}^{(t)})^i) = \frac{1}{2}\|\boldsymbol{X}^{(t)\mathrm{T}}(\boldsymbol{w}^{(t)})^i - \boldsymbol{\pi}^i\|_2^2 + \alpha\|(\boldsymbol{w}^{(t)})^i\|_1 +$$

$$\frac{1}{2}\beta\|(\boldsymbol{W}^{(t)}\boldsymbol{F}^{(t)}\boldsymbol{H}^{(t)})^{\mathrm{T}}(\boldsymbol{L}^{(t)})^{\frac{1}{2}}\|_2^2$$

(5.24)

其中，$i=1,\cdots,k$，在时间间隔 t 时获取特征子集。根据三种关系类型 $\boldsymbol{L}$ 分别对应 $\boldsymbol{L}_{\mathrm{FI}}$、$\boldsymbol{L}_{\mathrm{FD}}$、$\boldsymbol{L}_{\mathrm{FE}}$。下面介绍在时间间隔 $t+1$ 时，产生的新特征 f_{t+1} 是如何有效执行特征选择的。本节提出的算法功能：判定新特征；更新动态媒体数据的特征子集。

1. 判定新特征

根据下述公式在时间间隔 $t+1$ 时获取新特征 f_{t+1} 并添加非零权值 $(\boldsymbol{w}^{(t+1)})_{t+1}^i$ 到模型中，在 ℓ_1 正则化项上增加 $\alpha\|(\boldsymbol{w}^{(t+1)})_{t+1}^i\|$ 会引发一个处罚。仅当第一项、第二项、第三项的数据归约超过增加的 $\alpha\|(\boldsymbol{w}^{(t+1)})_{t+1}^i\|$ 处罚时，新特征 f_{t+1} 才会降低整个目标函数值。本章采用梯度下降法[42]检测新特征，令 $\theta[(\boldsymbol{w}^{(t+1)})^i]$ 表示 $t+1$ 时间段的目标函数值：

$$\min_{(\boldsymbol{w}^{(t+1)})^i, i\in k}\theta[(\boldsymbol{w}^{(t+1)})^i] = \frac{1}{2}\|\boldsymbol{X}^{(t+1)\mathrm{T}}(\boldsymbol{w}^{(t+1)})^i - \boldsymbol{\pi}^i\|_2^2 + \alpha\|\boldsymbol{w}^{(t+1)})^i\|_1 +$$

$$\frac{1}{2}\beta\|[(\boldsymbol{w}^{(t+1)})^i\boldsymbol{F}^{(t+1)}\boldsymbol{H}^{(t+1)}]^{\mathrm{T}}(\boldsymbol{L}^{(t+1)})^{\frac{1}{2}}\|_2^2$$

(5.25)

对公式 $\theta[(\boldsymbol{w}^{(t+1)})^i]$ 中的 $(\boldsymbol{w}^{(t+1)})_{t+1}^i$ 求导：

$$\frac{\partial\theta[(\boldsymbol{w}^{(t+1)})^i]}{\partial(\boldsymbol{w}^{(t+1)})_{t+1}^i} = [(\boldsymbol{X}^{(t+1)})^{\mathrm{T}}(\boldsymbol{X}^{(t+1)}(\boldsymbol{w}^{(t+1)})^i - \boldsymbol{\pi}^i) + \beta(\boldsymbol{F}^{(t+1)}\boldsymbol{H}^{(t+1)})^{\mathrm{T}}\boldsymbol{L}^{(t+1)}\boldsymbol{H}^{(t+1)}\boldsymbol{F}^{(t+1)}(\boldsymbol{w}^{(t+1)})^i]_{t+1} +$$

$$\alpha \mathrm{sign}((\boldsymbol{w}^{(t+1)})_{t+1}^{i})$$

$$= [(\boldsymbol{X}^{(t+1)})^{\mathrm{T}}(\boldsymbol{X}^{(t+1)}(\boldsymbol{w}^{(t+1)})^{i} - \boldsymbol{\pi}^{i}) + $$
$$\beta (\boldsymbol{F}^{(t+1)}\boldsymbol{H}^{(t+1)})^{\mathrm{T}}\boldsymbol{L}^{(t+1)}\boldsymbol{H}^{(t+1)}\boldsymbol{F}^{(t+1)}(\boldsymbol{w}^{(t+1)})^{i}]_{t+1} \pm \alpha \tag{5.26}$$

在公式(5.26)中，ℓ_1 范数项 $\alpha \| (\boldsymbol{w}^{(t+1)})^{i} \|_1$ 的导数关于 $(\boldsymbol{w}^{(t+1)})_{t+1}^{i}$ 不连续，下面讨论其导数符号，即 $\mathrm{sign}(\boldsymbol{w}^{(t+1)})_{t+1}^{i}$。当有新的特征 f_{t+1} 产生时，首先设置它的特征系数 $(\boldsymbol{w}^{(t+1)})_{t+1}^{i}$ 为 0，并将其代入模块中，如果：

$$[(\boldsymbol{X}^{(t+1)})^{\mathrm{T}}(\boldsymbol{X}^{(t+1)}(\boldsymbol{w}^{(t+1)})^{i} - \boldsymbol{\pi}^{i}) + \beta (\boldsymbol{F}^{(t+1)}\boldsymbol{H}^{(t+1)})^{\mathrm{T}}\boldsymbol{L}^{(t+1)}\boldsymbol{H}^{(t+1)}\boldsymbol{F}^{(t+1)}(\boldsymbol{w}^{(t+1)})^{i}]_{t+1} - \alpha > 0$$

则很容易证明 $\dfrac{\partial \theta [(\boldsymbol{w}^{(t+1)})^{i}]}{\partial (\boldsymbol{w}^{(t+1)})_{t+1}^{i}} > 0$。为了降低目标函数 $\theta [(\boldsymbol{w}^{(t+1)})^{i}]$ 的值，需要减小 $(\boldsymbol{w}^{(t+1)})_{t+1}^{i}$ 使其消极，并且 $(\boldsymbol{w}^{(t+1)})_{t+1}^{i}$ 为负数。同理，如果：

$$[(\boldsymbol{X}^{(t+1)})^{\mathrm{T}}(\boldsymbol{X}^{(t+1)}(\boldsymbol{w}^{(t+1)})^{i} - \boldsymbol{\pi}^{i}) + \beta (\boldsymbol{F}^{(t+1)}\boldsymbol{H}^{(t+1)})^{\mathrm{T}}\boldsymbol{L}^{(t+1)}\boldsymbol{H}^{(t+1)}\boldsymbol{F}^{(t+1)}(\boldsymbol{w}^{(t+1)})^{i}]_{t+1} + \alpha < 0$$

则 $\dfrac{\partial \theta [(\boldsymbol{w}^{(t+1)})^{i}]}{\partial (\boldsymbol{w}^{(t+1)})_{t+1}^{i}} < 0$，即 $(\boldsymbol{w}^{(t+1)})_{t+1}^{i}$ 为正数。

如果前两个条件都不满足，则说明不可能通过改变 $(\boldsymbol{w}^{(t+1)})_{t+1}^{i}$ 来降低目标函数 $\theta [(\boldsymbol{w}^{(t+1)})^{i}]$ 的值。对于新特征 f_{t+1} 需要检查：

$$[(\boldsymbol{X}^{(t+1)})^{\mathrm{T}}(\boldsymbol{X}^{(t+1)}(\boldsymbol{w}^{(t+1)})^{i} - \boldsymbol{\pi}^{i}) + \beta (\boldsymbol{F}^{(t+1)}\boldsymbol{H}^{(t+1)})^{\mathrm{T}}\boldsymbol{L}^{(t+1)}\boldsymbol{H}^{(t+1)}\boldsymbol{F}^{(t+1)}(\boldsymbol{w}^{(t+1)})^{i}]_{t+1} > \alpha \tag{5.27}$$

如果公式(5.27)成立，则说明新特征数据 f_{t+1} 能够降低目标函数 $\theta [(\boldsymbol{w}^{(t+1)})^{i}]$ 的值，那么将新特征列入特征子集中。

2. 更新特征子集

当不断有新特征产生时，应该考虑是否有必要更新特征子集，因为新数据更能代表用户的即时特性。

当新特征增添到模型中，利用现有的特征权重优化公式(5.25)，最优化过程会使一些特征权重为 0。如果特征权重为 0 说明该特征不能降低目标函数值并且该特征可以被删除。

接下来探讨如何处理公式(5.25)的优化问题，目标函数是关于 $(\boldsymbol{w}^{(t+1)})_{t+1}^{i}$ 的凸函数，可以求导得到公式(5.26)获得最优解。本章利用文献[43]的 SFGB 算法，仅需要在每次迭代时计算目标函数的梯度。

方程式(5.25)的最小化问题可以泛化 $\min f(x), x \in \mathbf{R}^{n}$，每次迭代时，更新最优解 x：$x_{m+1} = x_m - \delta_m \boldsymbol{H}_m \boldsymbol{g}_m$，其中 $\boldsymbol{H}_m = \boldsymbol{B}_m^{-1}$，$\boldsymbol{B}_m$ 是 Hessian 矩阵的近似值，$\boldsymbol{g}_m = \nabla f(\boldsymbol{x}_m)$ 是倾斜度。向量 $\boldsymbol{s}_m$ 和 $\boldsymbol{c}_m$ 为 $\boldsymbol{s}_m = \boldsymbol{x}_{m+1} - \boldsymbol{x}_m, \boldsymbol{c}_m = \boldsymbol{g}_{m+1} - \boldsymbol{g}_m$。下面的 Hession 函数近似满足于正切方程：$\boldsymbol{B}_{m+1}\boldsymbol{s}_m = \boldsymbol{c}_m$。通过正切函数可以得到曲率条件：$\boldsymbol{s}_m^{\mathrm{T}}\boldsymbol{B}_{m+1}\boldsymbol{s}_m = \boldsymbol{s}_m^{\mathrm{T}}\boldsymbol{c}_m > 0$。如果曲率条件得到满足，在正切方程中 $\boldsymbol{B}_{m+1}$ 至少有一个解决方法，通过下面的公式能够更新：

$$\boldsymbol{B}_{m+1} = \boldsymbol{B}_m + \frac{\boldsymbol{c}_m \boldsymbol{c}_m^{\mathrm{T}}}{\boldsymbol{c}_m^{\mathrm{T}} \boldsymbol{s}_m} - \frac{\boldsymbol{B}_m \boldsymbol{s}_m \boldsymbol{s}_m^{\mathrm{T}} \boldsymbol{B}_m}{\boldsymbol{s}_m^{\mathrm{T}} \boldsymbol{B}_m \boldsymbol{s}_m} \tag{5.28}$$

$\boldsymbol{H}_{m+1}$ 可以通过 Sherman-Morrison 公式获得更新：

$$\boldsymbol{H}_{m+1} = \boldsymbol{H}_m - \frac{\boldsymbol{s}_m \boldsymbol{c}_m^{\mathrm{T}} \boldsymbol{H}_m + \boldsymbol{H}_m \boldsymbol{c}_m \boldsymbol{s}_m^{\mathrm{T}}}{\boldsymbol{s}_m^{\mathrm{T}} \boldsymbol{c}_m} + \left(1 + \frac{\boldsymbol{c}_m^{\mathrm{T}} \boldsymbol{H}_m \boldsymbol{c}_m}{\boldsymbol{s}_m^{\mathrm{T}} \boldsymbol{c}_m}\right) \frac{\boldsymbol{s}_m \boldsymbol{s}_m^{\mathrm{T}}}{\boldsymbol{s}_m^{\mathrm{T}} \boldsymbol{c}_m} \tag{5.29}$$

在第 $t+1$ 个时间段内通过解决全部 k 个子问题,获取稀疏系数矩阵 $W = [(w^{(t+1)})^1,$ $\cdots, (w^{(t+1)})^k]$。分别解决每个子问题,使每个 $(w^{(t+1)})^i$ 非零权重的数量不一定相同。对于每个特征 f_j,如果任意 k 个特征权重系数 $(w^{(t+1)})^i_j$ 是非零的,该特征就被包含于最终模块中,否则就排除该特征。如果 f_j 被选择,则在时间段 $t+1$ 的特征得分是:

$$\text{FScore}(j)^{(t+1)} = \max[(w^{(t+1)})^1_j, \cdots, (w^{(t+1)})^k_j] \tag{5.30}$$

根据特征值降序排列对被选特征进行分类,特征值越大该特征重要性越大。

算法 5.2　相关性动态网络媒体数据的无监督特征选择算法(UFSDUC)

输入:时间步长 $t+1$ 时的 f_{t+1},时间步长 t 时的特征权重矩阵 W^t,关联信息 S,起始点 x_0,Hessian 近似矩阵 H_0,潜在社交因素数目 k。

输出:在时间步长 $t+1$ 选择的特征子集 $f^{(t+1)'}$。

1. 从 S 中获得潜在社交因素 $\boldsymbol{\Pi}$;

2. for(每个社交潜在因素 $\boldsymbol{\pi}^i$)

3. {根据公式(5.24)对 f_{t+1} 计算梯度 $\boldsymbol{g}$;

4. if(abs(g) $> \alpha$)

5. {增加特征 f_{t+1} 到最优特征集合;

6. $m \leftarrow 0$;

7. 倾斜度 $\boldsymbol{g}_m = \nabla f(\boldsymbol{x}_m)$;

8. while($\|\boldsymbol{g}_m\| > \varepsilon$)

9. {获得向量 $\boldsymbol{p}_m = -H_m \boldsymbol{g}_m$;

10. 计算 $\boldsymbol{x}_{m+1} = \boldsymbol{x}_m + \delta_m \boldsymbol{p}_m$,其中 δ_m 的选择通过线索满足曲率条件;

11. $\boldsymbol{g}_{m+1} = \nabla f(\boldsymbol{x}_{m+1})$;

12. $\boldsymbol{s}_m = \boldsymbol{x}_{m+1} - \boldsymbol{x}_m$;

13. $\boldsymbol{c}_m = \boldsymbol{g}_{m+1} - \boldsymbol{g}_m$;

14. $H_{m+1} = H_m - \dfrac{\boldsymbol{s}_m \boldsymbol{c}_m^{\text{T}} H_m + H_m \boldsymbol{c}_m \boldsymbol{s}_m^{\text{T}}}{\boldsymbol{s}_m^{\text{T}} \boldsymbol{c}_m} + \left(1 + \dfrac{\boldsymbol{c}_m^{\text{T}} H_m \boldsymbol{c}_m}{\boldsymbol{s}_m^{\text{T}} \boldsymbol{c}_m}\right) \dfrac{\boldsymbol{s}_m \boldsymbol{s}_m^{\text{T}}}{\boldsymbol{s}_m^{\text{T}} \boldsymbol{c}_m}$;

15. $m \leftarrow m+1$;}}

16. if(特征 f_{t+1} 被选择)

17. {更新拉普拉斯矩阵 $L^{(t+1)}$;

18. 根据公式(5.30)获取特征数值;

19. 根据数值排列特征并且更新特征集合 $f^{(t+1)'}$;}

20. return $f^{(t+1)'}$

算法 5.2 对动态媒体数据的每个新特征 f_{t+1} 执行有效的无监督特征选择。第一行应用关联信息 S 获得社交因素矩阵 $\boldsymbol{\Pi}$。算法的步骤 2~13 检测新特征和现有特征,尤其是对每

个子问题验证梯度条件,这步骤决定了是否接受该新特征(第 8 步)。如果条件满足(第 9 步),新特征输入到模型中(第 10 步),并利用现有特征权重对模型再次优化(第 11~16 步)。最后,更新拉普拉斯矩阵(第 17 步),计算特征权值,更新最优特征子集。

这里对算法的时间复杂度进行分析。假设所有流动特征的数目是 t ,最后获取的特征数目是 s ,则更新拉普拉斯矩阵的时间消耗是 $O(n^2 st)$ 。在每个时间段内检查公式(5.30)的梯度情况,时间复杂度是 $O(n^2 kst)$,利用特征权重优化模型的时间复杂度是 $O(n^2 s^2 t)$ 。所以整个 UFSDUC 算法的综合时间复杂度为 $O(n^2 st) + O(n^2 kst) + O(n^2 s^2 t)$ 。因为 $k \ll t$,且 $s \ll t$,所以整个算法的渐进时间复杂度可以看作是 $O(n^2 s^2 t)$ 。

5.3.5　实验验证

在标准的网络社交媒体数据集上进行对比实验,验证 UFSDUC 算法的有效性和准确性。实验验证由实验数据、实验设置、准确性分析、关系强度影响和参数有效性分析五部分组成。所有实验在主频为 2.8 GHz CPU 和 4GB 内存的 PC 机上完成,操作系统为 Windows 7,用 MATLAB 语言在 MATLAB 2011b 环境下实现 UFSDUC 算法。

1. 实验数据

实验采用三个标准社交媒体数据集,分别是由数据堂提供的 SinaWeibo 数据集、Flickr 数据集和 BlogCatalog 数据集。SinaWeibo 是一种微型博客的社交服务网站,用户可通过 web 网页、手机客户端等方式发布消息或上传图片,该网站还提供评论和转发等功能供用户交流。Flickr 是雅虎旗下管理和共享图片的网站,用户根据图片类别表下载自己感兴趣的图片。该网站是提供网络社群服务的平台,特点是基于社交网络人际关系的拓展与内容的组织。BlogCatalog 是提供博客用户和博文管理的社区网站,是用户进行分享和交流的一个网络平台。用户在预定义目录下注册账号。

这三个数据集的显著特点是用户数量多,用户与用户之间的交互记录复杂,产生的用户数据种类多样。为了更好地完成实验,实验过程中利用数据集成和数据归约对数据进行预处理,得到本实验所需要的数据集合,数据集详细信息如表 5.1 所示。

表 5.1　数据集详细信息

属性	SinaWeibo	Flickr	BlogCatalog
#of Features	8 693	9 866	7 683
#of Users	3 493	2 163	4 046
#of Classes	6	9	5
#of Links	27 593	25 877	24 735
#of avg degree	34.65	31.92	35.37

2. 实验设置

本章应用准确度(ACC)和归一化互信息(NIM)作为评定无监督特征选择算法的性能指标[28]。准确度是最常用的性能指标,在特定条件下多次计算平均值并与真实值进行比较,$ACC = (TP + TN)/(P + N)$,即被计算处理的特征数据除以全部的特征数据,通常来说准确度越高,分类器性能越好。归一化互信息常用来度量两个聚类结果的相近程度,给定两个簇 A 和 B,NIM 定义为 $\mathrm{NMI}(A,B) = \dfrac{\mathrm{MI}(A,B)}{\max\left[H(A),H(B)\right]}$,其中 $\mathrm{NMI}(A,B)$ 的值为 $0 \sim 1$,值越大说明聚类效果越好。

下面列举实验中对比的所有算法:

①LapScore,利用拉普拉斯分数值有效衡量各个特征的权重,优先选择权重较大值。

②SPEC,利用光谱分析测量特征相关性,并制作光谱图表实现特征选择算法。

③NDFS,通过联合正频谱分析和 $\ell_{2,1}$ 范数正则化进行特征选择

④LinkedFS,根据用户的网络帖子的相关性处理稀疏数据矩阵。

⑤USFS,处理数据流的无监督特征选择算法。

实验中,不仅采用算法的运行时间和建模时间评估效率,还对比了不同关系强度预测方法对 UFSDUC 算法的影响,详细研究了各个参数对特征选择性能的影响,进而选出最佳参数值。

3.准确性分析

准确性分析比较 UFSDUC 与五种对比算法在特征选择准确性上的表现。本章提出根据聚类性能可以进行特征选择质量评估,特征子集与目标概念越相关,利用该子集训练得到分类器的准确性越好。

(1)用户相关性特征选择

用户之间的关联信息比用户自身产生的数据信息更稳定,这里假定用户关系不在短时间内随时间变化。首先对用户相关性特征选择算法(UCFS)进行评估。将每个数据集都分成大小不同的测试子集 $\{D_5, D_{25}, D_{50}, D_{100}\}$,相当于整个数据集的 5%、25%、50%、100%。在每个测试子集中依次选择 100、200、300 个特征数据,分别计算每种算法的聚类性能,实验对比结果如表 5.2 ~ 表 5.4 所示。

从实验结果的整体趋势来看,随着被选特征数据的增加,六种算法的聚类性能都得到提高。五种对比算法的实验结果相似,其中 LinkedFS 和 USFS 算法的执行效果相对较好,因为这两种对比算法考虑到用户关系,有利于用户相关性的特征选择。与五种对比算法相比,本章提出的 UCFS 算法在三个数据集上具有持续优越性,即使最低实验准确度也达到了 27.88%,但是仔细观察表格可以发现 UCFS 算法随着数据集的增大,聚类准确度的增加量逐渐减小。

表 5.2 SinaWeibo 数据集中不同算法的聚类结果

数据集	特征	算法准确度/%					
		LapScore	SPEC	NDFS	LinkedFS	USFS	UCFS
D_5	100	22.56	24.95	25.35	25.12	24.86	**28.78**
	200	23.35	25.23	27.53	26.89	26.45	**29.96**
	300	25.43	26.93	28.43	28.95	28.92	**33.48**

表 5.2(续)

数据集	特征	算法准确度/%					
		LapScore	SPEC	NDFS	LinkedFS	USFS	UCFS
D_{25}	100	23.98	23.48	24.81	25.82	25.36	**29.17**
	200	24.79	25.87	26.64	27.46	28.14	**31.34**
	300	25.55	26.47	27.06	28.44	29.06	**32.49**
D_{50}	100	25.19	25.01	26.11	26.21	27.15	**31.68**
	200	26.68	26.14	27.24	28.68	28.67	**34.16**
	300	27.37	28.96	29.85	30.66	31.55	**34.74**
D_{100}	100	27.15	28.63	29.78	30.52	30.85	**33.47**
	200	28.34	29.31	30.14	32.11	32.46	**34.19**
	300	29.06	30.69	31.05	34.29	35.05	**35.72**

表 5.3　Flickr 数据集中不同算法的聚类结果

数据集	特征	算法准确度/%					
		LapScore	SPEC	NDFS	LinkedFS	USFS	UCFS
D_5	100	24.01	24.67	25.02	26.58	26.16	**327.88**
	200	25.98	26.65	28.43	28.16	28.05	**29.21**
	300	30.71	29.54	30.67	29.34	30.42	**32.72**
D_{25}	100	25.37	26.41	25.63	27.18	27.05	**328.76**
	200	27.66	27.24	28.65	29.28	30.81	**30.54**
	300	28.04	29.02	29.07	29.86	**32.42**	31.67
D_{50}	100	28.96	29.93	29.78	28.91	29.08	**331.87**
	200	30.05	30.71	30.55	31.05	30.75	**32.27**
	300	31.88	32.35	32.49	32.74	32.85	**33.79**
D_{100}	100	28.82	29.08	30.94	31.16	32.14	**332.16**
	200	30.61	30.27	33.07	33.48	33.52	**34.17**
	300	31.02	32.29	33.82	34.07	34.27	**34.84**

表 5.4　BlogCatalog 数据集中不同算法的聚类结果

数据集	特征	算法准确度/%					
		LapScore	SPEC	NDFS	LinkedFS	USFS	UCFS
D_5	100	21.75	23.68	25.82	26.06	27.02	**28.34**
	200	24.05	25.98	26.24	27.69	29.44	**30.05**
	300	27.75	27.35	28.51	29.45	30.85	**32.76**

表 5.4(续)

数据集	特征	算法准确度/%					
		LapScore	SPEC	NDFS	LinkedFS	USFS	UCFS
D_{25}	100	23.35	24.68	26.43	28.94	28.19	**30.74**
	200	25.79	26.68	28.41	29.18	31.33	**32.87**
	300	28.34	27.38	29.33	30.74	32.12	**33.07**
D_{50}	100	26.55	24.95	27.55	28.15	28.75	**31.27**
	200	27.14	28.78	29.35	30.61	31.22	**33.87**
	300	29.15	30.38	30.67	32.49	32.84	**34.06**
D_{100}	100	26.83	26.16	28.09	29.07	30.94	**33.86**
	200	29.75	30.31	31.88	31.62	32.06	**35.07**
	300	30.24	31.69	32.41	33.43	34.21	**35.84**

(2)动态数据特征选择

接下来考虑网络媒体数据的动态特性,对基于用户相关性的动态网络媒体数据无监督特征选择算法(UFSDUC)进行性能评定。实验中为了模拟动态数据的时序特征,一个合理的设想就是将数据分成数据块,按照固定时间间隔均匀采样,模拟动态网络媒体数据的顺序变化,这种方式可以代表数据流随时间变化的特性。将所有网络媒体数据集平均分成九个数据组合,依次对每个数据组合进行处理,相当于流媒体数据的动态变化。在每个组合中分别将 LapScore、SPEC、NDFS、LinkedFS 和 USFS 算法与 UFSDUC 算法进行特征选择的对比研究,将六种特征选择算法获取相同特征数据量的实验结果进行比较。实验获得特征选择结果后,利用k-means 算法在所选特征数据的基础上进行聚类,重复 k-means 算法20次计算平均值。聚类结果利用 ACC 和 NMI 进行评价,ACC 和 NMI 值越大代表特征选择性能越好,实验结果如表5.5~表5.7所示。

在三个数据集上 UFSDUC 相比于其他五种特征选择算法获得了较好的性能提升,从实验结果中可见,在数据集 SinaWeibo 和 BlogCatalog 上,本章算法的 ACC 值和 NMI 值始终优于其他五种同类算法。由于 USFS 也是面向媒体数据流的研究,所以在 Flickr 数据集的70% 数据分组中获得了优于 UFSDUC 算法的结果,但是 USFS 算法具有不稳定性。传统无监督特征选择算法是针对独立同分布数据,在媒体数据流中效果不明显。UFSDUC 算法利用关联信息进行无监督流媒体数据的特征选择,当特征信息较少时关联信息可以更好地为特征选择补充数据信息。对于 LapScore 算法、SPEC 算法、LinkedFS 和 NDFS 算法来说,特征数据超过一定值会导致聚类性能降低,而 USFS 算法和 UFSDUC 算法都是处理流数据的无监督特征选择算法,聚类性能随流数据特征增加能够保持相对稳定。UFSDUC 算法基于用户的关系类型进行特征选择,效率要高于 USFS 算法,并且处理大量数据流特征时,能存储部分有效相关特征,性能稳定。

根据观察可知,UFSDUC 算法三个媒体数据集上实验一开始就接受新特征,到实验后期获取新特征更新最优特征子集就会变得越来越困难,因为现有数据已能够提供足够代表特征子集的信息。当最优特征数据达到最大数量时,新特征将不再被接受。例如在三个数据集中,当特征数据分别达到 320、670 和 540 时,模型不再接受新特征,甚至因为数据量较大、时间消耗多而出现聚类性能退化的现象。从实验结果可以看出,LapScore 算法、SPEC 算法、NDFS 算法、LinkedFS 和 USFS 算法,随着特征数量的增加而导致聚类性能降低,而 UFSDUC 算法在媒体数据流的特征数据达到一定值时聚类性能不变。以 Flickr 数据集为例,数据比例从 50% 变化到 100% 时,聚类性能保持相对稳定。

表 5.5　SinaWeibo 数据集中不同特征选择算法的性能比较

算法	ACC								
	20%(250)	30%(260)	40%(270)	50%(280)	60%(290)	70%(300)	80%(310)	90%(320)	100%(330)
LapScore	25.18	26.39	27.18	29.73	30.73	31.26	30.94	29.62	29.05
SPEC	27.63	27.82	28.57	29.84	31.51	31.67	30.59	30.41	29.48
NDFS	26.68	26.26	29.85	30.27	30.61	32.51	32.63	30.88	30.59
LinkedFS	27.44	27.35	28.78	31.58	32.47	31.84	32.08	31.49	31.55
USFS	31.38	32.07	33.64	32.75	32.81	31.47	30.06	31.85	30.16
UFSDUC	**35.02**	**34.86**	**36.74**	**36.85**	**36.85**	**36.96**	**37.06**	**37.14**	**37.14**

算法	NMI								
	20%(250)	30%(260)	40%(270)	50%(280)	60%(290)	70%(300)	80%(310)	90%(320)	100%(330)
LapScore	0.068 2	0.083 4	0.102 4	0.105 7	0.123 4	0.138 4	0.129 4	0.115 2	0.108 6
SPEC	0.071 5	0.099 4	0.108 5	0.107 8	0.134 8	0.140 7	0.121 7	0.131 4	0.124 2
NDFS	0.068 6	0.095 4	0.110 9	0.118 5	0.127 4	0.143 9	0.148 5	0.134 1	0.126 4
LinkedFS	0.097 5	0.105 7	0.109 4	0.121 6	0.130 7	0.122 4	0.138 2	0.127 5	0.125 1
USFS	0.125 8	0.127 6	0.134 1	0.143 5	0.148 4	0.136 1	0.130 7	0.138 2	0.132 5
UFSDUC	**0.153 4**	**0.136 4**	**0.154 6**	**0.157 6**	**0.158 6**	**0.159 1**	**0.159 4**	**0.162 4**	**0.164 2**

表 5.6　Flickr 数据集中不同特征选择算法的性能比较

算法	ACC								
	20%(650)	30%(660)	40%(670)	50%(670)	60%(670)	70%(670)	80%(670)	90%(670)	100%(670)
LapScore	22.44	22.39	21.18	20.73	19.73	17.26	15.94	15.62	14.05
SPEC	23.63	23.82	23.57	21.84	21.51	20.67	19.59	17.41	16.48
NDFS	22.68	23.26	21.85	21.27	20.61	18.51	18.63	17.88	17.59
LinkedFS	25.34	26.12	24.55	22.49	21.65	20.08	20.76	19.61	18.45
USFS	26.48	26.76	25.16	24.08	25.74	**28.04**	25.62	25.89	25.73
UFSDUC	**29.02**	**28.86**	**28.84**	**27.85**	**27.85**	**27.85**	**27.85**	**27.85**	**27.85**

表 5.6（续）

算法	NMI								
	20%（650）	30%（660）	40%（670）	50%（670）	60%（670）	70%（670）	80%（670）	90%（670）	100%（670）
LapScore	0.081 6	0.075 2	0.068 6	0.052 3	0.051 1	0.047 6	0.041 2	0.038 3	0.032 3
SPEC	0.094 5	0.097 4	0.072 8	0.067 3	0.061 4	0.057 3	0.048 8	0.041 3	0.040 2
NDFS	0.086 7	0.094 5	0.068 5	0.063 4	0.058 6	0.042 3	0.047 6	0.033 2	0.030 1
LinkedFS	0.116 3	0.124 4	0.136 2	0.125 1	0.110 5	0.104 6	0.118 4	0.086 4	0.078 1
USFS	0.123 2	0.127 1	0.137 8	0.127 6	0.132 5	**0.148 5**	0.127 4	0.129 7	0.134 1
UFSDUC	**0.136 7**	**0.145 6**	**0.139 4**	**0.137 4**	**0.137 4**	**0.137 4**	**0.137 4**	**0.137 4**	**0.137 4**

表 5.7 **BlogCatalog 数据集中不同特征选择算法的性能比较**

算法	ACC								
	20%（500）	30%（510）	40%（520）	50%（530）	60%（540）	70%（540）	80%（540）	90%（540）	100%（540）
LapScore	24.67	25.17	25.04	24.46	22.85	21.06	20.04	19.16	19.22
SPEC	23.35	24.81	25.37	23.85	22.18	21.47	19.82	18.08	17.44
NDFS	25.86	26.06	26.34	24.87	23.31	21.35	20.44	19.32	20.46
LinkedFS	28.35	27.12	26.03	24.16	23.45	22.61	22.03	20.74	19.32
USFS	29.11	29.04	28.62	26.73	26.21	25.85	26.07	26.34	26.25
UFSDUC	**30.42**	**28.15**	**29.84**	**28.05**	**27.74**	**27.48**	**27.48**	**27.48**	**27.48**

算法	NMI								
	20%（500）	30%（510）	40%（520）	50%（530）	60%（540）	70%（540）	80%（540）	90%（540）	100%（540）
LapScore	0.073 4	0.083 4	0.074 7	0.061 5	0.058 5	0.044 1	0.041 7	0.040 5	0.053 9
SPEC	0.080 5	0.080 4	0.083 4	0.059 1	0.052 4	0.042 4	0.040 8	0.037 7	0.033 8
NDFS	0.095 7	0.100 5	0.101 2	0.079 4	0.070 1	0.071 8	0.054 7	0.038 8	0.044 5
LinkedFS	0.123 6	0.120 7	0.112 5	0.104 6	0.097 5	0.076 4	0.073 1	0.062 2	0.054 1
USFS	0.143 4	0.136 4	0.127 2	0.112 7	0.100 4	0.081 7	0.091 5	0.094 7	0.083 1
UFSDUC	**0.163 7**	**0.139 1**	**0.140 8**	**0.135 5**	**0.123 9**	**0.113 9**	**0.113 9**	**0.113 9**	**0.113 9**

（3）时间评估

时间评估比较六种不同算法的运行时间来验证本章提出的 UFSDUC 算法的有效性。因为 LapScore、SPEC、NDFS 和 LinkedFS 算法不是针对动态数据而设计的，所以在每个时间步长内都需要运行特征选择过程。USFS 算法和 UFSDUC 算法虽然都是面向动态数据而设计的，但是本章的算法根据不同的关系类型进行有针对性的特征选择，时间效率较高。由于对比算法过多，所以这里在三个不同的数据集中进行时间评估时，会任选三种对比算法与本章提出的算法进行比较，设置的累积运行时间阈值大约是 2 500 s，五种对比算法的运行时间均超过 1 400 s。实验结果如图 5.6 所示，可以观察到所提出的 UFSDUC 算法明显优于其他算法，每个特征的平均运行时间分别是 0.46～0.55 s。当其他算法的累积运行时间到达阈值时,记录 UFSDUC 的累积运行时间,结果显示在图 5.6 中。

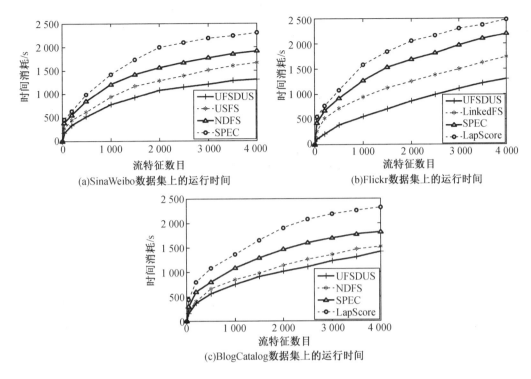

图 5.6　数据流特征选择的时间消耗对比

此外,计算 UFSDUC 算法在三个数据集上执行特征选择时获取特征子集的建模时间和聚类时间如图 5.7 所示。UFSDUC 的建模时间和聚类时间明显低于其他特征选择算法,平均时间消耗分别约为 14.27 s 和 18.37 s。优于其他算法的主要原因是根据用户相关性构造特征选择模型能节约时间、提高准确度,达到最优聚类效果。

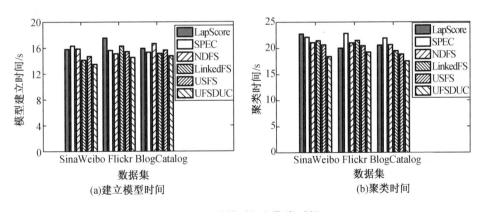

图 5.7　建模时间和聚类时间

实验还将本章提出的 UFSDUC 算法与对比算法进行复杂度的比较。在五中对比算法中选取的三种有代表性的算法,分别是无监督算法 SPEC,研究相关用户算法 LinkedFS 和研究流数据算法 USFS。SPEC 算法的渐进时间复杂度是 $O(n^3 r)$,LinkedFS 算法的渐进时间复

杂度是 $O(n^2k+nN)$，USFS 算法的渐进时间复杂度是 $O(n^2m+n)$，本章的 UFSDUC 算法的渐进时间复杂度是 $O(n^2s^2t)$。通过实验结果和分析可知，本章算法的时间复杂度优于对比算法，说明本章算法在实验运行中具有一定的优越性。

5.3.6 关系强度影响

这部分研究用户关系强度对 UFSDUC 算法性能的影响，试验中特征数目设定为 300，为了节约空间只介绍 T_5 和 T_{100} 的实验结果，如表 5.8 ~ 表 5.10 所示。

表 5.8　**SinaWeibo 数据集中关系强度对 UFSDUC 的影响**

度量		UFSDUC	
		T_5	T_{100}
无关系强度		38.18	47.05
结构度量	NCF	42.71	54.82
	Jaccard	42.04	54.95
	KS	42.88	53.76
内容度量		43.87	54.29
相互影响度量		45.92	55.77
混合度量	$\theta_1=0.4,\theta_2=0.6$	46.97	55.85
	$\theta_1=0.7,\theta_2=0$	48.06	57.16
	$\theta_1=0,\theta_2=0.5$	48.27	57.46
	$\theta_1=0.3,\theta_2=0.6$	47.96	57.55

在 SinaWeibo、Flichr 和 BlogCatalog 数据集上分别系统评价结构度量、内容度量、相互影响度量对试验性能的影响。其中对混合度量的实验设置有所不同，BlogCatalog 数据集的 θ_1 步长为 0.1，从 0 逐渐递增到 1，且 $\theta_2=1-\theta_1$，SinaWeibo 和 Flickr 数据集中 θ_1 和 θ_2 都设为步长为 0.1，从 0 逐渐递增到 1。

表 5.9　**Flickr 数据集中关系强度对 UFSDUC 的影响**

度量		UFSDUC	
		T_5	T_{100}
无关系强度		42.64	51.35
结构度量	NCF	44.65	53.54
	Jaccard	44.81	53.01
	KS	44.22	53.28
内容度量		45.53	54.85
相互影响度量		46.98	55.64

表 5.9(续)

度量		UFSDUC	
		T_5	T_{100}
混合度量	$\theta_1 = 0.3, \theta_2 = 0.7$	47.37	56.62
	$\theta_1 = 0.1, \theta_2 = 0$	47.98	56.26
	$\theta_1 = 0, \theta_2 = 0.4$	47.65	56.89
	$\theta_1 = 0.1, \theta_2 = 0.4$	48.17	58.54

表 5.10　BlogCatalog 数据集中关系强度对 UFSDUC 的影响

度量		UFSDUC	
		T_5	T_{100}
无关系强度		40.43	49.91
结构度量	NCF	43.71	52.06
	Jaccard	43.56	52.78
	KS	43.96	52.24
内容度量		44.74	53.61
相互影响度量		45.74	54.27
混合度量	$\theta_1 = 0.2, \theta_2 = 0.8$	46.54	55.34

从整体来看,有关系强度的 UFSDUC 算法性能始终优于无关系强度的 UFSDUC 算法,在 SinaWeibo 数据集中,混合度量可以得到 6.11% 的相对提高。数据集 T_{100} 比 T_5 实验效果好,选择特征数据越多越有利于实验结果的准确度。结构度量的三个代表性方法中 KS 的执行效果最好,Jaccard 和 NCF 是定义用户的本地网络(本地信息),而 KS 是计算整个社交网络(全局信息),这说明在关系强度预测方面对于结构度量全局信息比本地信息更重要。相互作用度量获得良好的计算性能说明用户之间的相互作用越多就越可能具有相似兴趣。在关系强度预测方面内容度量非常重要,这也暗示了这种度量的方法实现了较高的精确率。混合度量在所有度量方法中执行效果最好。在 Flickr 和 BlogCatlog 数据集里,适当的结合度量方法能够有效提高试验性能。当结构度量、内容度量和相互作用度量三种方法结合时最好性能得到实现,这暗示了这三种方法彼此信息互补。这些观察表明,多种关系强度预测与用户关系类别相结合能够提高 UFSDUC 算法的特征选择性能。

三个数据集中各关系强度对运行时间的影响结果如图 5.8 所示,从图中可知没有考虑关系强度的算法运行时间比具有关系强度的算法运行时间长,在几种度量方法中混合度量的运行时间最短,实验效果最好,另外三种关系度量方法的运行时间相差不大。图中 without strength 指无关系强度,structural measure 指结构度量,content measure 指内容度量,interaction measure 指相互影响度量,hybrid measure 指混合度量。

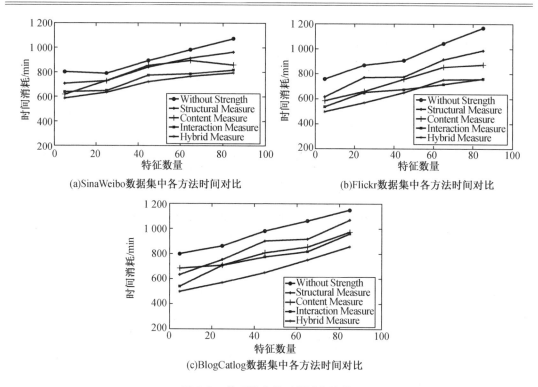

(a)SinaWeibo数据集中各方法时间对比   (b)Flickr数据集中各方法时间对比

(c)BlogCatlog数据集中各方法时间对比

图5.8　关系强度的时间消耗比较

5.3.7　参数有效性分析

UCFS算法里一个重要参数是β,它决定用户关系对特征选择的影响,能够显示用户关系类型的重要程度。另一个重要参数是被选特征的数量,它将影响模型的运行时间,进而影响模型性能。在本小节分别研究 MFS、SFM、FEO 三种用户关系类型是如何随着 β 和被选特征数据量的变化而影响 UCFS 的性能,β 分别取值$\{0.001,0.01,0.1,1,10,100,1\,000\}$,特征数据量分别是$\{50,100,200,300\}$。

为了节约空间,这里仅针对 SinaWeibo 数据集进行参数研究。观察图 5.9 可以发现,随着 β 的增大所有实验性能都是先增加后降低,其中 MFS 和 SFM 两种用户关系类型实验结果相似,几乎都在 $\beta = 0.01$ 时达到峰值,FEO 在 $\beta = 0.1$ 时到达峰值。所以 FEO 的稳定性能要强于 MFS 和 SFM。与参数 β 相比,特征数量对特征选择性能的影响更加敏感,目前还没有较明确的算法来准确描述如何确定特征数量以达到性能最优。

接下来讨论 UFSDUC 算法中的三个重要参数:社交潜在因素数目 k、参数 α 和 β。为了研究这三个参数的有效性,每次仅改变一个参数,另外两个参数固定不变,随着特征数据量的变化观察参数对特征选择的影响,在 SinaWeibo 数据集中进行参数研究。

首先改变社交因子 k 从 5 到 10 依次变化,另外两个参数设置为 $\alpha = 10,\beta = 0.1$,根据 ACC 和 NMI 判断聚类性能结果,如图 5.10 所示。由图可以看出,当社交隐藏因子数目接近于集群数目时聚类效果最好,在 SinaWeibo 数据集中 $k = 9$ 时实验结果最好。

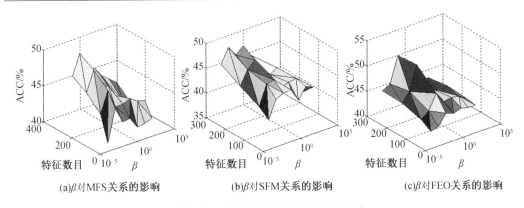

(a)β对MFS关系的影响　　　(b)β对SFM关系的影响　　　(c)β对FEO关系的影响

图 5.9　β 对不同用户关系类型的影响

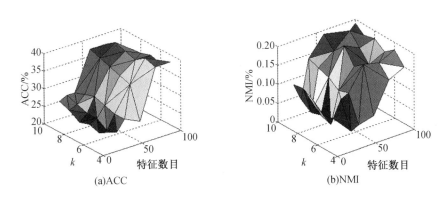

(a)ACC　　　　　　　　　　　(b)NMI

图 5.10　k 对特征选择的影响

评定参数 α 控制模型稀疏性的效果,改变 α 分别为 $\{0.001,0.01,0.1,1,10,100,1\,000\}$,固定 $k=6,\beta=0.1$,参数 α 和特征数目之间的性能差异显示在图 5.11。随着 α 的增加,聚类性能快速增加,当达到 10 到 1 000 之间保持相对稳定。α 表明新特征不容易通过梯度测试,因此已被选择的特征彼此之间更相关且更有意义。

研究参数 β 对模型稳健性的影响,与 α 类似 β 分别为 $\{0.001,0.01,0.1,1,10,100,1\,000\}$,固定 $k=6,\alpha=10$,结果显示在图 5.12,可以看到特征数目对聚类性能的影响要大于 β 对聚类性能的影响。

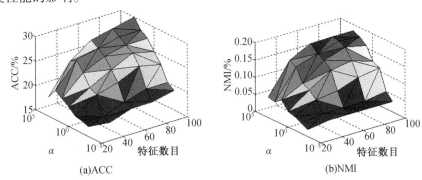

(a)ACC　　　　　　　　　　　(b)NMI

图 5.11　α 对特征选择的影响

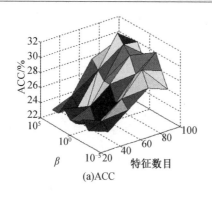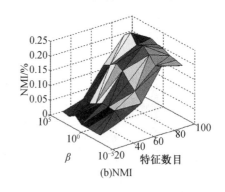

(a)ACC　　　　　　　　　(b)NMI

图 5.12　β 对特征选择的影响

特征选择是数据挖掘领域的重要技术,而社交媒体数据的高维性和动态性会干扰特征选择的计算效率,本章提出的基于用户相关性的流媒体数据无监督特征选择算法可以有效解决上述问题:利用媒体用户之间的关联将用户关系分成三种类别,并对三种用户类别进行数学建模;然后基于弗罗贝尼乌斯范数和强弱关系预测相结合获取最优化相关性特征矩阵;最后引入时间变量进行流媒体数据的无监督特征选择,计算实时非零权重数值,提取较大值构造最佳特征子集。在真实数据集中与传统无监督特征选择算法相比中,本章提出的算法能在较短时间内对数据进行聚类,精确率和稳定性都可以达到较高水平,对媒体用户和流媒体数据的研究有重要价值。下一步的主要研究将结合本章提出的算法,通过特征选择和机器学习研究媒体用户的情感倾向,解决网络用户管理和高维数据管理的难题。

5.4　利用不完整数据检测交通异常的方法

机动车数据的快速增长严重威胁了中国城镇交通的健康发展,视频监控虽然可以在一定程度上对道路问题进行监管,但是其费时费力的工作流程会加大工作人员的工作负担并且效率低下。本节利用手机的通信数据对道路情况进行实时监管,对不完整数据进行聚类分析以检测道路异常。

5.4.1　问题定义

定义 5.2　不完整数据

给定原始数据集 Z 及源自原始数据集的测试数据集 H,对于任意两个元素 $(\delta_1, \delta_2) \in Z$,并且假设其相对应的测试数据 $(\gamma_1, \gamma_2) \in H$。当测试数据与原始数据不具有相同的数值关系时,测试数据为不完整数据。正式定义为

$$\forall \left[(\delta_1, \delta_2) \in Z, \delta_1 \geqslant \delta_2 \right], \left[(\gamma_1, \gamma_2) \in H, \gamma_1 < \gamma_2 \right] \tag{5.31}$$

在本章中,原始数据为机动车密度,被测试的不完整数据为手机,被测试的完整数据为呼叫量。处理不完整数据[44-45]时须要删除错误数据或者复原被损坏的数据,这会增加计算时间的开销。因此,本章基于相关性对不完整数据进行聚类,从不完整的手机数据中检索出完整的呼叫量数据,进而替代机动车数据进行试验探究。

定义 5.3　交通异常

当手机的呼叫量变化率大于或者小于正常状况下的呼叫量变化率时,代表出现异常的交通状况,即满足

$$\eta_i^{j,k} > \varphi^{j,k} \text{ 或者 } \eta_i^{j,k} < \varphi^{j,k} \tag{5.32}$$

式中　$\varphi^{j,k}$——正常情况下的手机呼叫量的变化率;

　　　$\eta_i^{j,k}$——实时手机呼叫量变化率。

定义 5.4　r-hop 邻域

以某个指定的手机基站为起始点,与其邻接的基站为 1-hop 邻域,与它的 1-hop 邻域邻接的基站为 2-hop 邻域,以此类推,它的 r-hop 邻域是 (r−1)-hop 邻域的 1-hop 邻域。

定义 5.5　异常轨迹

交通异常事件发生之后通常会伴随时空变换,即异常事件会从一个地点转移或者发展到另一个地点,在演变的过程中会产生一系列的异常轨迹。设初始异常事件 b_0,发生时间为 t_0,发生位置为 l_0,经过 r – hop 邻域之后产生的异常序列为 $[b_0,t_0,l_0],[b_1,t_1,l_1],\cdots,[b_n,t_n,l_n]$。

5.4.2　交通异常检测核心思想

1.相关性聚类分析

通畅的交通道路上,人们使用手机的频率极低,但是当出现交通拥堵等异常现象时,使用手机进行交流或者消遣的频率会提高,手机呼叫量也会相应增加[46]。如图 5.13 是对一百万个手机用户进行跟踪分析的结果图,由图 5.13(a)可以看出,80% 的手机用户每天的平均通话数量(call frequency)不会超过 10 个,由图 5.13(b)可以发现,70% 的通话时长(call duration)没有超过 100 s。通过观察分析可知,用户的手机数据不均匀且不完整,不能使用传统的聚类方法对手机数据进行分析研究。

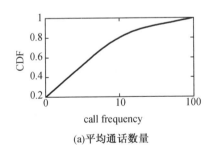
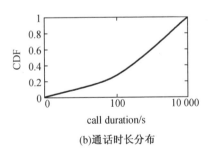

(a)平均通话数量　　　(b)通话时长分布

图 5.13　手机数据的主观研究

为了获取完整数据需要对手机数据进行分析研究,以某段道路为例,统计其三天全部的手机呼叫量,结果如图 5.14 所示,其中 x 轴代表机动车数量,y 轴代表平均呼叫量。三条线分别代表三天内进行的实验结果,通过观察可知,手机呼叫量与机动车密度之间近似呈单调递增的关系,因此手机呼叫量的异常情况可以代表道路交通的异常情况。

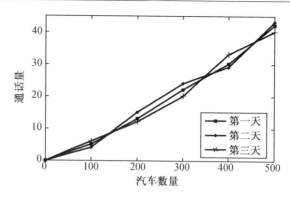

图 5.14　相关性分析

设变量 M 为通话总数量，u_i 代表某个手机处于通话过程，其通话量为 m_i。u_i 处于通话过程中的概率为 p_i，对应的通话数量为 y_i，当通话量 $m_i = 0$ 时，概率是 $1 - p_i$。定义指示器变量 v_i，如果 u_i 处于通话过程中并且 $u_i = y_i$ 时，则 $v_i = 1$，得到 $M = \sum_{i=1}^{n} v_i u_i$。$Y$ 是整段道路上的呼叫量集合，可以定义 $Y = \sum_{i=1}^{n} u_i$。

定理 5.1　给定某条道路，设机动车集合为 X（假设每辆车里只有一个 u_i 处于通话过程中），对应的呼叫量集合 Y，每辆车处于通话中的概率是 $P = \{p_1, p_2, \cdots, p_i, \cdots, p_n\}$，其中 $X = u_1 + u_2 + \cdots + u_n$，$u_1 = u_2 = \cdots = u_n$，$Y = y_1 + y_2 + \cdots + y_n$，并且期望值 $E(P) = \mu$。呼叫量与机动车数辆之间具有单调关系。

证明　根据辛钦大数法则得到

$$\lim_{n \to \infty} P\left\{ \left| \frac{1}{n} \sum_{i=1}^{n} u_i - \mu \right| \geqslant \varepsilon \right\} = 0 \tag{5.33}$$

其中，$\varepsilon > 0$。假设有 100 万个手机，得到 $\frac{1}{n} \sum_{i=1}^{n} u_i = \mu$，注意 $u_1 = u_2 = \cdots = u_n$，而且 $y_i = p_i u_i$。因此，$Y = y_1 + y_2 + \cdots + y_n = \sum_{i=1}^{n} p_i u_i$，推出 $Y = (n\mu)p_i$。假设 $a = n\mu$，可得到 $Y = ap_i$，即为单调函数。

上述证明过程说明手机呼叫量与机动车密度之间具有单调性，交通出现异常状态导致人们使用电话的概率大于正常情况下的使用概率，因此可以用呼叫量对交通异常情况进行检测。

2. 手机数据检测异常

对 100 万个手机采用香农定理获取呼叫量模式图，可以发现每天的呼叫量模式图基本类似，也就是呼叫量具有稳定性。因此对呼叫量变化率进行仔细分析，设两个呼叫序列分别为 $v_{i+1}^{j,k} = \{10, 90\}$ 和 $v_i^{j,k} = \{100, 190\}$，虽然呼叫量之差相等，但是第一个呼叫量变化率是第二个呼叫量变化率的 10 倍，所以手机呼叫量的变化率相比于手机呼叫量更能代表数据特征。

交通状况的变化具有即时性，要求能够立刻检测出异常事件，所以检测方法必须能处理动态数据流，当实时呼叫量变化率 $\eta_i^{j,k}$ 大于或者小于正常交通状况下的呼叫量变化率 $\eta_{\text{normal}}^{j,k}$ 时，说明发生异常，立即向监控中心汇报，并且马上记录异常开始时间，直到呼叫量变

化率恢复正常,计时结束。此外,还需要对呼叫量变化率进行定时更新[47]:

$$\eta_{\text{update}}^{j,k} = \frac{(v_{\text{history}}^{k} + v_{\text{new}}^{k}) - (v_{\text{history}}^{j} + v_{\text{new}}^{j})}{(v_{\text{history}}^{j} + v_{\text{new}}^{j})} \tag{5.34}$$

式中　v_{history}^{j} 和 v_{history}^{k} ——两个原始的呼叫量数据;

　　　v_{new}^{j} 和 v_{new}^{k} ——两个最新的呼叫量数据。

如果 $v_{\text{new}} < < v_{\text{history}}$,则 $(v_{\text{history}}^{j} + v_{\text{new}}^{j}) \approx v_{\text{history}}^{j}$,所以上述方程式可以简化为

$$\eta_{\text{update}}^{j,k} = \frac{(v_{\text{history}}^{k} + v_{\text{new}}^{k}) - (v_{\text{history}}^{j} + v_{\text{new}}^{j})}{v_{\text{history}}^{j}} \tag{5.35}$$

3. 异常检测算法描述

利用呼叫量变化率检测道路异常,呼叫量变化率大于或者小于正常情况下的呼叫量变化率都说明道路上出现异常情况,这里只考虑呼叫量变化率增大的情况,具体细节见算法5.3。

算法 5.3　交通异常检测 (T – scan) 算法

输入:呼叫量集合 $v(n)$;时间序列 T;即时呼叫量 $v_{\text{new}}(i)$;新事件处理时间 NT。

输出:异常点和时间。

1. 根据斯皮尔曼相关系数进行聚类,利用呼叫量数据代替车辆密度数据

2. for$(i = 0 : i + + : i < n)$//获取常规呼叫量改变率

3. $\{ \text{int } v(n) ;$//输入常规状况下的呼叫量数据

4. int$T$;//相邻呼叫量时间间隔为 1 min

5. $P = \text{polyfit}(T, v, 9)$;//得到常规呼叫量拟合图

6. $n(i) = [v(i+1) - v(i)]/v(i);\}$//计算每个时间指标内的呼叫量变化率

7. $n_{\text{new}}(i) = [v_{\text{new}}(i+1) - v_{\text{new}}(i)]/v_{\text{new}}(i)$;//计算实时呼叫量改变率

8. if$(n_{\text{new}}(i) - n(\text{NT}) > 0 \&\& v_{\text{new}}(i) > v(\text{NT}))$

9. disp(NT);//输出每个异常时间点

10. NT = NT + 1;

11. $v_{\text{data}} = ((\text{NT} + 1) + v_{\text{new}}(i+1) - [v(\text{NT}) - v_{\text{new}}(i)])/v(\text{NT}) + v_{\text{new}}(i)$;//自适应数据更新

12. $v(T) = v_{\text{dapa}}$;

算法 5.3 的主要优点在于可以处理动态数据,不需要设置特定阈值,具有良好的收放行;定时对呼叫量变化率进行计算,而且通过移动网络可以获取异常发生的时间和地点,算法 5.3 的时间复杂度是 $O(m)$,其中 m 是时间序列长度。

交通异常事件的发展具有时空连续性,通常情况下,一段道路出现异常事件会导致其他路段也出现异常情况[47]。如图 5.15 所示,黑圈代表没有异常事件发生的观测单元,黑点代表有异常事件发生的观测单元,箭头代表异常轨迹的发展方向。图 5.15 上层表示随着时

间变化产生的异常轨迹,在图 5.15 最后一层表示在时空上形成的有序异常序列。

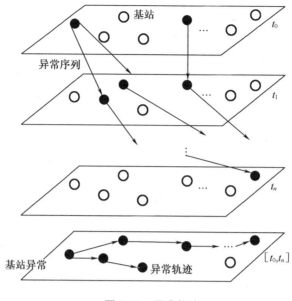

图 5.15　异常轨迹

　　当在观察单元内发现有一个异常存在时,会对它进行标记并检查临近单元是否也存在异常。详细说明见算法 5.4。

算法 5.4　捕捉异常轨迹算法(T - miner)

输入:呼叫量集合 $v(n)$;时间序列 T;邻接矩阵 M。

输出:异常轨迹集合 AT。

　　1. 初始化。对每个观察单元初始化相邻矩阵 M。

　　2. 递增异常轨迹处理。发现一个异常出现,检查是否已经对其进行标记和处理。若已经处理,则不进行计算;否则,在新的时间序列内进行计算。

　　3. 构建异常轨迹堆。如果 i 是一个异常位置,则检测它的相邻节点 i' 是否为异常。若 i' 为异常,则把 i' 放置到堆中;否则检测下一个邻域点。

　　通过 r - hop 邻域矩阵可以高效和精确地获取实验结果。交通异常轨迹显示事件的影响范围,包括在时间和空间维度范围内异常事件的进展变化情况。算法 5.4 的时间复杂度是 $O(bn)$,其中 b 是所检测的异常事件的数量,n 是实验中观察单元的数量。

5.4.3　实验验证

1. 实验设置

　　为了验证本章中所提出不完整数据检测交通异常方法的性能,采用人造数据集和真实手机通信数据集分别进行验证评估。人造数据集是模拟手机通话数据并插入 150 个异常数据,用于算法验证。真实数据集共有三个:数据集 5.1 是 5 月 1 日到 6 月 30 日的所有手机通话记录,该数据集可以计算出在正常交通状况下手机通话情况;数据集 5.2 是五月份举办城市马拉松比赛当天的手机通话记录,这个数据集可以用于异常研究;数据集 5.3 对 400 个人进行追踪,记录其五月份所有的通话数据。

对比实验的性能指标为准确率、召回率和 F 值三个方面,具体如下所示:

$$准确率 = 正确识别的呼叫量/呼叫量总数$$

$$召回率 = 正确识别的呼叫量/测试集中存在的呼叫量总数$$

$$F 值 = 准确率 × 召回率 × 2/(准确率 + 召回率)$$

实验环境为 MATLAB2012b,电脑配置为 Intel(R) Core(TM)2 Duo CPU　E7500 @ 2.93 GHz 2.94 GHz 的处理器,2 GB 内存,运行系统为 Microsoft Windows 7 操作系统。

2. 聚类方法对比分析

对比分析中利用相关性聚类方法(Correlation)从手机通话数据中获取机动车密度数据,不同于基于密度聚类方法(Umicro)[48-49],Correlation 聚类方法利用斯皮尔曼等级相关系数从不完整的手机数据中获得完整的便于计算的呼叫量数据。分别利用人造数据集和真实数据集对 Correlation 和 Umicro 进行比较实验,结果如表 5.11 和表 5.12 所示。在人造数据集中,Umicro 的准确率为 44.7% ,召回率为 36.4% ,F 值为 40.1% ,而 Correlation 方法的精确率和召回率都超过了 80% ,F 值也高达 78% ,相关性聚类方法在人造数据集上实现较好的聚类效果。在三个真实数据集中,两种方法的实验性能指标都有所下降,但是 Correlation 方法的实验结果仍然远远优于 Umicro 方法。

表 5.11　人造数据集对比结果

数据集	方法	准确率/%	召回率/%	F 值/%
人造	Correlation	80.2	82.8	78.0
	Umicro	44.7	36.4	40.1

表 5.12　真实数据集对比结果

数据集	方法	准确率/%	召回率/%	F 值/%
数据集 5.1	Correlation	79.2	78.3	78.7
	Umicro	42.5	35.1	38.4
数据集 5.2	Correlation	78.8	77.9	78.3
	Umicro	43.2	36.1	39.3
数据集 5.3	Correlation	80.4	78.3	79.3
	Umicro	43.8	35.7	39.3

3. 异常检测评估

为了验证本章提出的交通异常检测算法具有较好的实验性能,选用 I-threshold 算法进行准确率和时间消耗的对比实验。两种算法都能够处理随时间序列动态变化的异常数据,具有一定的可比性。图5.16是两种算法的实验对比图,观察图5.16(a)可以看出,T-scan算法和I-threshold算法的异常检测准确率相似,但是在图5.16(b)中能够发现,本章提出的算法与对比算法相比具有更好的时间消耗。当检测单元达到一定数量时,由于I-threshold算法需要不断计算异常阈值,导致消耗大量运算时间,而T-scan算法在每次计算异常数据的过程中都会自动更新呼叫量变化率,不需要单独计算阈值,获得更好的有效性和伸缩性。

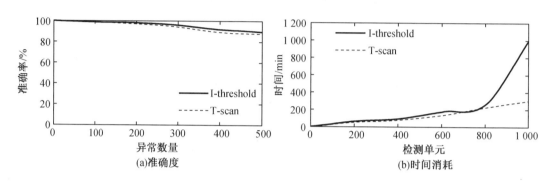

(a)准确度 (b)时间消耗

图5.16　准确率和时间消耗分析

交通异常事件在时空上具有连续性,通常一段道路上的拥堵现象会影响周围其他路段的正常交通。为了进一步完善异常检测算法,实验对异常事件的发展轨迹进行追踪和预测,便于工作人员及时采取有效的治理措施。利用r-hop邻域递归检索,本章提出交通异常轨迹追踪算法(T-miner),当发现异常地点时,对其相邻基站进行异常判断,如果相邻基站存在异常,将其列入异常序列,以此类推,直到检测不到异常点。实验结果如图5.17所示,分别利用1-hop邻域、2-hop邻域和3-hop邻域检测异常轨迹数目并记录时间消耗。当面对相同数量的异常事件时,三种邻域递归检测方法获得的异常轨迹数目几乎相同,这说明事件在时空上具有连续性。但是,相对应于三种邻域递归方法的时间消耗可以看出,1-hop邻域的时间消耗最短,当异常数量为500时,1-hop邻域的时间消耗相当于3-hop邻域的1/5,这是因为1-hop邻域需要的存储量较低。

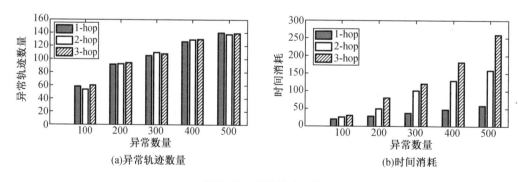

(a)异常轨迹数量 (b)时间消耗

图5.17　异常轨迹评估

以城市马拉松比赛事件为对象进行实验总结,图5.18展示了交通异常现象以及其发展变化轨迹,其中白色线条代表马拉松比赛线路,黑色线条代表发生在比赛路线周围的异常事件和异常路线的发展趋势。通过观察可以发现,交通异常事件以发散的方式向周围扩展,但是其发展轨迹还是围绕最初的异常发生地点,扩展到一定程度之后,异常轨迹就会停止发展。

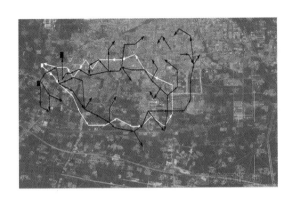

图 5.18　异常轨迹可视化

在解决城市交通难题时,面临着机动车位置不确定,数据获取困难的问题。本章通过分析手机通话量与机动车数量之间的单调关系,利用不完整的手机数据检测交通异常情况。根据呼叫量变化率提出有效的交通异常检测算法,可以即时获取道路情况并对异常路线进行追踪。通过对实验结果的分析可知,本章的算法在处理不完整数据时准确度优于其他同类算法,具有一定的创新性。

5.5　本章小结

媒体数据类型具有动态性、多样性、高维性,对其进行有效的特征选择可以快速挖掘其隐藏在内部的价值信息,为科学研究和经济预测提供重要的保障。本章以网络社交媒体数据和手机通信数据作为研究对象,通过对海量媒体数据的特性分析以及针对目前存在的主要问题,对媒体数据无监督特征选择与聚类分析进行研究。文中提出两种研究方案,并且给出了详细的实验步骤和实验结果,与同类算法相比本章的算法在一定程度上可以提高实验的效率和准确度。本节主要工作总结如下:

①提出的基于用户相关性的动态网络媒体数据无监督特征选择算法 UFSDUC,不同于传统特征选择算法要求每个实验数据都需要标记类标号,无监督特征选择算法可以在没有类标签的情况下根据不同的标准定义特征关联,如数据相似性或局部信息分布情况等。社交网络用户的关联信息相比于用户自身产生的数据信息更具有稳定性,比如大多数用户的朋友圈一旦形成都能够稳定存在,因此可以利用用户相关性为网络媒体数据的无监督特征选择提供重要约束条件。本章首先分析网络用户的交互情况并结合潜在的社交因素,对用户概括出三种关系类型。然后结合关链强度构造关系模型,相关性越强越可能具有相同的特征信息,解决了社交媒体数据最优化问题。最后,利用梯度下降法计算阈值判定新特征,并根据拟牛顿算法随时间递增更新特征矩阵,计算实时非零权重数值并提取较大值构造最

佳特征子集。基于三个真实网络数据集进行实验,结果显示 UFSDUC 算法提高了动态网络媒体数据特征选择的有效性和准确性。

②提出的利用不完整数据检测交通异常的方法,能够即时检测道路上的异常状况并对异常路线进行追踪。每个人身上的手机可以作为传感器,利用基站获取通话者的通信记录和位置信息。根据统计分析可知,机动车数量与手机呼叫量之间的变化情况大致呈单调关系,所以利用手机呼叫量代替机动车数量进而检测道路上的异常情况。以每个基站负责的固定区域作为数据收集单元,利用移动电话网络获取精准的通信数量,记录每天的通话量变化率并与实时通话量进行比较。根据手机通话量的变化率来推测道路上的异常情况具有一定的创新性,可以及时对城市道路监管和未来的城市规划做出决策。

媒体数据的研究和挖掘对生产生活具有重要作用,许多学者和专家在相关方面已经取得了巨大成果。但是,媒体数据研究还有很大的开拓空间。接下来的研究工作主要是提高特征选择和聚类分析的实验运行速度,提高实验结果的准确度。

参 考 文 献

[1] LUI H, MOTODA H. Computational methods of feature selection[M]. London: CRC PRESS, 2008.

[2] NIE F P, XIANG S M. Trace ratio criterion for feature selection[C]. National Conference on Artificial Intelligence, Chicago, USA, 2008:671 – 676.

[3] ROBNIK-SIKONJA M, KONONENKO I. Theoretical and empirical analysis of ReliefF and RReliefF[J]. Machine Learning, 2003, 53(1/2): 23 – 69.

[4] DY J G, BRODLEY C E. Unsupervised feature selection applied to content-based retrieval of lung images[J]. IEEE Transactions on Pattern Analysis and Machine Intelligence, 2003, 25(3):373 – 378.

[5] HE X F, CAI D, PARTHA NIYOGI. Laplacian score for feature selection[C]. International Conference on Neural Information Processing Systems, British Columbia, Canada, 2006:507 – 514.

[6] ZHAO Z, LIU H. Spectral feature selection for supervised and unsupervised learning[C]. The 24th International Conference on Machine learning. Corvallis, OR, 2007: 1151 – 1157.

[7] LI Z C, YANG Y. Unsupervised feature selection using nonnegative spectral analysis[C]. The 26th AAAI Conference on Artificial Intelligence, Toronto, 2012:1026 – 1032.

[8] LI Z C, LIU J, YANG Y, et al. Clustering-guided sparse structural learning for unsupervised feature selection[J]. IEEE Transaction on Knowledge and Data Engineering, 2014, 26(9): 2138 – 2150.

[9] LI Z C, TANG J H. Unsupervised feature selection via nonnegative spectral analysis and redundancy control [J]. IEEE Transactions on Image Processing, 2015, 24

（12）:5343 – 5355.

[10] DING C, ZHOU D. R$_1$-PCA:rotational invariant ℓ_1 -norm principal component analysis for robust subspace factorization[C]. The 24th International Conference on Machine learning, NY, USA, 2006:281 – 288.

[11] ARGYRIOU A ,EVGENIOU T ,PONTIL M . Multi-task feature learning[C]// Advances in Neural Information Processing Systems 19, Proceedings of the Twentieth Annual Conference on Neural Information Processing Systems, Vancouver, British Columbia, Canada, December 4 – 7, 2006.

[12] LIU J, JI S W, YE J P. Multi-task feature learning via efficient $\ell_{1,2}$ -norm minimization[C]. The 25th Conference on Uncertainty in Artificial Intelligence,Canada, 2009:339 – 348.

[13] ZHAO Z, WANG L, LIU H. Efficient spectral feature selection with minimum redundancy [C]. The 24th AAAI Conference on Artificial Intelligence, USA, 2010:1 – 6.

[14] YANG Y, SHEN H T. $\ell_{1,2}$ -norm regularized discriminative feature selection for unsupervised learning [C]. The 22th International Joint Conference on Artificial Intelligence, USA, 2011:1589 – 1594.

[15] TANG J L, LIU H. Feature selection with linked data in social media[J]. SDM, 2012, 16(2):118 – 128.

[16] TANG J L, LIU H. Feature selection for social media data[J]. ACM Transactions on Knowledge Discovery from Data. 2014, 8(4):19 – 46.

[17] TANG J L, LIU H. Unsupervised feature selection for linked social media data[C]. ACM SIGKDD International Conference on Knowledge Discovery, Beijing, China, 2012: 904 – 912.

[18] ZHOU J, FOSTER D. Streaming feature selection using alpha-investing[C]. The 17th ACM SIGKDD International Conference on Knowledge Discovery and Data Mining, Chicago, USA, 2005:384 – 393.

[19] WU X D, YU K, WANG H. Online streaming feature selection[C]. The 27th International Conference on Machine Learning, Haifa, Israel, 2010:1159 – 1166.

[20] GUO T, ZHU X Q. Snoc:streaming network node classification[C]. IEEE International Conference on Data Mining. Shenzhen, China, 2014:150 – 159.

[21] LI J D, HU X, TANG J L,et al. Unsupervised streaming feature selection in social media [C]. ACM International Conference on Information and Knowledge Management, Melbourne, Australia, 2015:1041 – 1050.

[22] LI Y F, HAN J W, YANG J. Clustering moving objects [C]. The 10th ACM SIGKDD International Conference on Knowledge Discovery and Data Mining, USA, 2004:617 – 622.

[23] CHAKRABARTI D, KUMAR R, TOMKINS A. Evolutionary clustering[C]. The 12th ACM SIGKDD International Conference on knowledge Discovery and Data. Mining, Philadelphia, USA, 2006:554 – 560.

[24] CHEN Y X, LI T. Density-based clustering for real-time stream data[C]. ACM SIGKDD International Conference on knowledge Discovery and Data. Mining, California, USA, 2007: 133-142.

[25] AGGARWAL C C, YU P S. A framework for clustering uncertain data streams[C]. IEEE International Conference on Data Engineering, New York, USA, 2008: 150-159.

[26] LEUNG K W-T, LEE D L, LEE W-C. Acollaborative location recommendation framework based on co-clustering [C]. ACM SIGIR Conference on Research and Development in Information Retrieval, Beijing, China, 2011: 305-314.

[27] GU Q Q, LI Z H, HAN J W. Generalized fisher score for feature selection[EB/OL]. 2012: arXiv: 1202.3725[cs. LG]. https://arxiv. org/abs/1202.3725 .

[28] PENG H C, LONG F H, DING C. Feature selection based on mutual information criteria of max-dependency, max-relevance, and min-redundancy [J]. IEEE Transactions on Pattern Analysis and Machine Intelligence, 2005, 27(8):1226-1238.

[29] CAI D, ZHANG C Y, HE X F. Unsupervised feature selection for multi-cluster data[C]. ACM SIGKDD Conference on Knowledge Discovery and Data Mining, Washington, USA, 2010:333-342.

[30] NIE F, HUANG H, CAI X. Efficient and robust feature selection via joint $?_{2,1}$-norms minimization[C]. International Conference on Data Engineering, Chicago, USA, 2010: 1813-1821.

[31] MCPHERSON, LOVIN L S, COOK J M. Birds of a feather: Homophily in social networks [J]. Annual Review of Sociology, 2001, 27(1):415-444.

[32] MARSDEN, FRIEDKIN N. Network studies of social influence[J]. Sociological Methods and Research, 1993, 22(1):127-151.

[33] MORRIS. Manifestation of emerging specialties in journal literature: A growth model of papers, references, exemplars, bibliographic coupling, cocitation, and clustering coefficient distribution [J]. Journal of the Association for Information Science and Technology, 2005, 56(12): 1250-1273.

[34] LIU H F, LIM E-P, LAUW H W, et al. Predicting trusts among users of online communities: an epinions case study[C]. ACM Conference on Electronic Commerce, Chicago, USA, 2008:310-319.

[35] AIROLDI E M, BLEI D M, FIENBERG S E. Mixed membership stochastic blockmodels [J]. Machine Learning Research, 2008,12(6): 33-40.

[36] GOPALAN P, GERRISH S M. Scalable inference of overlapping communities [J]. Advances in Neural Information Processing Systems,2012, 3(21):2249-2257.

[37] TANG J L, WANG X F, LIU H. Integrating social media data for community detection[C]// Modeling and Mining Ubiquitous Social Media, 2012:1-20. DOI:10.1007/978-3-642-33684-3_1.

[38] MACSKASSY S A, PROVOST F. Classification in networked data: A toolkit and a univariate

case study[J]. Machine Learning Research, 2007, 8(3): 935 −983.

[39] GAO H J, TANG J L, LIU H. Exploring social-historical ties on location-based social networks[J]. ICWSM 2012-Proceedings of the 6th International AAAI Conference on Weblogs and Social Media, 2012: 114 −121.

[40] TANG J L, GAO H J, LIU H. mTrust: Discerning multi-faceted trust in a connected world[C]. ACM International Conference on Web Search and Data Mining, Washington, USA, 2012:93 −102.

[41] XIANG, NEVILLE J, ROGATI M. Modeling relationship strength in online social networks [C]. International Conference on World Wide Web, North Carolina, USA, 2010:981 −990.

[42] PERKINS S, LACKER K, THEILER J. Grafting: Fast, incremental feature selection by gradient descent in function space [J]. Machine Learning Research, 2003, 3 (3):1333 −1356.

[43] BOYD S, VANDENBERGHE L. Convex optimization[J]. IEEE Transactions on Automatic Control,2006, 51(11):1859 −1859.

[44] 黄凯奇,陈晓棠,康运锋,等. 智能视频监控技术综述[J]. 计算机学报, 2015, 38 (6): 1093 −1118.

[45] LIU S Y, LIU Y H, NI L M,et al. Towards mobility-based clustering[C]. ACM SIGKDD International Conference on Knowledge Discovery and Data Mining, Washington, USA, 2010: 919 −928.

[46] CHAWLA S, ZHENG Y, HU J F. Inferring the root cause in road traffic anomalies[C]. IEEE 12th International Conference on Data Mining, Beijing, China, 2012:141 −150.

[47] 王玉玲,任永功. 一种利用不完整数据检测交通异常的方法[J]. 计算机科学, 2016, 43(z1): 425 −429.

[48] LIU S Y, CHEN L, NI L M. Anomaly detection from incomplete data[J]. ACM Transactions on Knowledge Discovery from Data,2014, 9(2):1 −22.

[49] PANG X L, CHAWLA S, LIU W , et al. On detection of emerging anomalous traffic patterns using GPS data[J]. Data and Knowledge Engineering,2013, 87(9):357 −373.

第6章 基于数据流的数据挖掘技术

互联网时代,用户访问网络时所产生的数据呈爆炸式增长,数据挖掘要做的工作就是将有价值的、有意义的潜在信息从杂乱无章的海量数据中萃取出来,从而进一步进行市场趋势预测、人脸识别、疾病诊断、事件关联度分析等相关工作。随着对数据挖掘技术的需求不断深化,例如实时监控、网络入侵检测、垃圾邮件处理、信息智能推送等,数据挖掘技术由最初的分析静态有限的数据,逐渐发展到如今的分析动态无限数据。

数据流是以流的形式实时到达的动态数据,具有数据量大、到达速度快、连续实时到达等特点[1]。例如在访问互联网时,实时产生的数据流规模巨大,其中不乏冗余、噪声等没有价值的信息,因此数据没有条件被永久存储,这就要求数据挖掘模型要快速分析实时到达的数据,并从中提取有价值的信息。传统的静态数据挖掘技术已经不再适用,因此数据流挖掘技术应运而生。目前为止,数据流挖掘技术发展迅速,已在金融、工业、教育和医疗等多领域得到广泛应用。

除此之外,数据流的特征属性还会随着时间的推移而产生一些不可预见的变化,使最开始建立的数据流挖掘模型的精度降低,甚至失效,这个现象称为概念漂移[2]。例如网络上购物的智能推送,在某一段时间内浏览衣服,即使关掉购物网页,在其他打开的网页上也会智能推送浏览过的同一类型的衣服,当过一段时间改为浏览鞋,网页上的智能推送也会随浏览内容的改变而发生改变。又如天气的预测,其实现是通过对某一段时间内的温度、气压、风速和空气湿度等数据的趋势变化进行分析,达到实时预测天气的目的。因此,数据流挖掘模型不仅要快速处理实时到达的数据,还要迅速检测出数据流中的概念漂移,并且更新数据流挖掘模型[3]。

数据分类是数据挖掘中的一个研究热点问题,通过对已知类别标签的样本数据进行训练和学习,从而得到数据模型,并使用该模型对未知类别标签的数据进行预测。传统的针对静态有限数据的挖掘分类方法包括贝叶斯、决策树、K近邻、支持向量机和极限学习机(extreme learning machine,ELM)等[4]。但是这些方法已经不足以针对实时、连续到达的数据流进行分类,因此,如何高效分类数据流已经成为目前亟待解决的问题。

6.1 概　　述

目前的数据流挖掘分类方法主要分为两大类,即增量式分类方法和集成式分类方法。增量模型是根据数据流的实时变化,在原有分类模型的基础上动态更新模型;集成模型是将多个分类能力较弱的基分类器按照某种规则集成在一起,得到一个集成模型,以提高分类准确率。这些分类模型适应数据流的特征,并对概念漂移有较高的敏感度,从而保持分类模型的稳定性和分类准确率。数据流分类技术已经成为数据挖掘领域很重要的一部分,近几年受到学者的广泛关注,并在相关研究中取得了不错的成果。

6.1.1　研究现状

对于增量式的数据流分类方法,Domingos 和 Hulten[5] 于 2000 年提出一种快速决策树(very fast decision tree,VFDT)算法。VFDT 算法采用固定的时间和内存大小来处理数据流样本的空间复杂度,从而提高流数据分类算法的时间和空间方面的效率。Gama 等[6] 于 2003 年针对 VFDT 不能处理连续属性值的问题提出了 VFDTc 算法,该算法在 VFDT 的基础上增加了对于数据样本连续属性分类的能力。但是由于 VFDTc 算法对每个连续的属性值都要计算一次信息熵,增加了算法的负担,因此对于高速到达的数据流并不适用。Jin 等[7] 在 2003 年提出 DTNIP 算法,该算法通过将连续属性值分割成不同大小的片段,按照离散的方法计算各个片段的信息熵。DTNIP 算法相对于 VFDTc 算法能够缩小寻找最优分割节点的计算量,但是有可能错过最优分割节点,从而影响分类器效果。Xu 和 Wang[8] 提出了一种用于数据流分类的快速增量极限学习机算法,该方法自适应地决定隐藏层节点个数,同时激励函数也随机选择。Marrón 等[9] 提出一种新组合随机特征函数的数据流方法。

对于集成式的数据流分类方法,Street 和 Kim[10] 于 2001 年提出一种数据流集成分类算法(streaming ensemble algorithm,SEA),SEA 将整个数据流看成多个连续到达的数据块,根据每个数据块训练一个基分类器,将若干个基分类器采用多数投票的策略组合在一起。Wang 等[1] 于 2003 年提出了准确率加权投票集成学习(accuracy weighted ensembles,AWE)算法,AWE 采用基于准确率加权的投票方法,基分类器的权重由其对新到达数据的分类误差的均方差决定。Kolter 和 Maloof[11] 于 2003 年提出了动态权重多数投票(dynamic weighted majority,DWM)算法,DWM 算法在预测新到达的数据块时,将所有基分类器进行加权投票,如果其中的某个基分类器预测发生错误,则该基分类器的权重按照一定规则衰减。Pelossof 等[12] 提出一种在线提升(online coordinate boosting,OCBoost)算法,用于调整基分类器的权重。Bifet 等[13] 提出了一种用于研究概念漂移的新数据流框架,以及基于 Bagging 算法集成的两个新变体算法:基于适应滑动窗口的装袋算法(adaptive windowing bagging,OBADWIN)和基于适应 Hoeffding 树的装袋算法(adaptive-size hoeffding tree bagging,OBASHT)。Brzeziński 和 Stefanowski[14] 提出一种基于数据块分类精度更新分类模型的算法(accuracy updated ensemble,AccUpEN),该算法在 AWE 算法的基础上,通过根据当前的数据分布和分类精度更新基分类器权重。

对于数据流数据流中存在的概念漂移问题,Widmer 等[15] 提出 FLOEA 算法,该算法维持一个滑动窗口用于存储最新到达的一批样本,每到达一个样本将其添加到滑动窗口中,原窗口中最旧的样本被丢弃,分类器用窗口中的现有的新样本集重新训练。Hulten 等[16] 在 VFDT 的基础上提出增量快速决策树(concept-adapting very fast decision tree,CVFDT)算法来解决数据流中的概念漂移问题。它使用滑动窗口保存最新的样本,当某个节点不再满足 Hoffding 边界时,则认为在当前数据块位置发生了概念漂移,此时 CVFDT 算法会生成一棵新的候选子树,当候选子树分类准确率优于原有子树时,替换原有子树。Gama 等[17] 提出的漂移检测方法(drift detection method,DDM)通过监测当前分类模型的错误率是否符合伯努利分布来判断是否发生概念漂移。Baena‑Garcĺa 等[18]在 DDM 的基础上提出一种简单检测概念漂移(early drift detection method,EDDM)方法,通过估计相邻两块数据分类错误率的误差分布来检测概念漂移的方法。Bifet 和 Gavaldà[19]提出了适应滑动窗口(adaptive windowing,ADWIN)方法,该方法根据从当前窗口观察数据的变化,实时重新计算滑动窗口大小,以适应概念漂移,从而提高分类精度。Ángel 等[20]提出通过元模型和模糊相似度函数预测数据流上的重复概念。

对于增量式的数据流分类方法,韩萌等[21]提出一种基于时间衰减模型的数据流闭合模式挖掘方法,该方法采用时间衰减模型来区分滑动窗口内的历史和新近事务权重,使用闭合算子提高闭合模式挖掘的效率。毛国君等[22]提出一种基于分布式数据流的大数据分类模型和算法,以分布式数据流为数据表达载体,在此基础上设计对应的大数据分类模型和挖掘算子。刘三民等[23]提出基于样本不确定性的增量式数据流的分类算法,从相邻训练集中按照样本不确定性值选出新概念样本集,把新概念样本集与支持向量集合并更新分类器。

对于集成式的数据流分类方法,徐树良和王俊红[24]提出一种基于 Kappa 系数的数据流分类算法,该算法以 Kappa 系数度量系统的分类性能,根据 Kappa 系数来动态调整分类器,当发生概念漂移时,删除不符合要求的分类器来适应新概念。张盼盼和尹绍宏[25]提出了隐含概念漂移的不确定数据流集成分类算法,该算法将不确定数据用区间及其概率分布函数表示,在处理不确定性数据流同时,还能有效解决数据流中隐含的概念漂移问题。王中心等[26]提出面向噪声和概念漂移数据流的集成分类算法,利用 Hoeffding Bounds 不等式确定的双阈值检测概念漂移,并动态地更新分类模型。张玉红等[27]提出一种面向不完全标记的文本数据流自适应分类方法,提取标记数据块与未标记数据块之间的特征集,并利用特征在两个数据块间的相似度进行概念漂移检测。

对于处理数据流中的概念漂移问题,刘茂等[28]提出一种基于交叠数据窗距离测度概念漂移检测方法。张育培等[29]提出一种基于鞅的数据流概念漂移检测方法。陈小东等[30]提出一种基于模糊聚类的数据流概念漂移检测算法。文益民等[31]提出一种基于在线迁移学习的重现概念漂移数据流分类方法。

本章主要针对数据流中的分类问题进行了研究。由于数据流发生的概念漂移现象会导致分类器的性能下降,因此,本章首先对数据流进行概念漂移检测,在分析数据流所具有的特性的基础上提出一个有效的检测概念漂移方法。然后对检测后的数据进行分类,并提出一种面向数据流的选择性集成分类方法,以提高对数据流的分类性能。本章的研究内容主要有以下两点:

①针对数据流中存在的概念漂移问题,提出了一种基于余弦相似度的概念漂移检测算法。首先运用滑动窗口原理将数据流看成连续相等大小的数据块,并求出数据块中各类的质心。然后分别计算相邻两块各类质心连线的余弦相似度,余弦相似度越大,说明相邻两数据块质心连线夹角越小,相邻两数据块发生漂移的可能性越小;反之,相邻两数据块质心连线夹角越大,相邻两数据块发生漂移的可能性越大。最后根据参数估计的方法求出余弦相似度的最小置信区间,若后续到达的数据块相对于前一数据块的余弦相似度不在置信区

间内,则认为数据流在当前块发生了概念漂移。实验结果表明基于数据余弦相似度的概念漂移算法能够有效检测出数据流上发生的概念漂移,进而提高数据流分类的准确率。

②针对数据流的分类问题,提出了一种基于差分进化的选择集成分类算法。首先将数据流划分成连续相等大小的数据块,使用当前的数据块训练出若干个基分类器。然后用差分进化对各个基分类器分别赋予不同的权值,基分类器的权值越大,表示在分类中表现越优。最后在所有基分类器中选择几个权值最大表现最优的基分类器进行加权投票集成,使用集成模型分类后续到达的数据块。实验证明基于差分进化算法的选择集成分类器具有稳定性好、泛化性强、分类准确率高等优点。

6.1.2　本章结构

本章从数据流的概念漂移检测和集成分类角度出发,对数据流的概念漂移方法和分类方法进行了研究。具体内容如下:

6.1 节,介绍数据流分类的研究背景及意义、国内外现状、主要研究内容和结构。

6.2 节,对本章使用的相关方法和技术进行简单介绍,其中包括极限学习机、差分进化算法、余弦相似度等。

6.3 节,提出基于余弦相似度的概念漂移检测算法,并对该算法进行了具体描述和说明,同时给出了验证该算法的实验设计。实验结果表明,该算法可以检测到数据流中发生的概念漂移。

6.4 节,提出基于差分进化的选择集成分类算法,并分别在静态数据集和动态数据集上验证该算法的有效性,同时给出了验证该算法的实验设计。实验表明,该算法具有较高的分类准确率和泛化性能。

6.5 节,总结本章研究工作,并针对其中的不足之处提出进一步的工作展望。

6.2　数据流相关算法

6.2.1　ELM

1. ELM 基础

ELM 作为传统单隐藏层前馈神经网络(single-hidden layer feedforward networks,SLFNs)的拓展由 Huang 等[32] 提出。ELM 随机产生隐藏层节点的输入权值和偏置值,所有参数中仅有输出权值是经过对输入权值和偏置值的计算而确定的。传统的神经网络算法,如 BP 神经网络,通常利用基于梯度下降的方法,通过迭代的方式调整隐藏层节点的输入权值和偏置值。然而,基于梯度下降的方法具有求解速度慢、容易陷入局部最优解的弊端。与传统神经网络算法相比,由于 ELM 随机产生隐藏层节点的输入权值和偏置值,因此 ELM 在训练过程中具有更快的求解速度及更少的人为干预,具有良好的泛化能力。由于这些优点,使得 ELM 受到了学者极大的关注,并且它的表现连续提高。同时,ELM 已经被应用于生物信息[33]、图像分析[34]和目标识别[35]等诸多领域。

Liang 等[36]提出的在线连续极限学习机(online sequential extreme learning machine,OS-ELM)能够一个一个地或一块一块地学习数据。OS-ELM 以更快的学习速度产生更好的泛化性能。Zong 等[37]提出加权极限学习机(weighted extreme learning machine,WELM)用于处理不平衡数据分类问题。WELM 的关键问题是对每个训练样本通过对训练错误的样本添加不同的惩罚系数来分配权重。然而,如何更好地分配样本权重仍然是一个有待进一步解决的问题。Huang 等[38]将 WELM 拓展到解决半监督学习的问题中。Horata 等[39]提出了迭代重加权的 ELM 对训练集中的异常值进行复制。

由于单个 ELM 具有稳定性和过拟合的问题,许多基于集成策略的 ELM 算法被提出。Liu 和 Wang[40]提出了基于集成的极限学习机(ensemble-based extreme learning machine,EN-ELM)的方法来提高泛化性能。EN-ELM 使用交叉验证策略和集成学习方法来缓解过度拟合。EN-ELM 中的所有基础分类器被认为同等重要。Wang 和 Li[41]提出了基于 AdaBoost 动态集成 ELM 算法,将一个单独的 ELM 视为弱学习机,动态 AdaBoost 集成算法用于整合弱学习机的输出。Lan 等[42]提出了一种集成在线序贯 ELM(EOS-ELM),将几个独立的 OS-ELM 的平均预测作为最终预测。Mirza 等[43]提出了一种子集集成在线序贯 ELM(ESOS-ELM),以处理概念漂移数据流的类不平衡学习。Cao 等[44]对几个独立的 ELM 进行加权投票,提出一种基于多数投票的加权集成算法(V-ELM)。V-ELM 提高了分类精度,并且在不同的仿真实验中表现出比 ELM 具有更小的误差。Mirza 等[45]提出了一种基于多数投票的在线序贯极限学习机算法(VOS-ELM),用于解决在线连续的多分类问题。

此外,一些优化的策略已经广泛用于 ELM 的参数选择。Zhu 等人[46]认为参数的随机分配,如输入权重和隐藏偏差,可能导致学习性能不稳定。因此,他们提出了一种使用差分进化(differential evolution,DE)算法来选择输入权重的 E-ELM 算法。E-ELM 可以利用更紧凑的网络实现良好的泛化性能。Feng 等[47]提出了 ES-ELM 算法,使用从遗传算法导出的交叉机制来选择 ELM 的最优隐藏节点数。Price 等[48]提出了一种基于 SLFNs 的自适应进化极限学习机算法,其中隐藏节点学习参数通过自适应差分演化算法进行优化。然而,这些策略主要用于 ELM 的参数优化,但很少优化集成中的基本分类器的权重。ELM 遭受不稳定性和过度拟合,特别是在大型数据集上,对此,Zhai 等[49]提出了一种基于样本熵的动态集成极限学习机,Xue 等[50]提出了一种基于遗传算法的极限学习机集成模型(GE-ELM)。这些方法都在一定程度上改善了 ELM 在大数据集上的不稳定性和过度拟合特性。

2.ELM 的模型建立及求解

对于给定 N 个不同样本的矩阵$(\boldsymbol{x}_i,\boldsymbol{y}_i)$,$\boldsymbol{x}_i=[x_{i1},x_{i2},\cdots,x_{in}]^{\mathrm{T}}\in\mathbf{R}^{D\times N}$,$\boldsymbol{y}_i=[y_{i1},y_{i2},\cdots,y_{im}]^{\mathrm{T}}\in\mathbf{R}^m$,$i=1,2,\cdots,N$。设隐藏层节点数目为 L,激励函数为 $g(x)$,则 ELM 的模型可用如下公式表示:

$$\sum_{i=1}^{L}\boldsymbol{\beta}_ig(\boldsymbol{a}_i,\boldsymbol{b}_i,\boldsymbol{x}_j)=y_i \quad j=1,2,\cdots,N \tag{6.1}$$

式中 $\boldsymbol{a}_i=[a_{i1},a_{i2},\cdots,a_{in}]^{\mathrm{T}}$——输入层与隐藏层之间的连接权值;

$\boldsymbol{\beta}_i=[\beta_{i1},\beta_{i2},\cdots,\beta_{im}]^{\mathrm{T}}$——隐藏层与输出层之间的连接权值;

$\boldsymbol{b}_i$——第 i 个隐藏层节点的偏置值;

$\boldsymbol{y}_i$——样本 $\boldsymbol{x}_i$ 的期望输出。

式(6.1)可简写为

$$\boldsymbol{H}\boldsymbol{\beta} = \boldsymbol{Y} \tag{6.2}$$

式中

$$\boldsymbol{H} = \begin{bmatrix} g(\boldsymbol{a}_1 \cdot \boldsymbol{x}_1 + \boldsymbol{b}_1) & \cdots & g(\boldsymbol{a}_L \cdot \boldsymbol{x}_1 + \boldsymbol{b}_L) \\ \vdots & & \vdots \\ g(\boldsymbol{a}_1 \cdot \boldsymbol{x}_N + \boldsymbol{b}_1) & \cdots & g(\boldsymbol{a}_L \cdot \boldsymbol{x}_N + \boldsymbol{b}_L) \end{bmatrix}_{N \times L},$$

$$\boldsymbol{\beta} = \begin{bmatrix} \boldsymbol{\beta}_1^{\mathrm{T}} \\ \vdots \\ \boldsymbol{\beta}_L^{\mathrm{T}} \end{bmatrix}_{L \times m}, \quad \boldsymbol{Y} = \begin{bmatrix} y_1^{\mathrm{T}} \\ \vdots \\ y_N^{\mathrm{T}} \end{bmatrix}_{N \times m} \tag{6.3}$$

式中　$\boldsymbol{H}$——神经网络的隐藏层输出权值矩阵;

　　　$\boldsymbol{Y}$——对应样本的期望输出矩阵。

输出权值矩阵 $\boldsymbol{H}$ 可以通过求解式(6.2)得到。但是在实际情况中,训练样本的个数远远大于隐藏层节点的个数($L \ll N$),这时矩阵 $\boldsymbol{H}$ 为奇异矩阵,可以通过求(6.2)式的最小二乘解得到:

$$\hat{\boldsymbol{\beta}} = \arg \min_{\boldsymbol{\beta}} \|\boldsymbol{H}^+ \boldsymbol{Y}\| \tag{6.4}$$

式中,$\boldsymbol{H}^+$ 为隐藏层输出矩阵 $\boldsymbol{H}$ 的广义逆。

在 ELM 中,不同的激励函数会对隐藏层节点产生不同的影响结果。如果一个函数具有无限逼近于某一点的能力,那么这个函数就可以作为 ELM 的激励函数。以下是几种常用的激励函数:

①Sigmoid 函数:$g(\boldsymbol{a},\boldsymbol{b},\boldsymbol{x}) = \dfrac{1}{1 + \exp(-(\boldsymbol{a} \cdot \boldsymbol{x} + \boldsymbol{b}))}$;

②Gaussian 函数:$g(\boldsymbol{a},\boldsymbol{b},\boldsymbol{x}) = \exp(-\boldsymbol{b}\boldsymbol{x} - \boldsymbol{a}^2)$;

③Hard limit 函数:$g(\boldsymbol{a},\boldsymbol{b},\boldsymbol{x}) = \begin{cases} 1, & \boldsymbol{a} \cdot \boldsymbol{x} + \boldsymbol{b} \leqslant 0 \\ 0, & \text{其他} \end{cases}$;

④Sine 函数:$g(\boldsymbol{a},\boldsymbol{b},\boldsymbol{x}) = \sin(\boldsymbol{a} \cdot \boldsymbol{x} + \boldsymbol{b})$;

⑤Triangular basis 函数:$g(\boldsymbol{a},\boldsymbol{b},\boldsymbol{x}) = \begin{cases} 1 - |\boldsymbol{a} \cdot \boldsymbol{x} + \boldsymbol{b}|, & |\boldsymbol{a} \cdot \boldsymbol{x} + \boldsymbol{b}| \leqslant 1 \\ 0, & \text{其他} \end{cases}$。

对于给定 N 个不同数据的样本集 $\{(\boldsymbol{x}_i,\boldsymbol{y}_i) \mid \boldsymbol{x}_i \in \mathbf{R}^n, \boldsymbol{y}_i \in \mathbf{R}^m, i = 1,2,\cdots,N\}$,激励函数 $g(\boldsymbol{x})$ 和隐藏层节点数 L,ELM 具体算法可描述如下:

①随机产生输入权值 $\boldsymbol{a}_i$ 和隐藏层节点偏置值 $\boldsymbol{b}_i, i = 1,2,\cdots,L$;

②利用公式(6.3)计算隐藏层输出矩阵 $\boldsymbol{H}$;

③利用公式(6.4)计算输出权值矩阵 $\hat{\boldsymbol{\beta}}$。

极限学习机在训练时,不需要调整输入权值和偏置,整个过程中不需要迭代,所以训练速度显著提升。

6.2.2　差分进化(DE)算法

1. DE 算法的研究现状

DE 算法是一种简单稳定的智能全局数值优化算法。DE 算法在数据挖掘、模式识别、多目标寻优等很多领域得到广泛应用[49]。DE 算法根据父代个体间的差分矢量进行变异、交叉和选择操作,因此容易陷入局部最优解,存在过早收敛现象。目前的解决方法主要是增加种群的规模,但这样会增加算法的运算量,也不能从根本上克服过早收敛的问题。

为提高 DE 算法的性能,很多学者对 DE 算法提出了优化和改进。对于 DE 算法的参数,Zhang 和 Sanderson[51]提出了调整参数 F 和 CR 的方法,Gong 等[52]提出了两种基于自适应参数机制的 DE 组合方法,Teng 等[53]提出了基于自适应种群的 DE 算法。Feokistov 和 Janaqi[54]提出一种可选择的广义变异策略方案,以便于适应各种求解问题,Das 等[55]提出基于邻域搜索的 DE/target-to-best/1 算子,Pan 等[56]提出基于多策略的自适应控制参数差分进化算法。

同时,DE 算法可以和其他算法相结合,宋锦等[57]提出一种混合策略的差分进化算法,将粒子群算法和差分进化算法的优点结合起来,以加快算法的收敛速度和寻优能力。针对多目标的约束优化问题,魏文红等[58]采用泛化反向学习的机制产生变换种群,从而提出基于泛化反向学习的多目标约束差分进化算法。刘宏志等[59]从种群多样性的角度,提出动态多子群差分进化算法,使算法跳出局部最优,从而提高全局搜索的有效性和广泛性,防止过早收敛。

针对在解决高维优化问题时,差分进化算法易过早收敛、求解精度低和参数设置麻烦等问题,张锦华等[60]提出加权变异策略动态差分进化算法,该算法可以动态自适应地调整缩放因子和交叉概率因子的策略,避免参数设置的麻烦,且具有全局搜索能力强等优势。

2. DE 算法的过程描述

DE 算法中有三个重要参数,分别是种群大小 NP,突变因子 F 和交叉率 CR。对于一个种群 X,将每个个体表示为 $X_{i,G}(i=1,2,\cdots,NP)$,其中 NP 为种群规模,G 为进化代数,该种群的维度为 D,则差分进化的算法描述为:

①初始化,生成由 NP 个个体组成的初始种群。种群维数为 D,确定变异算子 F 和交叉算子 CR,确定最大进化代数 G。

②对于第 G 代个体计算每个个体的适应度值 $f(X_{i,G})$,并计算最优个体 $X_{best,G}$。

③变异,G 代种群的变异种群 P,$P_{V,G}=\{V_{i,G}|(V_{i,G}^1,V_{i,G}^2,\cdots,V_{i,G}^D)\}$,$i=1,2,\cdots,NP$,其中 $V_{i,G}$ 为种群 $P_{V,G}$ 中的个体,变异算子生成方式如下:

$$V_{i,G}=X_{r1,G}+F\times(X_{r2,G}-X_{r3,G}) \tag{6.5}$$

式中　$r1$、$r2$、$r3\in[1,NP]$,且 $r1\neq r2\neq r3$;

　　$X_{r1,G}$——基向量;

　　$X_{r2,G}$、$X_{r3,G}$——分向量;

　　F——变异因子,$F\in[0,2]$。

④交叉,为了增加干扰参数向量的多样性,引入交叉操作,交叉算子表示为

$$
U_{i,G} = \begin{cases} V_{i,G} & \text{rand} < \text{CR} \\ X_{i,G} & \text{其他} \end{cases} \tag{6.6}
$$

式中　CR——交叉因子;

rand——$[0,1]$区间内的随机数。

⑤选择,按照贪婪算法的准则将试验向量 $U_{i,G+1}$ 与当前种群中的目标向量 $X_{i,G}$ 进行比较,决定该实验向量是否会成为下一代种群的个体。选择方式如下:

$$
X_{i,G+1} = \begin{cases} U_{i,G} & f(U_{i,G}) < f(X_{i,G}) \\ X_{i,G} & \text{其他} \end{cases} \tag{6.7}
$$

式中,$f(\cdot)$为个体适应度函数。

6.2.3　余弦相似度

余弦相似度,又称为余弦相似性。通过计算两个向量夹角余的弦值来度量两者的相似性。假设 A 和 B 为两个 n 维空间的向量,分别表示为$(a_1,a_2,\cdots,a_n)$,$(b_1,b_2,\cdots,b_n)$,则空间向量的余弦相似度的计算公式可表示为

$$
\cos <A,B> = \frac{A \cdot B}{\|A\|\|B\|} = \frac{(a_1,a_2,\cdots,a_n) \cdot (b_1,b_2,\cdots,b_n)}{\sqrt{\sum_{i=1}^{n} a_i} \sqrt{\sum_{i=1}^{n} b_i}} \tag{6.8}
$$

经过整理得

$$
\cos <A,B> = \frac{\sum_{i=1}^{n} a_i b_i}{\sqrt{\sum_{i=1}^{n} a_i} \sqrt{\sum_{i=1}^{n} b_i}} \tag{6.9}
$$

余弦相似度的取值为$[-1,1]$。两个向量的夹角越接近越趋近于零,夹角余弦相似度越大,则两个向量的相似度越高;反之,两个向量的夹角越趋近于180°,夹角余弦相似度越小,则两个向量的相似度越低。

6.3　基于余弦相似度的概念漂移数据流分类算法

在数据流分类过程中,概念漂移成为影响分类器分类性能的一个重要因素。在对数据流进行分类时,不仅要考虑数据分类的速度,还要考虑分类器的泛化性能,使分类器能够实时适应数据流中发生的概念漂移,并且快速更新。因此,如何克服数据流的概念漂移,并保持分类器性能稳定已经成为一个研究热点。

概念漂移本质上就是数据的分布随着时间的推进而发生改变。从数据的分布角度来说,概念漂移主要分为三类:数据属性分布改变(如图6.1所示)、数据类别分布改变(如图6.2所示)、二者混合改变。从概念漂移方式的角度来说,又可分为三种:突变式概念漂移(如图6.3实线所示)、渐变式概念漂移(如图6.3虚线所示)、重复概念漂移。针对数据流

中发生的概念漂移问题,数据流分类模型均通过不同的策略适应数据流中的新概念。

本节从数据属性分布角度出发,针对数据流中存在的概念漂移问题,提出了一个基于余弦相似度的概念漂移检测方法(cosine similarity detection method,CSDM),通过相邻两数据块的余弦相似度来判断数据流是否发生概念漂移,并与 ELM 相结合对数据流进行分类。在余弦相似度低于单侧置信下限时,认为数据流发生了概念漂移,并利用当前数据块训练新分类器,分类之后到达的数据。

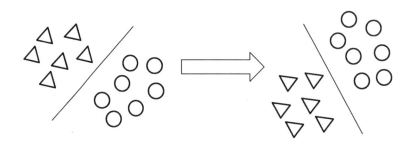

图 6.1　概念漂移属性分布改变示例

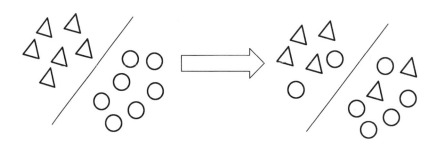

图 6.2　概念漂移类别分布改变示例

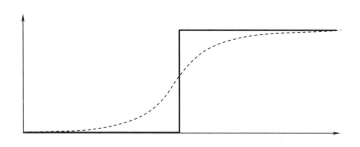

图 6.3　突变式漂移和渐进式漂移示例

6.3.1　参数单侧置信区间估计

对于未知参数 x,有两个统计量 $\underline{x}$ 和 $\bar{x}$,分别表示未知参数 x 的双侧置信区间。但是在实际问题中,并不需要同时估计参数的双侧置信区间。例如对于电子设备寿命来说,上限并不是很重要,而为了保证质量,下限尤其需要关注。相反的,在医学领域,药品中的杂质含量越少越好,所以药品杂质的上限需要特殊关照。

对于本章而言,两个相邻数据块的余弦相似度越大,对应的类空间夹角越小,表示两块数据越相似,则认为没有发生概念漂移;反之,两个相邻数据块的余弦相似度越小,对应的类空间夹角越大,表示两块数据越不相似,则认为发生了概念漂移。因此,本章重点关注单侧置信区间的下限。当余弦相似度大于单侧置信区间下限时,认为没有发生概念漂移;当余弦相似度小于单侧置信区间下限时,认为发生了概念漂移。

定义 6.1　单侧置信区间

对于给定值 $\alpha(0 < \alpha < 1)$,若由 n 个样本 $X_1, X_2, \cdots, X_n$ 确定的统计量 $\underline{X} = \underline{X}(X_1, X_2, \cdots, X_n)$,对于任意 $X \in \Theta$ 满足:

$$P\{X > \underline{X}\} \geq 1 - \alpha \tag{6.10}$$

称随机区间 $(\underline{X}, \infty)$ 是 X 的置信水平为 $1 - \alpha$ 的单侧置信区间,$\underline{X}$ 是 X 的置信水平为 $1 - \alpha$ 的单侧置信下限。

对于总体 X,若位置均值为 μ,方差为 σ^2,设 $X_1, X_2, \cdots, X_n$ 的分布为

$$\frac{\overline{X} - \mu}{S/\sqrt{n}} \sim t(n - 1)$$

则有

$$P\left\{\frac{\overline{X} - \mu}{S/\sqrt{n}} < t_\alpha(n - 1)\right\} = 1 - \alpha$$

即

$$P\left\{\mu > \overline{X} - \frac{S}{\sqrt{n}}t_\alpha(n - 1)\right\} = 1 - \alpha$$

得到 μ 的置信水平为 $1 - \alpha$ 的单侧置信区间:

$$\left(\overline{X} - \frac{S}{\sqrt{n}}t_\alpha(n - 1), \infty\right) \tag{6.11}$$

得到 μ 的置信水平为 $1 - \alpha$ 的单侧置信下限为

$$\underline{\mu} = \overline{X} - \frac{S}{\sqrt{n}}t_\alpha(n - 1) \tag{6.12}$$

本章的参数估计样本值为相邻两块的余弦相似度集合,由于余弦相似度的取值范围为 $[-1, 1]$,与单侧置信区间取交集,则余弦相似度的取值区间为 $[\underline{\mu}, 1]$。

6.3.2　算法设计与描述

基于余弦相似度的概念漂移检测算法首先运用滑动窗口原理将数据流看成连续相等大小的数据块,并求出第 i 块数据第 k 类的质心 $C_{i,k}$;然后分别计算相邻两块各类质心连线矢量的余弦相似度;最后根据参数估计的方法求出余弦相似度的最小置信区间,若后续到达的数据块相对于前一数据块的余弦相似度不在置信区间内,则认为数据流在当前块发生

了概念漂移。具体算法描述如下：

算法 6.1　基于余弦相似度的数据流概念漂移检测方法 CSDM

输入：数据流 $S = \{S_1, S_2, \cdots, S_i, \cdots, S_n\}, i = 1, 2, \cdots, n$。

输出：每块数据余弦相似度和分类准确率。

1. 初始化：分类模型计数器 $m = 1$，选取 S_1 个样本作为训练样本，训练出模型 model_m；

　1.1. 计算第 1 块样本第 k 类质心 $\boldsymbol{C}_{1,k}(c_{1,k,1}, c_{1,k,2}, \cdots, c_{1,k,D})$，其中 $k = 1, 2, \cdots, c, D$ 为数据维度；

　1.2. 计算第 1 块样本 p 类和 q 类质心线矢量 $\boldsymbol{a}_1 = \boldsymbol{C}_{1,p} - \boldsymbol{C}_{1,q}, p = 1, 2, \cdots, c(c-1)$，$q = 1, 2, \cdots, c$；

2. 对于连续到达的数据块 $S_i(i = 2, \cdots, n)$；

　2.1. 使用模型 model_m 对 S_i 进行预测；

　　2.1.1. 计算 S_i 的准确率；

　　2.1.2. 计算第 i 块样本第 k 类质心 $\boldsymbol{C}_{i,k}(c_{i,k,1}, c_{i,k,2}, \cdots, c_{i,k,D})$；

　　2.1.3. 计算第 i 块样本 p 和 q 的类质心的连线矢量 $\boldsymbol{a}_i = \boldsymbol{C}_{i,p} - \boldsymbol{C}_{i,q}$；

　　2.1.4. 根据公式(6.9)计算 S_i 块与 S_{i-1} 块相应质心线余弦相似度 CS_i；

　2.2. 利用公式(6.12)计算余弦相似度 d 单侧置信区间下限；

　2.3. 判断 CS_i 是否在置信区间(3,2)内，若在置信区间内，执行步骤2；

　2.4. 利用当前数据训练模型 model_{m+1}；

　　2.4.1. 更新第 i 块样本第 k 类质心 $\boldsymbol{C}_{i,k}(c_{i,k,1}, c_{i,k,2}, \cdots, c_{i,k,D})$；

　　2.4.2. 更新第 i 块样本 p 和 q 类质心的连线矢量 $\boldsymbol{a}_i = \boldsymbol{C}_{i,p} - \boldsymbol{C}_{i,q}$；

　2.5. 返回步骤2。

　end

6.3.3　实验验证

本节实验分为两个部分，第一部分为余弦相似度在数据流上的对于概念漂移的检测；第二部分为基于余弦相似度对概念漂移数据流分类与其他分类算法的对比。为验证算法的有效性，本节使用了三个经典算法在四个数据集上的实验结果与本章算法进行对比实验。三个算法分别为 DDM[17]、EDDM[18] 和 ADWIN[19]。数据集分别为 HyperPlane1、HyperPlane2、RBF1、RBF2，它们皆由海量在线数据分析实验工具(massive online analysis, MOA)[61-62]提供的数据生成。设置数据块大小均为 $block = 100$，将数据集分成 400 块。其中在第 101 块、201 块、301 块的位置发生概念漂移。分类器模型选择 ELM，激励函数为 SIG，隐藏层节点数为 100。

1. 实验数据

实验所用的四个数据集均为 MOA 生成,下面分别对这四个数据集的情况做一简要说明。

(1)HyperPlane 数据集

该数据集是一个渐进式概念漂移数据集。在 d 维空间上的一个超平面被定义为 $\sum_{i=1}^{d} w_i x_i = w_0$,$x_i$ 是超平面上点集 x 的第 i 个属性。对于满足 $\sum_{i=1}^{d} w_i x_i \geqslant w_0$ 的样本标记为正类;否则标记为负类。w_i 是属性权重,取值区间为 $[-10, 10]$。HyperPlane 数据集用于模拟随时间而改变的概念,通过改变 w_i 大小的方式来改变超平面的方向和位置。

本章使用 HyperPlane 生成器生成数据集 HyperPlane1 和 HyperPlane2,属性分别为 2 和 10,类别均为 2,噪声均为 5%。样本量为 40 000,漂移周期为 10 000。

(2)RBF 数据集

该数据集是根据径向基函数随机产生的,描述了围绕每个具有不同密度质心的正态分布的超球面样本。首先生成固定数量的质心,每个质心都包含一个随机位置、唯一的标准偏差、类别标签和权重。新样本通过随机选择一个质心生成,同时考虑质心权重因素,使具有更高权重的质心被选中。然后随机的选择一个方向设置质心偏移属性值。偏移属性值的大小从所选质心的标准偏差的高斯分布函数中随机选择。被选中的质心也决定了样本的类标签。带有概念漂移的 RBF 数据集是在再原有数据集的基础上以恒定的速度移动质心来引入漂移。

本章使用 RBF 生成器生成数据集 RBF1 和 RBF2。数据集 RBF1 属性为 5,类别为 2,样本量为 40 000,漂移周期为 10 000。数据集 RBF2 属性为 10,类别为 2,样本量为 40 000,漂移周期为 10 000。两个数据集噪声均为 5%。

2. 相关概念漂移检测算法介绍

DDM[17] 算法通过实时监测分类模型错误率的方法来检测漂移。当数据块 i 到达时,使用现有的模型进行分类,并计算第 i 块分类错误率 p_i 和标准差 s_i。根据统计学理论,数据在分布平稳时,分类错误率和标准差均会降低;反之,当数据分布发生变化时,分类错误率和标准差均会增加。若 $p_i + s_i \geqslant p_{min} + 2s_{min}$,则警告可能会发生概念漂移;若 $p_i + s_i \geqslant p_{min} + 3s_{min}$,则判断发生了概念漂移。其中,$p_{min}$ 为分类最低错误率,s_{min} 为标准差。

EDDM[18] 算法是在 DDM 基础上的改进,通过估计相邻两块数据分类错误率的误差分布来检测概念漂移。在对检测突变式漂移保持良好性能的同时,也可用于检测早期的逐渐概念漂移。EDDM 不同于 DDM 的地方是计算平均分类错误率 p_i' 和平均标准差 s_i'。EDM 同样设置两个阈值分别表示警告级别 α 和漂移级别 β。在对每一块训练的同时,要计算分类最高平均错误率 p_{max}' 和平均标准差 s_{max}'。若 $(p_i' + 2 \cdot s_i') / (p_{max}' + 2 \cdot s_{max}') < \alpha$,则警告可能会发生概念漂移;若 $(p_i' + 2 \cdot s_i') / (p_{max}' + 2 \cdot s_{max}') < \beta$,则判断发生了概念漂移。

ADWIN[19] 算法是根据从窗口中数据的变化速率来动态计算滑动窗口的尺寸,当数据不稳定时,窗口将自动增长,以获得更高的分类精度,并且在数据发生变化时自动收缩窗口长度,丢弃陈旧的数据。

3. 概念漂移检测分析

本节实验讨论了基于余弦相似度的概念漂移检测情况,针对上述合成的四个数据流,用本章提出的方法对数据流中的概念漂移进行了检测。

图 6.4 和图 6.5 分别描述了本章算法在 HyperPlane1 数据集和 HyperPlane2 数据集上的分类准确率和余弦相似度。图 6.4 到图 6.7 的左侧表示分类准确率,右侧表示余弦相似度值,横坐标表示数据块号。图中第 101 块位置余弦相似度明显降低,余弦相似度不在单侧下限置信区间内,说明余弦相似度属于非正常范围,即认为当前块数据发生了概念漂移。同时分类准确率下降,分类性能也随之下降,利用当前块数据更新分类器,以适应后续到达的数据流。

在第 101 块数据之后,相邻数据块余弦相似度上升,分类准确率上升,可以说明分类器对新到达的数据块迅速地做出反应。当数据量较少时,数据完整性不够,分类器对数据的学习不够全面,此时分类器性能不稳定,余弦相似度和分类准确率均会出现较大波动,余弦相似度可能会将当前概念下新到达的数据误检成概念漂移,例如第 10 块左右、第 125 块左右、第 226 块左右、第 320 块左右。随着新概念样本的陆续到达,分类器的适应新概念数据的能力越强,余弦相似度和分类准确率趋于稳定。

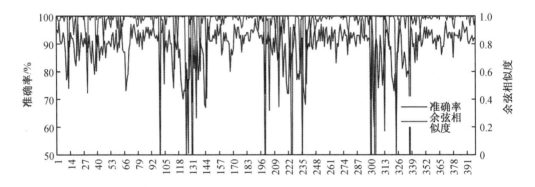

图 6.4　HyperPlane1 数据集分类准确率和余弦相似度

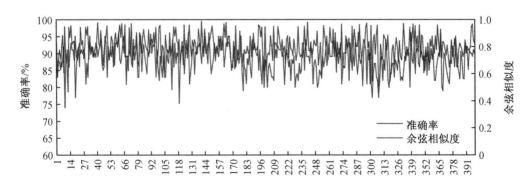

图 6.5　HyperPlane2 数据集分类准确率和余弦相似度

图 6.6 和图 6.7 分别描述了本章算法在数据集 RBF1 和 RBF2 上的分类准确率和余弦相似度。图 6.6 和图 6.7 中第 101 块、201 块、301 块位置余弦相似度明显降低,分类准确率

也明显下降。此时用当前数据块重新训练分类器,随着当前概念下数据块陆续到达,数据量增大,分类器适应当前数据概念,分类器性能趋于稳定,分类准确率升高。

在第 201 数据块之后,图 6.6 和图 6.7 的余弦相似度持续降低,且波动很大,这是由于生成数据时 200 块之后数据漂移变化速度增大,余弦相似度对于数据概念漂移速度越大的数据越敏感,由于数据处于持续高速漂移的阶段,所以余弦相似度在相对较低的位置持续波动。

在第 301 数据块之后,图 6.6 和图 6.7 中由于数据流概念漂移的速度在第 201～300 块之间的基础上又一次增大,所以余弦相似度的值相对于第 200～300 块更低、波动更大。

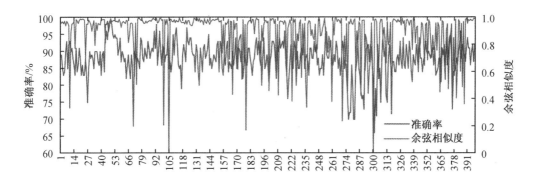

图 6.6　RBF1 数据集分类准确率和余弦相似度

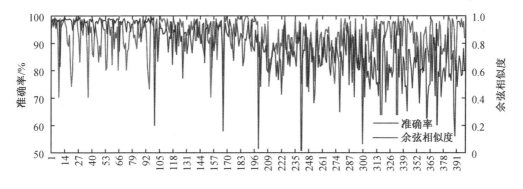

图 6.7　RBF2 数据集分类准确率和余弦相似度

4.概念漂移数据流分类性能比较

这部分实验为基于余弦相似度的概念漂移数据流分类与其他分类算法的对比。为验证算法的有效性,比较中使用 DDM[17]、EDDM[18] 和 ADWIN[19] 算法在四个数据集上的实验结果与本章算法进行对比。

图 6.8 和图 6.9 为四种算法在 HyperPlan1e1 和 HyperPlan1e2 数据集上的分类准确率。图 6.8～图 6.11 左侧坐标轴表示分类准确率,横坐标表示数据块号。图 6.8 中,在第 101 块、201 块、301 块位置数据流发生概念漂移,四种分类准确率下降。在对概念漂移数据做出相应处理后,分类准确率缓步回升。在第 1 块～第 20 块数据阶段,由于数据样本量较少,四种算法的分类准确率均波动较大,随着数据块的到达,数据量增大,分类器适应性增强,分

类准确率均保持在一个较高的水平,且变化趋于平缓。

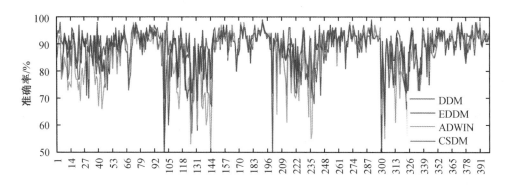

图 6.8　**HyperPlane1 数据集分类准确率**

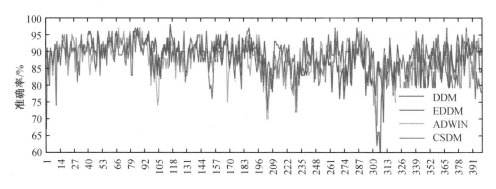

图 6.9　**HyperPlane2 数据集分类准确率**

图 6.8 和图 6.9 中,在数据发生概念漂移时,四种算法的准确率均急速下降,但可以看出 CSDM 算法的准确率下降更小,说明 CSDM 算法的分类器稳定性更好。概念漂移发生之后,CSDM 算法相对于其他三种算法,分类准确率波动性更小,可以更快地适应新概念样本。DDM 和 EDDM 在数据发生概念漂移时分类器准确率下降较多,但在适应新概念样本时表现较好。ADWIN 适应新概念样本速度过慢,在概念漂移发生时,分类器后续波动最大。在数据集 HyperPlane1 和 HyperPlane2 上,CSDM 的分类准确率比其他三种算法高,ADWIN 算法分类准确率最低。

图 6.10 和图 6.11 为四种算法在 RBF1 和 RBF2 数据集上的分类准确率。图 6.10 中,在前 20 块数据上,由于数据量较少,分类器还在适应数据特征阶段,四种算法的分类准确率均波动较大,这种情况同 HyperPlane1 数据集一样。ADWIN 算法对于新概念样本的适应速度最慢,在第 150 块数据之后,数据流概念漂移速度增大,ADWIN 算法准确率一直处于较大波动状态,且低于其他三种算法。图 6.11 中 CSDM 分类准确率高于其他三种算法,DDM 和 EDDM 算法的分类准确率高于 ADWIN 算法。

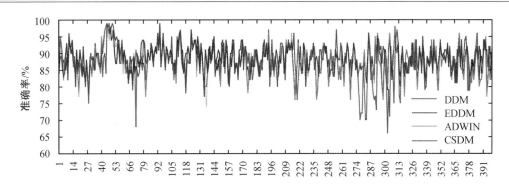

图 6.10　RBF1 数据集分类准确率

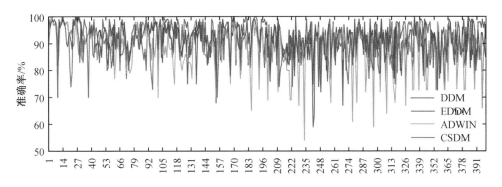

图 6.11　RBF2 数据集分类准确率

　　表 6.1 描述 DDM、EDDM、ADWIN 和 CSDM 四种算法分别在 HyperPlane1、HyperPlane2、RBF1、RBF2 四个数据集上的平均分类准确率。最优分类准确率已用粗体表示出来。在 HyperPlane1 数据集上,CSDM 算法的分类准确率仅次于 EDDM 算法,其中在数据块样本为 100 时分类准确率高达 89.27%。在 HyperPlane2 和 RBF1 数据集上,CSDM 算法平均分类准确率明显高于其他算法,数据块大小为 200 时,HyperPlane2 数据集最高准确率为 88.96%,RBF1 数据集最高分类准确为 89.77%。在 RBF2 数据集上,数据块的大小为 100 和 300 时,CSDM 的分类准确率最高,分别为 92.14% 和 91.92%;数据块大小为 200 时,EDDM 结果最优,为 91.90%。图 6.12 是对表 6.1 的柱状图描述,可以更加直观地看出不同规模数据块下,四种算法在数据集上的分类准确率。

表 6.1　四种算法在四个数据集上的平均分类准确率

数据集	数据块大小	准确率/%			
		DDM	EDDM	ADWIN	CSDM
HyperPlane1	100	87.86	88.62	85.85	**89.27**
	200	88.44	**89.08**	86.27	88.79
	500	88.56	**88.81**	86.25	86.63

表 6.1(续)

数据集	数据块大小	准确率/%			
		DDM	EDDM	ADWIN	CSDM
HyperPlane2	100	87.27	87.80	87.65	**88.94**
	200	87.33	87.89	87.97	**88.96**
	500	87.08	87.12	87.56	**88.82**
RBF1	100	87.12	88.35	87.83	**89.71**
	200	88.01	88.50	88.81	**89.77**
	500	87.62	88.33	88.76	**89.04**
RBF2	100	90.17	91.86	88.14	**92.14**
	200	90.29	**91.90**	88.24	91.68
	500	**90.25**	**91.88**	**88.31**	**91.92**

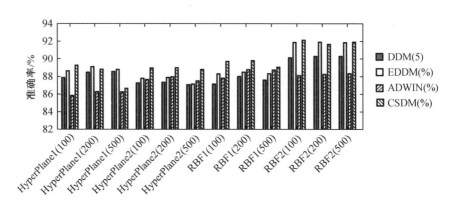

图 6.12 不同规模数据块平均分类准确率

概念漂移检测是数据流分类上的一个技术难点。为对数据流进行准确分类,在数据流发生概念漂移时,要求概念漂移检测算法对数据流发生的概念漂移具有高敏感性,然后使分类器迅速对新概念数据做出反应。分类器需要实时适应数据流中发生的概念漂移,能快速适应新概念数据。实验结果表明,本章提出的基于余弦相似度的概念漂移数据流分类方法可以准确检测数据流中发生的概念漂移,从而提高分类器对数据流的分类性能。本实验没有考虑到对数据流中噪声的相关处理,这也是后续工作的一个重点研究内容。

6.4 基于差分进化的极限学习机选择集成分类

为了获得更好的泛化性能,集成学习被许多研究人员广泛使用。通常,集成学习需要训练若干基本分类器并组合这些基分类器的预测。为了在集成中组合弱分类器,多数投票是最常用的组合策略之一。Bagging 对这些弱分类器采用简单多数投票策略,而 Boosting 采用加权多数投票策略。简单多数投票是基于具有最多投票的预测类别来从多个替代中选择一个的决策规则。一旦个别分类器已经训练,多数投票不需要任何参数调整。在加权多数投票策略中,根据其分类性能向系统中的每个基分类器分配不同的权重,通常,对训练样本执行更好的基分类器将被分配更大的权重。

DE 算法是一种基于种群迭代的智能全局优化算法,具有容易理解、易于实现、受控参数少且对目标函数要求较少等优点。DE 算法的基本思想就是采用结构简单的差分变异算子和适者生存的竞争策略来产生新的种群,并最终使种群能够达到或接近优化问题的全局最优解。

本章提出了一种基于差分进化的选择性集成 ELM 分类器来解决分类问题,其可以减轻分类器不稳定性问题,并提高分类精度。本章所提出的集成算法中,使用 ELM 作为基分类器,并且使用 DE 算法来对基分类器的权重进行优化,选择表现较好的几个基分类器进行加权投票集成。

6.4.1　算法设计与描述

基于差分进化算法的选择性集成分类算法(DESEN)使用当前的数据块训练出若干个基分类器,并为每个基分类器随机赋予一个权值 w_k,w_k 的取值为 $[0,1]$;然后用 DE 算法对各个基分类器的权值进行优化,基分类器的权值越大,表示在分类中表现越优;最后在所有基分类器中选择几个权值最大、表现最优的基分类器进行加权投票集成。在 DE 算法优化权值阶段,DE 算法的适应度函数使用分类错误率表示。具体的算法描述如算法 6.2 所示。

算法 6.2　基于差分进化的选择集成算法

输入:具有 N 个样本的样本集 $\{x_i, y_i\}_{i=1}^{N}$;基分类器 ELM 的个数 K;最大迭代次数 $G_{\max}$;变异因子 F,交叉率 CR,种群规模 NP。

输出:分类准确率。

训练:

1. 将样本集分成具有 N^{tr} 个样本的训练集 $\{x_i, y_i\}_{i=1}^{N^{\mathrm{tr}}}$ 和具有 N^{test} 个样本的测试集 $\{x_i, y_i\}_{i=1}^{N^{\mathrm{test}}}$,$N^{\mathrm{tr}} + N^{\mathrm{test}} = N$;

2. 使用训练集 $\{x_i, y_i\}_{i=1}^{N^{\mathrm{tr}}}$ 训练出 K 个 ELM 基分类器 $C_k(k = 1, 2, \cdots, K)$;

3. 初始化 DE 算法:迭代次数 $G = 0$,规模为 NP 的种群 $\boldsymbol{X}_G = \{X_{1,G}, X_{2,G}, \cdots, X_{\mathrm{NP},G}\}$,$K$ 个基分类器的权重 $\boldsymbol{A} = (\alpha_1, \alpha_2, \cdots, \alpha_K)$,基分类器权重表示为 $\boldsymbol{X}_{i,G} = \{X_{i,G}(1), X_{2,G}(2), \cdots, X_{\mathrm{NP},G}(K)\}(i = 1, 2, \cdots, \mathrm{NP})$;

4. 对于迭代次数 $G < G_{\max}$;

　4.1. 对于种群中的每个个体 i;

　　4.1.1. 变异:随机选择 3 个不同的数 $r1$、$r2$ 和 $r3$,用公式(6.6)计算变异算子 $V_{i,G}$;

　　4.1.2. 交叉:利用公式(6.7)计算交叉算子 $U_{i,G}$;

　　4.1.3. 选择:利用公式(6.8)选择 $G+1$ 次迭代个体 $X_{i,G+1}$;

4.2. 更新迭代次数 $G = G + 1$；

5. 更新最佳适应度值 $A^{\text{best}} = X_{i,G}$；

6. 降序排列基分类器权重，选择前 M 个分类器进行加权投票集成。

测试：

7. 对于每个测试集样本 X^{test}；

7.1. 利用选择的 M 个基分类器类器预测样本 X^{test} 标签；

7.2. 加权投票，计算出 X^{test} 的类标签。

6.4.2 实验验证

为验证 DESEN 算法有效性，实验验证分别从静态数据和动态数据两方面入手：第一部分为在静态数据集上，DESEN 算法与单 ELM 和 V-ELM 两种算法的实验结果进行对比；第二部分为在动态数据流上，DESEN 算法与 OCBoost[12]、OBADWIN[13]、OBASHT[13] 和 AccUpEN[14] 四种算法的实验结果进行对比。

1. 静态数据实验

（1）实验数据及参数设置

为了评估本章提出的集成方法的效率，在静态数据方面，从 KEEL 数据库[63]中选取 14 个数据集评估分类精度和计算效率。如表 6.2 所示为静态数据集描述，其中包括了这些数据集的大小，属性和类别。

表 6.2　静态数据集描述

数据集	样本量	属性	类别
bupa	345	6	2
haberman	306	3	2
heart	270	13	2
monk-2	432	6	2
sonar	208	60	2
spambase	4 597	57	2
wdbc	569	30	2
balance	625	4	3
hayes-roth	160	4	3
newthyoid	215	5	3
wine	178	13	3
vehicle	846	18	4
glass	214	9	7
ecoli	336	7	8

（2）实验结果分析

准确率是分类器模型分类性能的重要评估指标。为了获得更好的分类准确率，在训练分类器之前，所有数据集都被归一化，使得样本属性在 $[-1,1]$。本章使用 5 折交叉验证法比较几种集成方法。交叉验证精度是 5 次运算的平均值。同时，为了公平比较算法，所有的集成方法都在相同的 5 折数据集上运行。训练过程和测试过程重复 10 次。选择 Sigmoid 函数作为所有 ELM 分类器中的激励函数。所有实验都在具有 2.8 GHz CPU 和 4 GB RAM 的普通 PC 上的 MATLAB 7 环境中运行。

在静态数据实验中，将本章提出的 DESEN 方法与 ELM 和 V-ELM 两种方法进行了实验比较。在 V-ELM 中，使用具有相同隐藏节点数的几个 ELM 进行加权投票，ELM 使用的激励函数相同。最终的类标签是通过对所有结果的简单多数投票决定的。DESEN 采用 DE 算法优化基分类器的权重，并选择与 V-ELM 相同数量的基分类器进行加权投票。在 V-ELM 和 DESEN 中，基分类器的数量均设置为 7。对于原始的 ELM，本章实验中记录了 20 次的平均结果。

在 DESEN 的 DE 优化阶段，种群的维数为 20，对应 20 个基分类器。种群规模 NP 设定为 50。最大迭代次数 G_{max} 为 30。交叉率 CR 和变异因子 F 分别为 0.8 和 0.7。隐藏节点数在 $L=\{10,20,\cdots,200\}$ 中寻求最优结果。

表 6.3 和表 6.4 分别表示三种算法（algorithms）在二类问题和多类问题上的实验结果比较，表中还记录了每个算法在每个数据集（datasets）上的最佳隐藏节点数（best L）。训练时间是重复 10 次训练过程的平均值。集成分类模型均使用 7 个基分类器进行集成。测试精度（testing accuracy）和标准偏差（testing dev）使用 5 折交叉验证求平均值的方法得出。对于每个数据集，最好的结果以粗体突出显示。

从表 6.3 和表 6.4 可以看出，在平均分类准确率方面，提出的 DESEN 方法在 14 个数据集中有 10 个表现最好，V-ELM 在 hayes-roth 和 ecoli 数据集上获得了最佳性能。在全部 14 个数据集上，DESEN 和 V-ELM 的准确性明显优于原始 ELM。

表 6.3　二类数据集的平均分类准确率

datasets	algorithms	best L	training time/s	testing accuracy/%	testing dev/%
bupa	ELM	70	0.018 3	65.04	2.41
	V-ELM	60	0.146 0	68.11	0.49
	DESEN	70	4.812 1	**68.89**	1.20
haberman	ELM	30	0.012 7	66.77	3.57
	V-ELM	180	0.137 5	**69.03**	2.64
	DESEN	150	4.202 8	**69.03**	0.98
heart	ELM	80	0.011 1	68.30	2.00
	V-ELM	90	0.133 1	**70.12**	0.42
	DESEN	110	4.222 4	**70.12**	0.77

表 6.3（续）

datasets	algorithms	best L	training time/s	testing accuracy/%	testing dev/%
monk-2	ELM	150	0.063 7	99.01	0.78
	V-ELM	190	0.378 5	99.54	0.23
	DESEN	160	5.257 2	**99.62**	0.13
sonar	ELM	60	0.014 9	78.46	1.89
	V-ELM	60	0.066 5	83.49	0.55
	DESEN	110	2.458 6	**83.65**	1.37
spambase	ELM	70	1.124 9	90.48	0.81
	V-ELM	120	7.312 7	91.45	0.58
	DESEN	170	102.370 0	**91.52**	0.60
wdbc	ELM	160	0.058 0	89.98	0.71
	V-ELM	150	0.349 4	91.64	0.86
	DESEN	190	8.546 8	**91.99**	0.10

表 6.4　多类数据集的平均分类准确率

datasets	algorithms	best L	training time/s	testing accuracy/%	testing dev/%
balance	ELM	40	0.019 3	90.50	0.39
	V-ELM	110	0.168 4	90.93	0.24
	DESEN	180	7.874 9	**92.75**	0.46
hayes-roth	ELM	30	0.005 9	72.87	3.11
	V-ELM	20	0.038 5	76.67	0.72
	DESEN	20	2.319 2	**76.04**	0.96
newthyoid	ELM	30	0.008 1	**88.19**	**1.66**
	V-ELM	**80**	**0.080 0**	89.92	**1.42**
	DESEN	**50**	**3.198 0**	91.16	1.07
wine	ELM	180	0.023 7	70.78	5.87
	V-ELM	170	0.176 8	76.67	1.47
	DESEN	200	3.677 5	**79.44**	0.96
vehicle	ELM	170	0.123 2	60.72	1.75
	V-ELM	190	0.697 2	63.53	0.82
	DESEN	200	9.832 5	**65.18**	1.44
glass	ELM	180	0.008 1	64.31	1.50
	V-ELM	70	0.042 6	66.36	1.42
	DESEN	110	1.796 1	**67.13**	0.71

表 6.4(续)

datasets	algorithms	best L	training time(s)	testing accuracy/%	testing dev/%
ecoli	ELM	90	0.033 1	71.62	2.51
	V-ELM	100	0.078 0	**79.12**	1.21
	DESEN	150	3.238 6	78.98	0.37

对于 wine,vehicle 和 ecoli 三个数据集,DESEN 的分类准确率比原始 ELM 算法增加了 7% 以上。DESEN 在 haberman 和 heart 数据集上与 V-ELM 具有相同的分类性能,而 V-ELM 在 hayes-roth 和 ecoli 数据集上的效果略好于 DESEN。

从三种算法的标准差上看,DESEN 获得最低平均偏差,为 0.79,而 V-ELM 和 ELM 的标准偏差分别为 0.93 和 2.07。DESEN 可以在分类问题上产生更好的泛化性能。从训练时间上看,使用原始 ELM 的训练时间在三种算法中最低。DESEN 的训练时间比 V-ELM 的训练时间长。

在所有三种比较算法中,DESEN 算法获得了最好的平均精度 80.39%,而 V-ELM 和原始 ELM 分别为 79.75% 和 76.93%。平均结果表明,本章提出方法的分类性能要优于其他两种算法,说明基于 DE 的 ELM 选择集成学习可以有效提高分类准确率。

2.动态数据实验

(1)实验数据及参数设置

在动态数据流实验方面,实验数据集均使用 MOA 生成,具体生成参数如表 6.5 所示。

表 6.5　动态数据集描述

数据集	样本量/10^3	属性	类别	噪声/%	漂移周期/10^3
HyperPlane1	40	2	2	5	10
HyperPlane2	40	10	2	5	10
RBF1	40	5	2	5	10
RBF2	40	10	2	5	10

为验证算法的有效性,本节使用 DESEN 算法与 OCBoost[12]、OBADWIN[13]、OBASHT[13] 和 AccUpEN[14] 算法在四个数据集上的进行实验对比。所有算法均选择 7 个基分类器进行集成。

在 DESEN 的 DE 优化阶段,种群的维数为 20,对应 20 个基分类器。种群规模设定为 50,迭代次数最多为 30,交叉率 CR 和突变率分别为 0.8 和 0.7。实验中,隐藏节点数选择 100。

(2)实验结果分析

图 6.13～图 6.16 所示分别表示 OCBoost、OBADWIN、OBASHT、AccUpEn、DESEN 五种算法在 HyperPlane1、HyperPlane2、RBF1、RBF2 四种数据集上的分类准确率。纵坐标轴表示分类准确率,横坐标表示数据块号。

由图6.13可知,在HyperPlane1数据集上五种算法的分类准确率较高部分相接近,其中DESEN算法较为稳定,发生概念漂移后召回反应较快,适应能力性强,能够快速匹配新的概念,而OBASHT算法表现较差,在对新的概念的适应性上表现较弱。

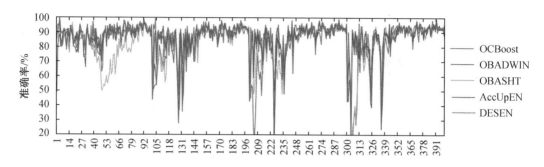

图6.13 HyperPlane1 数据集分类准确率

由图6.14可知,在HyperPlane2数据集上,DESEN算法和OBADWIN算法表现较为稳定,发生概念漂移后召回反应较快。而OCBoost算法和AccUpEN算法相比于其他三种算法分类准确率较低,在对新的概念的适应性上表现较弱。

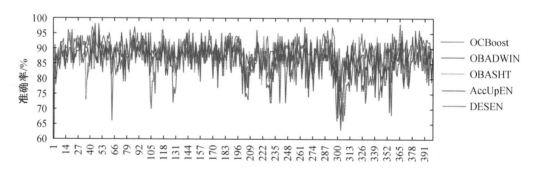

图6.14 HyperPlane2 数据集分类准确率

由图6.15可知,在数据集RBF1上,五种算法表现相差不大;但是可以看出OBASHT算法和OBADWIN算法波动较小,表现更平稳。

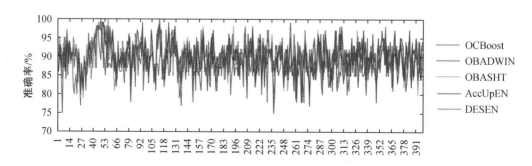

图6.15 RBF1 数据集分类准确率

图 6.16 可知,在数据集 RBF2 上五种算法的分类准确率都随着数据块数的增加而逐渐下降。在此过程中,AccUpEn 算法随着每次概念漂移的发生准确率下降幅度最大,OCBoost、OBADWIN 算法随着每次概念漂移的发生准确率也存在较大幅度的下降,OBADWIN 和 DESEN 算法准确率表现和其余三种算法相比较稳定,且适应新的概念的速度较快。

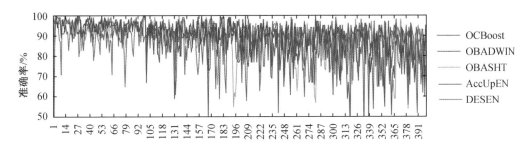

图 6.16　RBF2 数据集分类准确率

为准确了解五种算法在 HyperPlane1、HyperPlane2、RBF1 和 RBF2 数据集上分类准确率的情况,将准确率结果进行了汇总,如表 6.6 所示。表 6.6 中记录的为 OCBoost、OBADWIN、OBASHT、AccUpEn、DESEN 五种算法在四个数据集上当数据块大小分别为 100 块、200 块、500 块时的最高分类准确率。

在 HyperPlane1 和 HyperPlane2 数据集上,DESEN 算法在数据块大小为 100 块、200 块、500 块时皆为分类准确率最高的算法,最高准确率分别为 88.49% 和 88.52%。在数据集 RBF1 上,当数据块为 200 和 500 时 DESEN 算法表现最好,准确率分别为 89.99% 和 98.87%;数据块大小为 100 时,OBADWIN 算法表现最好,为 89.91%。在 RBF2 数据集上,当数据块为 100 和 200 时 DESEN 算法表现最好,准确率达到 92.42%,当数据块为 500 时,OBADWIN 算法表现最好,分类准确率达到 92.21%。

表 6.6　五种算法在四个数据集上的平均分类准确率

数据集	数据块大小	准确率/%				
		OCBoost	OBADWIN	OBASHT	AccUpEn	DESEN
HyperPlane1	100	83.42	85.64	81.72	85.69	**87.22**
	200	83.44	85.66	82.08	85.86	**85.84**
	500	83.46	85.69	87.75	86.30	**88.49**
HyperPlane2	100	86.51	86.86	87.47	86.71	**88.42**
	200	86.91	87.08	87.71	87.16	**88.52**
	500	86.92	86.08	87.15	86.06	**88.04**
RBF1	100	89.75	**89.91**	89.82	89.25	88.67
	200	89.87	89.93	89.97	89.50	**89.99**
	500	89.49	89.81	89.53	89.36	**89.87**

表 6.6(续)

数据集	数据块大小	准确率/%				
		OCBoost	OBADWIN	OBASHT	AccUpEn	DESEN
RBF2	100	86.09	92.24	88.22	86.80	**92.42**
	200	86.09	92.24	88.28	87.64	**92.42**
	500	86.07	**92.21**	88.27	88.14	90.80

为了解决数据流分类问题,本节提出一种基于差分进化的选择集成分类算法:使用当前的数据块训练出若干个基分类器;然后用差分进化方法对各个基分类器分别赋予不同的权值,选择几个权值最大、表现最优的基分类器进行加权投票集成;最后使用集成的分类模型分类之后到达的数据块。分别在静态数据集和动态数据集对 DESEN 算法进行评估,实验结果表明,所提出的方法可以实现比其他比较方法更好的分类性能,同时具有稳定性好、泛化性强、分类准确率高等优点。在本节实验中,DESEN 算法只在二类数据流上进行了评估,并没有在多类数据流上进行评估,这也是后续研究工作的一个重点。

6.5　本章小结

随着对数据挖掘技术研究的不断深化,数据挖掘技术由最初的分析静态有限的数据,逐渐发展到如今的分析动态无限数据。数据流分类成为数据挖掘领域的一个研究热点。数据流具有数据量大、到达速度快、连续实时到达等特点。由于数据流发生的概念漂移现象会导致分类器的性能下降,因此,本章提出两种方案解决上述问题。

第一个方案,在分析数据流所具有的特性的基础上,提出一种基于数据余弦相似度的概念漂移检测算法。通过计算相邻两块数据各类质心连线的余弦相似度,根据参数估计原理,判读余弦相似度是否在最小置信区间内,若余弦相似度不在置信区间内,则认为数据流在当前块发生了概念漂移。实验证明基于数据余弦相似度的概念漂移算法能够有效地检测出数据流上发生的概念漂移,从而提高了数据流分类的准确率。

第二个方案,针对数据流的分类问题,提出一种基于差分进化的选择集成分类算法:使用当前的数据块训练出若干个基分类器,根据滑动窗口原理将数据流划分成连续相等大小的数据块,用差分进化的方法优化基分类器权值;然后在所有基分类器中选择几个权值最大、表现最优的基分类器进行加权投票集成;最后使用集成模型分类后续到达的数据块。实验证明基于差分进化算法的选择集成分类器具有稳定性好、泛化性强、分类准确率高等优点。

对于本章提出的算法仍有许多不足之处。如文中实验数据流均为虚拟数据流,没有在真实数据流上进行仿真实验;数据流类别均为两类,没有拓展到多类数据流上使用等;对于数据流中存在的噪声没有细化分析。未来的研究,将对真实数据流的仿真实验,并且能在多类问题上进行实验验证,同时对数据流中的噪声和概念漂移进行细化区分。

参 考 文 献

[1]　WANG H, FAN W, YU P S, et al. Mining concept-drifting data streams using ensemble classifiers [C]. Proceedings of the ninth ACM SIGKDD International Conference on Knowledge Discovery and Data Mining, New York, 2003 :226 – 235.

[2]　TSYMBAL A. The problem of concept drift: definitions and related work[J]. Computer Science Department, Trinity College Dublin, 2004, 106 – 111.

[3]　石中伟. 多标签数据流分类中的类别增量学习与概念漂移检测的研究[D]. 桂林: 桂林电子科技大学, 2015.

[4]　HAN J W, KAMBER M. 数据挖掘:概念与技术[M]. 范明, 孟小峰, 译. 北京: 机械工业出版社, 2001.

[5]　DOMINGOS P, HULTEN G. Mining high-speed data streams[C]. Proceedings of the sixth ACM SIGKDD International Conference on Knowledge Discovery and Data Mining, 2000: 71 – 80.

[6]　GAMA J, ROCHA R, MEDAS P. Accurate decision trees for mining high-speed data streams[J]. Proceedings of the ACM SIGKDD International Conference on Knowledge Discovery and Data Mining, 2003: 523 – 528.

[7]　JIN R, AGRAWAL G. Efficient decision tree construction on streaming data[C]. Proceedings of the ninth ACM SIGKDD International Conference on Knowledge Discovery and Data Mining, Washington, D. C., August 24 – 27, 2003:571 – 576.

[8]　XU S, WANG J. A fast incremental extreme learning machine algorithm for data streams classification[J]. Expert Systems with Applications. 2016, 65: 332 – 344.

[9]　MARRÓN D, READ J, BIFET A, et al. Data stream classification using random feature functions and novel method combinations[J]. The Journal of Systems & Software, 2017, 127: 195 – 204.

[10]　STREET W N, KIM Y S. A streaming ensemble algorithm (SEA) for large-scale classification[C]. Proceedings of the seventh ACM SIGKDD International Conference on Knowledge Discovery and Data Mining, 2001:377 – 382.

[11]　KOLTER J Z, MALOOF M A. Dynamic weighted majority: A new ensemble method for tracking concept drift[J]. Proceedings of the Third IEEE International Conference on Data Mining, 2003: 123 – 130.

[12]　PELOSSOF R, JONES M, VOVSHA I, et al. Online coordinate boosting[J]. IEEE 12th International Conference on Computer Vision Workshops, 2009: 1354 – 1361.

[13]　BIFET A, HOLMES G, PFAHRINGER B, et al. New ensemble methods for evolving

data streams[C]. Proceedings of the 15th ACM SIGKDD International Conference on Knowledge Discovery and Data Mining, 2009: 139 – 148.

[14] BRZEZINSKI D, STEFANOWSKI J. Accuracy updated ensemble for data streams with concept drift[C]//Hybrid Artificial Intelligent Systems, 2011, 6679: 155 – 163. DOI: 10. 1007/978 – 3 – 642 – 21222 – 2_19.

[15] WIDMER G, KUBAT M. Learning in the presence of concept drift and hidden contexts [J]. Machine Learning, 1996, 23(1): 69 – 101.

[16] HULTEN G, SPENCER L, DOMINGOS P. Mining time-changing data streams[C]. Proceedings of the seventh ACM SIGKDD International Conference on Knowledge Discovery and Data Mining, 2001: 97 – 106.

[17] GAMA J, MEDAS P, CASTILLO G, et al. Learning with drift detection[J]. Intelligent Data Analysis, 2004, 3171: 286 – 295.

[18] BAENA-GARCÍA M, DEL CAMPO-ÁVILA J, FIDALGO R, et al. Early drift detection method[J]. 4th ECML PKDD International Workshop on Knowledge Discovery from Data Streams, 2006, 6: 77 – 86.

[19] BIFET A, GAVALDÁR. Learning from time-changing data with adaptive windowing[C]. Proceedings of the Seventh SIAM International Conference on Data Mining, 2007: 443 – 448.

[20] ÁNGEL AM, BÁRTOLOGJ, ERNESTINA M. Predicting recurring concepts on data-streams by means of a meta-model and a fuzzy similarity function[J]. Expert Systems with Applications, 2016, 46: 87 – 105.

[21] 韩萌, 王志海, 原继东. 一种基于时间衰减模型的数据流闭合模式挖掘方法[J]. 计算机学报, 2015, 38(7): 1473 – 1483.

[22] 毛国君, 胡殿军, 谢松燕. 基于分布式数据流的大数据分类模型和算法[J]. 计算机学报, 2017, 40(1): 161 – 175.

[23] 刘三民, 孙知信, 刘涛. 基于样本不确定性的增量式数据流分类研究[J]. 小型微型计算机系统, 2015, 36(2): 193 – 196.

[24] 徐树良, 王俊红. 基于 Kappa 系数的数据流分类算法[J]. 计算机科学, 2016, 43 (12): 173 – 178.

[25] 张盼盼, 尹绍宏. 隐含概念漂移的不确定数据流集成分类算法[J]. 计算机工程与科学, 2016, 38(7): 1510 – 1516.

[26] 王中心, 孙刚, 王浩. 面向噪音和概念漂移数据流的集成分类算法[J]. 小型微型计算机系统, 2016, 37(7): 1445 – 1449.

[27] 张玉红, 陈伟, 胡学钢. 一种面向不完全标记的文本数据流自适应分类方法[J]. 计算机科学, 2016, 43(12): 179 – 182.

[28] 刘茂, 张东波, 赵圆圆. 基于交叠数据窗距离测度概念漂移检测新方法[J]. 计算机

应用, 2014, 34(2): 542 – 545.

[29] 张育培, 柴玉梅, 王黎明. 基于鞅的数据流概念漂移检测方法[J]. 小型微型计算机系统, 2013, 34(8): 1787 – 1792.

[30] 陈小东, 孙力娟, 韩崇, 等. 基于模糊聚类的数据流概念漂移检测算法[J]. 计算机科学, 2016, 43(4): 219 – 223.

[31] 文益民, 唐诗淇, 冯超, 等. 基于在线迁移学习的重现概念漂移数据流分类[J]. 计算机研究与发展, 2016, 53(8): 1781 – 1791.

[32] HUANG G B, ZHU Q Y, SIEW C K. Extreme learning machine: theory and applications [J]. Neurocomputing, 2006, 70(1 – 3): 489 – 501.

[33] ZHANG R, HUANG G B, SUNDARARAJAN N, et al. Multicategory classification using an extreme learning machine for microarray gene expression cancer diagnosis[J]. IEEE/ACM Transactions on Computational Biology and Bioinformatics, 2007, 4(3): 485 – 495.

[34] LIU N, WANG H. Evolutionary extreme learning machine and its application to image analysis[J]. Journal of Signal Processing Systems, 2013, 73(1): 73 – 81.

[35] AVCI E, COTELI R. A new automatic target recognition system based on wavelet extreme learning machine[J]. Expert Systems with Applications, 2012, 39(16): 12340 – 12348.

[36] LIANG N Y, HUANG G B, SARATCHANDRAN P, et al. A fast and accurate online sequential learning algorithm for feedforward networks[J]. IEEE Transactions on Neural Networks, 2006, 17(6): 1411 – 1423.

[37] ZONG W, HUANG G B, CHEN Y. Weighted extreme learning machine for imbalance learning[C]. Neurocomputing, 2013, 101(3): 229 – 242.

[38] HUANG G, SONG S, GUPTA J N, et al. Semi-supervised and unsupervised extreme learning machines[J]. IEEE Transactions on Cybernetics, 2014, 44(12): 2405 – 2417.

[39] HORATA P, CHIEWCHANWATTANA S, SUNAT K. Robust extreme learning machine [C]. Neurocomputing, 2013, 102(2): 31 – 44.

[40] LIU N, WANG H. Ensemble based extreme learning machine [J]. IEEE Signal Processing Letters, 2010, 17(8): 754 – 757.

[41] Wang G T, LI P. Dynamic Adaboost ensemble extreme learning machine[J]. ICACTE 2010 – 2010 3rd International Conference on Advanced Computer Theory and Engineering, Proceedings, 2010, 3: 54 – 58.

[42] LAN Y, SOH Y C, HUANG G B. Ensemble of online sequential extreme learning machine[J]. Neurocomputing, 2009, 72(13 – 15): 3391 – 3395.

[43] MIRZA B, LIN Z, LIU N. Ensemble of Subset Online sequential extreme learning machine for class imbalance and concept drift[C]. Neurocomputing, 2015, 149(A): 316 – 329.

[44] CAO J W, LIN Z P, HUANG G B, et al. Voting based extreme learning machine[J].

Information Sciences, 2012, 185(1): 66 - 77.

[45] MIRZA B, LIN Z, CAO J, et al. Voting based online sequential extreme learning machine for multi-class classification[J]. Proceedings of IEEE International Symposium on circuits and Systems (ISCAS), 2015:565 - 568.

[46] ZHU Q Y, QIN A K, SUGANTHAN P N, et al. Evolutionary extreme learning machine [J]. Pattern Recognition, 2005, 38(10): 1759 - 1763.

[47] FENG G R, QIAN Z X, ZHANG X P. Evolutionary selection extreme learning machine optimization for regression[J]. Soft Computing, 2012, 16(9): 1485 - 1491.

[48] PRICE K, STORN R. LAMPINEN J. Differential evolution: A practical approach for global optimization[J]. New York: Springer - Verlag, 2005.

[49] ZHAI J H, XU H Y, WANG X Z. Dynamic ensemble extreme learning machine based on sample entropy[J]. Soft Computing, 2012, 16(9): 1493 - 1502.

[50] XUE X, YAO M, WU Z, et al. Genetic ensemble of extreme learning machine[J]. Neurocomputing, 2014, 129: 175 - 184.

[51] ZHANG J, SANDERSON A C. JADE: adaptive differential evolution with optional external archive[J]. IEEE Transaction on Evolutionary Computation, 2009, 13(15): 945 - 958.

[52] GONG W, CAI Z, LING C, et al. Enhanced differential evolution with adaptive strategies [J]. IEEE Transactions on Systems Man and Cybernetics Part B, 2011, 41(2): 397 - 413.

[53] TENG N S, TEO J, HIJAZI M H A. Self-adaptive population sizing for a tune-free differential evolution[J]. Soft Computing, 2009, 13(7): 709 - 724.

[54] FEOKTISTOV V, JANAQI S. Generalization of the strategies in differential evolution [C]. Proceedings of the 18th International Parallel and Distributed Processing Symposium, 2004:165 - 170.

[55] DAS S, ABRAHAM A, CHAKRABORTY U K, et al. Differential evolution using a neighborhood-based mutation operator [J]. IEEE Transactions on Evolutionary Computation, 2009, 13(3): 526 - 553.

[56] PAN Q, SUGANTHAN P N, WANG L, et al. A differential evolution algorithm with self-adapting strategy and control parameters[J]. Computers & Operations Research, 2011, 38(1): 394 - 408.

[57] 宋锦, 师玉娇, 高浩, 等. 基于新型变异策略的差分进化算法[J]. 计算机工程与设计, 2016, 37(5): 1285 - 1290.

[58] 魏文红, 王甲海, 陶铭, 等. 基于泛化反向学习的多目标约束差分进化算法[J]. 计算机研究与发展, 2016, 53(6): 1410 - 1421.

[59] 刘宏志, 欧阳海滨, 高立群, 等. 动态多子群差分进化算法[J]. 小型微型计算机系统, 2016, 37(9): 2019 - 2023.

[60] 张锦华, 宋来锁, 张元华,等. 加权变异策略动态差分进化算法[J]. 计算机工程与应用, 2017, 53(4): 156－162.

[61] MUKHERJEE R, PATRA G R, KUNDU R, et al. Cluster-based differential evolution with Crowding Archive for niching in dynamic environments[J]. Information Sciences, 2014, 267: 58－82.

[62] RICHARD K. Improving hoeffding trees[D]. University of Waikato-New Zealand, 2008.

[63] KEEL dataset repository[DB/OL]. http://sci2s. ugr. es/keel/datasets. php.

第7章 深度学习在数据流分类中的应用

本章将从深度学习的角度,介绍数据流分类的相关应用。针对数据量大、快速、连续、实时到达的特点,传统处理数据的方法不再适用,需要提出新的方法来处理此类问题,因此对数据流挖掘的分类技术则成为目前研究的重中之重。数据流分类是数据流挖掘的关键技术,它是通过训练样本集训练一个分类模型,将一个未知类的新样本映射到一个已知类[1],它是一种有指导的学习方法。数据流分类主要涵盖以下两个方面:训练一个模型,根据已知类标签(class label)的训练样本集构建分类模型;利用所训练的模型学习新样本,用评价指标评估分类模型。一个好的分类算法不仅要有较高的分类精度和分类速度,还应该具有系统健壮性与可伸缩性。

本章针对数据流的不均衡性与概念漂移展开讨论,结合具有坚实理论基础的 BP 神经网络、在线连续极限学习机、概率密度函数提出了两种数据流分类模型:基于 BP 神经网络的不均衡数据流集成分类算法和基于双加权在线极限学习机的不均衡数据流分类算法。

7.1 概　　述

7.1.1 研究现状

数据流挖掘是数据挖掘领域中的研究重点之一,近几年受到国内外学者的高度重视,数据库方面的顶级会议 SIGMOD、VLDB、ICDE、PKDD、SDM 和 KDD 等[2]每年都发表很多数据流挖掘领域的高水平文章。数据流不同于传统的静态数据,其在短时间内大量连续涌现,这些数据具有实时动态变化的趋势且都是高维度数据,因此传统的数据挖掘方法对其不再有效,需要提出新颖的数据流挖掘算法。近几年许多学者开始注重数据流挖掘算法的研究,提出了很多新思路、新模型、新算法和新构造,这也从另一角度反映了研究数据流挖掘方法的意义。学者越来越关注数据流挖掘算法和模型的研究,其研究成果呈上升趋势,目前的重点研究方向有数据流聚类、分类、估计预测、相关性分组和离群点检测等,本章的研究重点是数据流分类。

分类是数据挖掘领域中的一个重要研究内容。分类可描述如下:输入样本或称训练样本是由很多记录组成的,每条记录都有很多属性,组成一个特征样本集,训练样本的每条记录还有一个特定的类标签与之对应;分类的目的是通过训练样本所具有的特征,为每一类构建相应的模型,由此生成的类模型用来分类测试样本。迄今为止,数据流分类的模型主要有基于决策树[3]、贝叶斯[4]、KNN[5]、BP 神经网络、支持向量机等算法的单分类器模型和多分类器模型。

单分类器模型就是用一个学习器分类数据流。早期的数据是非动态的且数量有限,因此用单分类器模型就能得到较好的分类效果,然而数据流是快速、连续且动态的,用原来的单分类器模型很难准确分类,因此很多学者展开了对数据流单分类器模型的研究。例如决策树是最流行的挖掘数据流的工具之一,文献[6]提出了快速决策树(VFDT)算法分类数据流,VFDT 能够在线处理数据流。之后,文献[7]对 VFDT 进行改进,提出了适应概念的快速决策树(CVFDT),CVFDT 是一个增量的学习算法,在数据流发生概念漂移时能够重新构建决策树分类器。Gama[8] 提出了一个基于水库采样的连续方法处理动态数据流中的概念漂移问题,该方法有效地提高了分类样本的假正率和假负率。

相比于单分类器模型,多分类器(即集成分类器)模型是一个比较流行的解决数据流分类问题的方法。集成方法是使用多个相同或不同的单分类模型来产生具有更好预测性能的新模式,集成方法的预测模型能被增量地更新或使用最近的数据块重新训练分类模型[8-10]。Gao[11] 等提出了一个通用框架,使用加权集成分类器挖掘概念漂移数据流,在数据不断变化的环境中,根据测试数据上的分类器准确率给集成模型中的基分类器赋权重。实验结果表明,与单分类器模型相比,集成分类模型在预测评估标准上具有很好的表现性能。Enwall 和 Polikar[12] 提出了一个动态集成方法 Learn + + . NSE,该方法能够处理不同类型的概念漂移。然而,Learn + + . NSE 方法是根据最近数据块的分类误差给集成模型中的分类器赋权重,这并不适用于处理不均衡分布的数据。Brzezinski 和 Stefanowski[13] 提出了一个新的增量集成分类器,在线准确更新集成,它组合了基于块的和在线方法处理概念漂移,但提出的方法并不适用于不均衡的数据流。

7.1.2　本章研究内容

7.2 节,提出了一种新的集成分类模型分类具有不均衡分布的数据流。提出的集成模型包含三个阶段:平衡训练数据流、构建集成分类模型、用新到达的数据流更新构建好的分类模型。选择三个标准方法进行比较,从 UCI 机器学习库中选择十个数据集进行评估,实验结果表明本章提出的算法能有效地处理具有非稳定和不均衡特征的数据流分类问题。

7.3 节,提出了一种基于双加权在线极限学习机的不均衡数据流分类模型,该模型以在线极限学习机作为基分类器,采用增量式的概率神经网络自适应地计算出一个较佳的权值,利用该权值平衡当前数据的类分布,更新整个模型,实验结果表明本章提出的算法具有良好的鲁棒性和可扩展性。

7.2　神经网络简介

7.2.1　BP 神经网络

BP 神经网络是 1986 年由 Rumelhart 和 McCelland 为首的专家小组提出的按误差反向传播的多层前馈神经网络,是应用最广泛的人工神经网络算法之一[14]。BP 神经网络的拓扑结构包括输入层,隐藏层(中间层)和输出层,输入数据从输入层经隐藏层逐层处理,直至输出层。该模型包含两个阶段:正向传播阶段和后向反馈阶段。在正向传播阶段中,由输入数据和先前迭代获取的权值及阈值计算隐藏层神经元的输出。公式如下:

$$O_j = f\left(\sum_i w_{ij} x_i - a_j \right) \tag{7.1}$$

式中　f——激励函数;

　　O_j——隐藏层神经元 j 的输出;

　　x_i——输入数据;

　　w_{ij}——输入层和隐藏层的权重;

　　w_{jk}——隐藏层与输出层间的权重;

　　a_j——隐藏层的阈值;

网络的输出 I_k 公式如下:

$$I_k = \sum_j O_j w_{jk} - \theta_k \tag{7.2}$$

式中,θ_k 为输出层的阈值。在后向反馈阶段,更新权重和阈值,误差反向传播,对于输出层的神经元 k,误差 E_k 公式如下:

$$E_k = T_k - I_k \tag{7.3}$$

式中,T_k 为第 k 个神经元的真实输出。

对于隐藏层的神经元 j,误差 E_j 公式如下:

$$E_j = (1 - I_j) x_i \sum_k E_k w_{jk} \tag{7.4}$$

权重和阈值按如下公式更新,其中 $l \in (0,1)$ 为学习率:

$$w_{jk} = w_{jk} + l E_j I_j \tag{7.5}$$

$$a_j = a_j + l E_j$$

$$\theta_k = \theta_k + l E_j \tag{7.6}$$

7.2.2　在线极限学习机

近年来,黄广斌教授提出的极限学习机(ELM)由于快速的学习速度得到了广泛的应用[15]。ELM 是一种简单有效的单层前馈神经网络学习算法,已经被用来解决数据分类问题。然而,传统的 ELM 不能很好地学习在线连续数据。Liang 等[16]改进了 ELM 并提出在线连续极限学习机(OS-ELM),OS-ELM 能够处理数据流分类问题,它能够逐个或者逐块地学习数据。

1.模型建立

假设一个含有 C 类的数据集 $D = \{(x_i, y_i) | i = 1,2,\cdots,N\}$,其中 N 为训练数据个数,$x_i = [x_{i1}, x_{i2}, \cdots, x_{id}] \in \mathbf{R}^d$ 是一个 d 维数据样本,$y_i \in \mathbf{R}^C$ 为样本类标签,C 代表类标签的数目。对于一个具有 L 个中间层节点的极限学习机来说,其每个输入节点所对应的输出结果可表示为

$$O_i = \sum_{j=1}^L \beta_j g(a_j, b_j, x_i) \quad i = 1,2,\cdots,N \tag{7.7}$$

式中　a_j——第 j 个中间层节点的输入权值;

b_j——相应的阈值;

x_i——输入向量;

$\boldsymbol{\beta}_j$——连接第 j 个中间层节点到输出层节点间的输出权值;

$g(\,\cdot\,)$——任意一个无限可微的激活函数,如 Sigmoid、Sine 和 RBF 等。

对于 N 个节点的模型输出,采用矩阵表示形式为

$$O = H\beta \tag{7.8}$$

式中,$\boldsymbol{O} = [\,\boldsymbol{O}_1, \boldsymbol{O}_2, \cdots, \boldsymbol{O}_N\,]^{\mathrm{T}}$,$\boldsymbol{\beta} = [\,\boldsymbol{\beta}_1, \boldsymbol{\beta}_2, \cdots, \boldsymbol{\beta}_L\,]^{\mathrm{T}}$,

$$H = \begin{bmatrix} g(\boldsymbol{a}_1, \boldsymbol{b}_1, \boldsymbol{x}_1) & \cdots & g(\boldsymbol{a}_L, \boldsymbol{b}_L, \boldsymbol{x}_1) \\ \vdots & & \vdots \\ g(\boldsymbol{a}_1, \boldsymbol{b}_1, \boldsymbol{x}_N) & \cdots & g(\boldsymbol{a}_L, \boldsymbol{b}_L, \boldsymbol{x}_N) \end{bmatrix}_{N \times L} \tag{7.9}$$

其中,H 为中间层输出矩阵,元素 H_{ij} 表示第 j 个中间层节点关于输入向量 x_i 的输出值。

2. 模型求解

对于上述模型的求解,人们利用最小化风险函数 $\boldsymbol{O}\text{-}\boldsymbol{Y}$ 得到了输出权值矩阵 $\boldsymbol{\beta}$ 的一个最小二乘解[16]:

$$\boldsymbol{\beta} = \boldsymbol{H}^* \boldsymbol{Y} = (\boldsymbol{H}^{\mathrm{T}} \boldsymbol{H})^{-1} \boldsymbol{H}^{\mathrm{T}} \boldsymbol{Y} \tag{7.10}$$

式中,$\boldsymbol{Y} = [\,\boldsymbol{y}_1, \boldsymbol{y}_2, \cdots, \boldsymbol{y}_N\,]^{\mathrm{T}}$,$\boldsymbol{H}^*$ 为矩阵 $\boldsymbol{H}$ 的 Moore-Penrose 广义逆。

3. 算法描述

在线极限学习机算法分为两步:模型初始化;在线连续学习。具体步骤如下:

(1)初始化

选取训练样本中的部分样本 $\boldsymbol{D}_0 = \{(\boldsymbol{x}_i, \boldsymbol{y}_i) \,|\, i = 1, \cdots, N_0\}$($N_0 < N$)进行初始训练,根据公式(7.10)得出初始输出权重矩阵 $\boldsymbol{\beta}_0$:

$$\boldsymbol{\beta}_0 = (\boldsymbol{H}_0^{\mathrm{T}} \boldsymbol{H}_0)^{-1} \boldsymbol{H}_0^{\mathrm{T}} \boldsymbol{Y}_0 \tag{7.11}$$

若记

$$\boldsymbol{M}_0 = (\boldsymbol{H}_0^{\mathrm{T}} \boldsymbol{H}_0)^{-1} \tag{7.12}$$

则式(7.11)可表示为

$$\boldsymbol{\beta}_0 = \boldsymbol{M}_0 \boldsymbol{H}_0^{\mathrm{T}} \boldsymbol{Y}_0 \tag{7.13}$$

需要注意的是,为了确保算法性能,要求参与初始训练的样本数 N_0 应大于或等于隐藏层的神经元数 L。

(2)在线连续学习

当到达新数据后,得到数据块 $\boldsymbol{D}_{k+1} = \left\{ (\boldsymbol{x}_i, \boldsymbol{y}_i) \,\middle|\, i = \left(\sum_{l=0}^{k} N_l \right) + 1, \cdots, \sum_{l=0}^{k+1} N_l \right\}$,其中 N_l 表示第 l 个数据块所含的样本数,利用该数据块可以计算出局部隐藏层输出矩阵 $\boldsymbol{H}_{k+1}$,从而更新输出权重矩阵 $\boldsymbol{\beta}_{k+1}$:

$$\boldsymbol{M}_{k+1} = \boldsymbol{M}_k - \boldsymbol{M}_k \boldsymbol{H}_{k+1}^{\mathrm{T}} (\boldsymbol{I} + \boldsymbol{H}_{k+1} \boldsymbol{M}_k \boldsymbol{H}_{k+1}^{\mathrm{T}})^{-1} \boldsymbol{H}_{k+1} \boldsymbol{M}_k \tag{7.14}$$

$$\boldsymbol{\beta}_{k+1} = \boldsymbol{\beta}_k + \boldsymbol{M}_{k+1} \boldsymbol{H}_{k+1}^{\mathrm{T}} (\boldsymbol{Y}_{k+1} - \boldsymbol{H}_{k+1} \boldsymbol{\beta}_k) \tag{7.15}$$

在学习过程中,N_l 的值可以为 1,当 $N_l = 1$ 时,即成为逐个样本学习(one-by-one),可以将认为其是基于块学习的一个特例。

7.2.3 概率神经网络

概率神经网络(PNN)是一个基于贝叶斯分类算法和 Parzen 窗的概率密度函数估计方法,它是一种结构简单、应用广泛的人工神经网络,能够用线性学习算法完成非线性学习算法的工作。

1.贝叶斯分类器

贝叶斯分类器是基于贝叶斯决策理论的条件概率分类模型,它是统计模型决策中的一个基本方法,其基本思想是:已知类条件概率密度函数和先验概率,利用贝叶斯公式将其转换成后验概率,之后根据后验概率大小来分类。

假设某样本 $\boldsymbol{x}_i$ 的特征集为 $\boldsymbol{x}_i = \{x_{i1}, x_{i2}, \cdots, x_{id}\} \in \mathbf{R}^d$,类标为 $c_j \in C$,$C = \{c_1, c_2, \cdots, c_m\}$,$m$ 为数据集所含样本类别总数,由贝叶斯公式可知,该样本 $\boldsymbol{x}_i$ 隶属于类 c_j 的概率为:

$$p(c_j | x_i) = \frac{p(c_j, x_i)}{p(x_i)} = \frac{p(x_i, c_j)}{p(c_j) \times p(x_i)} p(c_j) = \frac{p(x_i | c_j) p(c_j)}{p(x_i)} \tag{7.16}$$

式中 $p(x_i)$——数据集中数据 x_i 特征出现的概率;

$p(c_j)$——c_j 类出现的概率;

$p(x_i | c_j)$——c_j 类中样本 x_i 特征出现的概率。

在实际应用中,$p(x_i)$ 和 $p(c_j)$ 往往是很容易得到的。因此,只需计算 $p(x_i | c_j)$,即样本 x_i 的概率密度,就可以求出样本 x_i 隶属于 c_j 类的概率值。

2. Parzen 窗概率密度估计

Parzen 窗概率密度估计方法主要分为两种:有参估计和无参估计。其中有参估计的精确率依赖于所假设的密度分布,因为它需要根据已知数据的密度分布来得到该密度分布的参数值,只有当假设的密度分布正确时才能得到较高的精度。在数据流挖掘中,样本的空间密度分布往往是无法事先预知的,因此采用无参估计方法进行数据流的密度估计会有更好的效果。研究表明,Parzen 窗[17-18]是一种性能优异的无参密度估计方法,能够有效利用已知样本来估算整个分布的密度函数。

Parzen 窗算法是利用某一特定范围内各个密度点的均值来估计总体密度函数的。假设一个属于 d 维总体的样本集 X,其样本总数为 N。为了估计总体中任意一点 x 的概率密度,以 x 为中心,以 h 为边长,做一个体积为 $V = h^d$ 的超立方体,利用窗核函数 $\varphi(x)$ 来计算落入该立方体内的样本点数 N_v:

$$N_v = \sum_{i=1}^{N} \varphi\left(\frac{x - x_i}{h}\right) \tag{7.17}$$

式中,$x = (x_1, x_2, \cdots, x_d) \in X^d$;

$$\varphi(x) = \begin{cases} 1 & |x_i| \leqslant \frac{1}{2}, i = 1, 2, \cdots, d \\ 0 & \text{其他} \end{cases} \tag{7.18}$$

满足 $\int_{X^d} \varphi(x) \mathrm{d}x = 1$。

这里,$\varphi(x)$ 的函数形式可以根据不同的需要来选择,其本质是对距离的一种度量。于是,点 x 的概率密度函数估计为

$$p(x) = \frac{1}{N}\sum_{i=1}^{N}\frac{1}{V}\varphi\left(\frac{x-x_i}{h}\right) \tag{7.19}$$

3. PNN

PNN 是贝叶斯分类算法与 Parzen 窗概率密度函数相结合的产物,是一个由输入层到中间层再到输出层的简单三层神经网络模型,其结构如图 7.1 所示。

图 7.1 中,输入层神经元由输入的训练样本组成,输出层神经元为训练集所含的样本类标签,中间为一个稀疏的隐藏层,代表模型中的激活函数。从输入层到隐藏层,算法首先按照式(7.20)归一化样本数据,消除样本属性间的量纲影响,并将样本归一化后的值作为输入层神经元到中间层神经元的连接权值 w:

$$w = \frac{X-\mu}{\sigma} \tag{7.20}$$

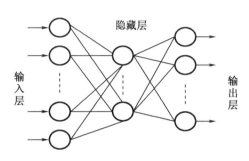

图 7.1　PNN 模型结构

然后按照式(7.21)获得网络激活信号:

$$\mathbf{net} = \mathbf{w}^{\mathrm{T}} \cdot \mathbf{X} \tag{7.21}$$

并采用指数激活函数作为中间隐藏层的突触神经元,由式(7.22)计算出隐藏层到输出层间的激活权值:

$$\mathrm{activation} = \mathrm{e}^{\frac{\mathbf{net}-1}{\delta^2}} \tag{7.22}$$

每当数据信息发生变化时,算法都利用旧网络模型与新数据进行网络的更新,最后采用逐类求和的方式得到相应输出层神经元的输出值,从中选出最大输出值对应的类别作为当前样本的类别。

7.3　基于 BP 神经网络的不均衡数据流集成分类

近年来,在计算机系统的许多科研和实际应用中,如网络监控、股票交易和信用卡欺诈检测,在很短时间内能产生庞大的数据流[19],数据流连续进入系统,系统内存无法存储所有的历史数据,而且,数据流分布随时间改变。然而,传统的数据挖掘技术假定数据具有平稳分布,它并不适用于数据流挖掘。因此对数据流的挖掘已迅速成为一个重要并具有挑战性的研究课题。

现有的数据流分类方法通常基于平衡的类分布估计它们的表现。然而,许多真实的数据流应用是不平衡分布。在知识发现与数据挖掘领域,从不平衡数据中学习具有显著的挑战。在不平衡数据流中,具有多个样本的类称为负类(多数类),具有较少样本的类称为正类(少数类),传统的数据挖掘方法往往被多数类主宰而忽视少数类。采样方法是处理类不平衡问题的有效方法之一,包括过采样和欠采样。过采样方法通过某种机制向原数据集中添加少数类样本来调整类的不均衡性;欠采样是移除原始数据集中的部分多数类样本,使多数类样本数与少数类样本数目基本相同。

针对具有不均衡和概念漂移特征的数据流分类问题,集成方法能有效提高学习模型的效率和分类的准确率,本章提出了一个基于神经网络的不均衡数据流集成分类模型,提出的算法没有相应的机制检测概念漂移,而是根据基分类器的均方误差尝试构建自适应集成分类器处理数据流中的概念漂移特征。

7.3.1　处理概念漂移的方法

概念漂移是数据流挖掘领域研究的主要问题之一,主要包括数据分布的变化和类分布的变化[20-22]。数据分布的变化是指数据块中某些属性的属性值发生改变,图7.2表示一个属性发生变化的情况,发生概念漂移后,虚线代表正确的分类。类分布的变化是指类标签的改变,即原来属于一个类别的数据现在属于另外一类了,图7.3表示类分布变化的情况,即黑色的图形代表发生概念漂移类别的改变。

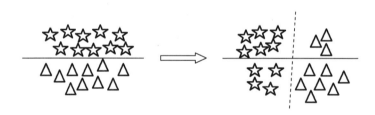

图7.2　数据分布的变化

图7.3　类分布的变化

目前,学者对于概念漂移问题的研究大致归结为以下两种:使用明确的机制检测漂移和不使用明确机制检测漂移。第一种方法是设计一个算法或一个监督机制检测漂移,可以通过评估标准(如准确率)的变化判断有无漂移发生[23-25]。一旦检测或证实有漂移发生,算法重新构建系统并忘记旧的学习经验,但是这种方法容易产生不准确的漂移检测,不适用于处理复现的或可预见的漂移。第二种方法是没有明显的机制检测漂移,这种方法采用可适应集成的方法[26]:改变集成的结构,即用最近到达的数据训练的基分类器取代分类器池中最弱的分类器;更新集成的技术,即根据评估标准给每个基分类器设置一个权重,用投票方式更新权重。本章提出的算法采用自适应集成方式来处理概念漂移。

7.3.2　算法设计与描述

1. 算法描述

针对数据流的不均衡性和概念漂移等特征,本节提出了一个基于 BP 神经网络的不均衡数据流集成分类方法,ECSDS 算法。在研究中,本章考虑两类数据流分类问题,包括多数类(负类)和少数类(正类),主要目标是构建一个自适应集成分类器模型来分类具有不均衡和概念漂移等特征的数据流样本,然而本章提出的算法并没有提出相应机制检测数据流中的概念漂移,而是根据基分类器的均方误差自适应地增量更新集成模型。为了实现目标,假设使用存储的数据流构建集成模型,用新到达的训练数据块增量更新模型。提出的方法包含三个阶段:平衡训练数据流,构建集成分类模型,用新到达的数据流样本更新模型。数据流的学习算法往往被多数类主宰而忽视少数类。因此,首先我们构建几个平衡的训练子集,其次不在原训练集上训练单分类模型,我们使用平衡的训练子集生成多分类器,构建集成分类模型,然后根据基分类器均方误差的大小增量更新集成分类器。用 BP 神经网络作为基分类器,当新数据流到达时,我们预测数据流的类标签且更新集成模型。提出的算法如算法 7.1 所示。

算法 7.1　不均衡数据流的集成学习分类算法

输入:数据流样本 S,集成数目 k,集成分类器 L。

输出:k 个基分类器的集成。

1. 用算法 7.2 把训练数据分成平衡的子集。

2. $L \leftarrow \varphi$。

3. 对于每个训练集 S_i

　3.1. 利用算法 7.3 训练基分类器 L_i;

　3.2. 利用式(7.23)计算基分类器 L_i 的均方误差 MSE_i;

　3.3. 如果 $|L| < k$,那么 $L \leftarrow L \cup \{L_i\}$,否则用基分类器 L_i 替换 L 中具有最大均方误差的基分类器。

　　/* 用新到达的样本更新集成分类器 */

4. 对于每个新到达的数据块 S_n

　4.1. 对 S_n 中的每个样本 x_j,用多数类投票方法分类样本 x_j,得到 x_j 的类标签 y_j;

　4.2. 如果 $|L| < k$,那么对数据块 S_n 使用算法 7.3 训练基分类器 L_n,$L \leftarrow L \cup \{L_n\}$;否则对每个基分类器 L_i,重新计算数据块 S_n 的均方误差;

　　4.2.1. 如果均方误差 MSE_i 大于给定阈值 M_i,则用数据块 S_n 更新分类器 L_i;

　　4.2.2. 如果所有的均方误差均小于 M_i,那么用具有最大均方误差的数据块 S_n 更新基分类器。

end

---

2. 平衡训练数据流

在很多数据流应用领域中,数据处于不均衡分布。对于处于不平衡分布的数据流分类问题,采样方法(包括欠采样和过采样)是平衡训练集大小的有效方法[27-29]。在采样技术中,欠采样方法被广泛使用。然而,欠采样方法仅能形成单一的平衡训练集,会导致多数类中潜在且有用信息的丢失。

为克服欠采样策略的缺点,本章算法提出了一种提高的欠采样方法,受 Liu[30] 的启发,生成多个平衡的训练子集。首先,把训练样本分成两个部分:多数类和少数类,很明显,多数类样本的数目远远超过少数类样本的数目,形成一个不平衡的二分类问题。任何基于原始训练集构建的分类器对正类(少数类)样本分类效果不够好。但是,误分类一个少数类样本的代价要远远超过误分类多数类样本的代价。因此,为了强调少数类样本的重要性且抓住少数类样本的有用信息,本章算法把多数类样本分成几个子集,每个子集样本的数目与少数类样本数目相同,每个子集样本和所有的少数类样本构建一个新的训练子集。算法7.2 描述了平衡训练数据的过程,具体如下。

算法7.2　划分且平衡训练集

输入:训练样本数据流 S。

输出:d 个平衡子集 $S_i(i=1, \cdots, d)$。

　1. 把训练样本分成两个子集,包括正类(少数类)样本 P 和负类(多数类)样本 N。

　2. 把多数类样本 N 分成 d 个子集 N_i,$|N_i| = |P|$,d 为 $|N|/|P|$。

　3. 构建 k 个平衡的训练子集 $S_i \leftarrow N_i \cup P$。

　end

---

3. 基于 BP 神经网络训练基分类器

在7.3.2 节构建了新的平衡训练集,本章提出的方法将使用这些平衡的子集训练多个基分类器,形成集成分类模型。最终的集成模型包含最多 k 个弱分类器。k 的大小取决于分类问题的规模。如果子集的数目大于 k,本章算法将用新的基分类器替换集成中具有最大均方误差的旧的基分类器,基分类器的均方误差公式如下[31]:

$$\mathrm{MSE}_i = \sum_c p(c)[1 - p(c)]^2 \tag{7.23}$$

式中,$p(c)$ 代表类标签为 c 的类分布大小。为了有效地评估不均衡数据流的分类表现性能,本章提出的算法用真正率(TPR)代替 $p(c)$,$\mathrm{TPR} = |\mathrm{TP}|/|P|$,其中 $|\mathrm{TP}|$ 代表被分类器 L_i 正确分类的少数类的数目,$|P|$ 代表少数类的总数。

由多数类投票决定集成分类器的最终分类结果,本章算法选择 BP 神经网络作为基分类器。BP 神经网络的算法描述如下。

算法 7.3　BP 神经网络

输入:数据流样本 S,学习率 l。

输出:后向反馈神经网络。

  1.初始化网络中所有的权重和阈值

  2.重复:

  3.对于 S 中的每个样本 x_i

    3.1.利用式(7.1)计算每个神经元 j 中间层的输出 O_j;

    3.2.利用式(7.3)和式(7.4)分别计算输出层和中间层神经元 j 的误差;

    3.3.利用式(7.5)更新权值 w_{ij};

    3.4.利用式(7.6)更新阈值 θ_j;

  4.直到满足终止条件。

end

4.更新集成模型

传统的学习算法通常需要将所有的训练数据均保存在存储器中。但是数据流中的训练样本可能高速到达且数目庞大,无法保存所有的数据,更不能用所有的原始数据和新数据更新分类模型。为了有效地处理非稳定且有概念漂移的数据流,仅保存训练样本的一部分。虽然与在线学习算法比较,本章提出的算法仅保存一部分先前的训练样本,它仍能用新数据块快速且有效地更新集成模型。

当新数据块到达时,如算法 7.1 所述,在集成模型中用多数类投票算法分类数据块中的每个训练样本。如果基分类器的数目小于给定的集成分类器数目 k,本章算法将从新数据块中学习,生成新的基分类器并加入集成模型中。如果一个基分类器的均方误差大于给定的阈值,在原始训练集中的少数类和多数类样本将随机且平等地被误分类的少数类和多数类样本替代。在上述过程中,误分类的少数类和多数类样本与原始训练集中被替换的少数类和多数类样本数目相同,因此,每个被更新的基分类器仍能从平衡数据集中学习。

7.3.3　实验验证

1.有效性评价指标

在评估分类表现方面,准确率是一个重要的评价指标。然而,对具有不均衡分布的数据流,准确率不是一个有效的标准。为了准确评估分类器的性能,本章使用了真正率(TPR)和 G－mean[32] 作为评估标准。表 7.1 中首先给出了混淆矩阵所描述的分类结果,共包括四类,分别为真正类(TP),假负类(FN),假正类(FP)和真负类(TN)。

表 7.1　混淆矩阵

	预测正类	预测负类
实际正类	TP	FN
实际负类	FP	TN

TPR 是指被分类器正确分类的正类样本,代表少数类的表现性能,真负率 TNR 是指被分类器正确分类的负类样本,代表了多数类的表现性能,G-mean 平衡了两类的准确率大小,具体公式如下:

$$TPR = TP/(TP + FN) \tag{7.24}$$

$$TNR = TN/(TN + FP) \tag{7.25}$$

$$G\text{-mean} = \sqrt{TPR \times TNR} \tag{7.26}$$

2. 实验数据与结果

本章从 UCI 机器学习库[33]中选择十个数据集评估所提出的算法。这些数据的复杂度、类的数目、属性的数目、样本的数目和不平衡率均不同,表 7.2 详细介绍了各个数据集。

表 7.2　数据集描述

数据集	样本数	属性个数	正类样本	负类样本	不均衡率
haberman	11 628	4	3 078	8 550	2.78
letter	20 000	16	2 291	17 709	7.73
weather	18 159	9	5 698	12 461	2.19
sea	12 000	4	2 411	9 589	3.98
abalone	4 177	8	431	3 746	8.69
wall	5 456	25	1 154	4 302	3.73
wine	4 898	12	409	4 489	10.98
pima	768	9	268	500	1.87
yeast	1 090	9	130	960	7.38
transfusion	748	5	178	570	3.20

对于表 7.2 中的每个数据集,本章提出算法随机选择 10% 的少数类样本和 10% 的多数类样本作为初始训练样本,这能确保所选数据的不均衡率大小与原始数据集的不均衡率相同。剩下的数据被随机分成许多数据块模拟连续到达的数据样本。

实验中,本章选择两种方法评估提出的算法:一种是全面评估,即对整个数据流评估分类表现;另一种是增量学习评估方法。

为了评估本章提出的算法,选择三个基准方法作为对比实验。三个基准方法的具体描述如下:第一个仅在训练阶段平衡数据流而不集成且更新分类模型,命名为 ECSDS-NN;第二个是 ECSDS-En,平衡训练集且集成分类器;最后一个是 ECSDS-Up,其在 ECSDS-En 基础上,用新到达的测试数据块更新集成分类模型。ECSDS-Up 方法是基于 Gama[34] 提出的算法,即新到达的样本先被分类,之后被用来作为训练样本更新模型。

实验结果取 10 次测试结果的平均值,表 7.3 显示了 TPR 的实验结果。从表 7.3 中可以看出,除了 abalone 数据集,ECSDS-NN 在其他数据集上表现效果不佳,TPR 的值均小于 70%。相反,对于大多数数据集,ECSDS-Up 和 ECSDS-En 均有较高的 TPR 值。这表明采用集成和更新策略,能显著提高少数类样本的分类性能。

表7.4 显示了 G-mean 的实验结果。ECSDS-NN 在 sea 数据集上相对于其他两个算法有较高的 G-mean，达到了 80.75%，其他两个算法分别为 52.68% 和 65.23%。再者，在 abalone 数据集上，三个算法的 G-mean 大小几乎相当。然而，ECSDS-NN 在其他数据集上表现较差，从表 7.4 的平均结果来看，ECSDS-En 和 ECSDS-Up 的 G-mean 要远远高于 ECSDS-NN。

表7.3　TPR 的实验结果

数据集	ECSDS-NN	ECSDS-En	ECSDS-Up
haberman	0.439 3	0.764 5	0.733 0
letter	0.499 0	0.660 0	0.671 0
weather	0.336 9	0.757 1	0.770 7
sea	0.652 3	0.795 4	0.800 1
abalone	0.528 0	0.403 0	0.474 0
wall	0.526 2	0.743 6	0.770 1
wine	0.417 3	0.902 8	0.911 8
pima	0.688 0	0.863 9	0.866 9
yeast	0.613 6	0.650 7	0.632 8
transfusion	0.424 0	0.518 3	0.533 9
平均值	**0.512 5**	**0.705 9**	**0.716 4**

表7.4　G-mean 的实验结果

数据集	ECSDS-NN	ECSDS-En	ECSDS-Up
haberman	0.396 6	0.668 2	0.686 0
letter	0.581 2	0.736 8	0.738 6
weather	0.572 0	0.828 4	0.838 1
sea	0.807 5	0.526 8	0.652 3
abalone	0.442 6	0.431 0	0.530 8
wall	0.556 2	0.767 6	0.775 7
wine	0.570 2	0.890 9	0.896 1
pima	0.821 9	0.900 3	0.901 8
yeast	0.618 1	0.751 5	0.751 2
transfusion	0.539 4	0.591 9	0.613 1
平均值	**0.590 6**	**0.709 3**	**0.738 4**

上述实验结果表明，与传统的无集成的分类器相比，本章提出的算法具有较好的分类性能。

最后，本章从增量学习的角度评估 ECSDS 算法。为了更直观地比较增量学习曲线，所提算法根据数据集的大小把 10 个数据集分成 3 组。因此,haberman,letter,weather 和 sea 数据集包含较多数据样本的分成 1 组(组 1)。

在增量学习阶段,在这些数据集中每个数据块包含 1 000 个样本。

图 7.4 和图 7.5 分别显示了组 1 中 4 个数据集关于 TPR 和 G-mean 的增量学习曲线。图 7.4 的结果表明,样本数目从 1 000 增加到 8 000 时,所提出的算法的 TPR 表现最好。在 sea、haberman、letter 数据集上,本章提出算法的表现性能几乎不变,然而,对于 weather 数据集,当增量样本超过 6 000 时,表现性能急剧下降。与此同时,除了 sea 数据集,其他三个数据集的 G-mean 几乎不变。图 7.5 的结果表明,当 sea 数据集的样本数在 2 000 和 3 000 之间时,G-mean 小于 0.2。

组 2 包含的数据集有 abalone、wall 和 wine。在增量学习阶段,在这些数据集上每个数据块的大小包含 500 个样本。图 7.6 和图 7.7 分别显示了相应的 TPR 和 G-mean 的增量学习曲线。图 7.6 的结果表明,当样本数目从 500 增加到 3 000 时,在 abalone 数据集上,本章提出算法的分类性能几乎不变,然而,对于 wall 和 wine 两个数据集,当样本数目在 1 250 到 2 250 时,算法的分类性能急剧下降,样本数目从 2 250 之后,算法的分类性能有所提高。图 7.7 的结果表明,在三个数据集上,本章提出算法的分类性能几乎不变。

pima,yeast 和 transfusion 数据集被分到第三组(组 3)中,在增量学习阶段,这些数据集上每个数据块的大小为 100 个样本。图 7.8 和图 7.9 分别显示了组 3 中相应的 TPR 和 G-mean 增量学习曲线。图 7.8 的结果表明,当样本数目从 100 到 500 时,pima 和 yeast 数据集的表现性能几乎不变,然而,对于 transfusion 数据集,当样本数目从 100 增加到 150 时,本章提出算法的分类性能急剧下降,当样本数目从 150 增加到 500 时,算法的分类性能逐渐提高。图 7.9 的结果表明,当样本数目从 100 增加到 500 时,pima 和 transfusion 数据集的 G-mean 几乎不变,然而,当样本数目超过 350,yeast 数据集的 G-mean 急剧下降。

从图 7.4 ~ 图 7.9 所有的学习曲线看出,ECSDS 算法在随着样本数目递增的 10 个数据集上分类性能较好。实验结果表明,ECSDS 算法具有较好的鲁棒性。

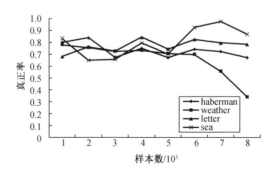

图 7.4　组 1 中不同增量样本数目的 TPR

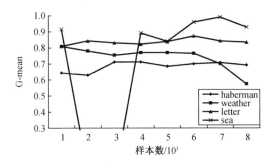

图 7.5　组 1 中不同增量样本数的 G-mean

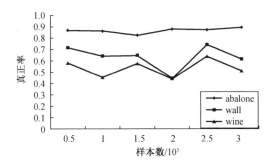

图 7.6　组 2 中不同增量样本数的 TPR

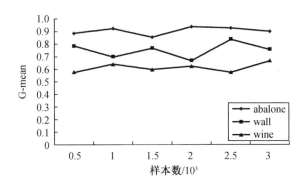

图 7.7　组 2 中不同增量样本数的 G-mean

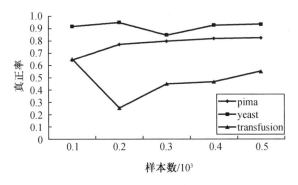

图 7.8　组 3 中不同增量样本数的 TPR

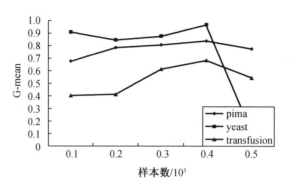

图7.9 组3中不同增量样本数的G-mean

数据流挖掘面临两大挑战,一个是不均衡分布;另一个是在非稳定环境中学习。这些挑战致使分类数据流的困难增加。基于此,本章提出了一个新的集成分类模型来分类具有不均衡分布的数据流。提出的集成模型使用 BP 神经网络作为基分类器。在两种评估标准(全面评估和增量评估)上的实验结果表明本章提出的算法能有效地分类具有不均衡分布的数据流。

本章提出的集成模型仅考虑两类数据流分类问题。未来的工作将扩展该模型,使其能处理多类数据流分类,并且引入加权机制来加强每个基分类器的重要性。

7.4 基于双加权在线极限学习机的不均衡数据流分类

在数据流环境中,数据动态、快速变化且在不同时间点类分布比率可能变化[35]。随着计算机技术的发展,不均衡的数据流会发生在许多实际应用中,像 Web 挖掘,入侵检测,欺诈检测等。

OS-ELM 能够一个一个地或者一块一块地学习数据,被用来处理数据流分类问题。为了提升 OS-ELM 的分类性能,很多学者对其进行了改进。Mirza[36]提出了一种通用的加权在线极限学习机(WOS-ELM)缓解了类的不均衡问题。Mirza[37]也提出了一种 OS-ELM 的集成方法(ESOS-ELM)解决数据流中的不均衡和概念漂移问题。然而,上述方法仅考虑样本的不均衡率而没有考虑类概率分布情况。

本章提出一个新的双加权在线极限学习机的增量算法(dw-ELM)来处理数据流中的类不均衡和概念漂移问题。在提出的算法中,采用自适应双加权策略,即在时间方面基于类不均衡率加权且在空间方面基于样本的概率密度加权。换句话说,本章提出的方法既考虑了类不均衡率也考虑了类的概率分布。当新数据块到达后,基于 OS-ELM,提出的 dw-ELM 算法首先更新概率神经网络(PNN)模型获得样本的隶属度,即在空间方面基于样本概率密度的权值。同时,在时间方面根据样本的分布计算基于类不均衡率的权值。最后,两个权值相结合,自适应更新 OS-ELM 模型。dw-ELM 从时间和空间两个方面考虑了样本的分布特征,重新解决了基于块的学习或在线学习的类不均衡和概念漂移问题。

7.4.1　算法设计与描述

针对数据流中类不均衡的问题,本章提出了一个增量式双加权的在线极限学习机算法。算法首先选取数据集中的一部分数据初始化分类器,得到初始训练模型;然后对该初始模型进行更新,直到全部数据都参与训练。

1. 自适应计算双权值

由于数据流中到达的样本具有时序性和不可预知性,不同时间点上的类不均衡率往往会发生急剧的动态变化,因此,可采用自适应权值的方法处理不均衡的数据分布。

本章提出的算法从时间与空间角度分析数据的分布特征,设计了一个自适应双权重计算方法。本章算法仅考虑两类学习问题,少数类(正类)和多数类(负类),首先计算在时间方面的权重。假设初始训练集 $D_0 = \{(x_i, t_i)\}|_{i=1}^{n_0}$,$n_0$ 代表初始训练样本,本章提出的算法根据类不均衡率计算初始数据块的权值 $\boldsymbol{w}_0 = [w_0^+, w_0^-]$。

$$\begin{cases} w_0^+ = \dfrac{n_0^-}{n_0^+ + n_0^-}, \text{对于正类} \\[3mm] w_0^- = \dfrac{n_0^+}{n_0^+ + n_0^-}, \text{对于负类} \end{cases} \tag{7.27}$$

式中　w_0^+ 和 w_0^-——正类的权值和负类的权值;

n_0^+ 和 n_0^-——初始训练块正类总数和负类总数,$n_0^+ + n_0^- = n_0$。

为了计算方便,对角化权重 $\boldsymbol{w}_0$ 并生成对角矩阵 $\boldsymbol{\Lambda}_0 = \text{diag}(\boldsymbol{w}_0)$。

权重的计算考虑整个数据分布,从初始数据块到逐渐达到的新数据块。否则,当新到达数据块的数据分布是不均衡的,模型将倾向于多数类(负类)样本。

当第 k 块数据到达时,相应的权重大小为从初始块到第 k 块不同类的总数目与两类总数目的比值:

$$\begin{cases} w_k^+ = \dfrac{\sum_{j=1}^{k} n_j^-}{\sum_{j=1}^{k}(n_j^+ + n_j^-)}, \text{对于正类} \\[5mm] w_k^- = \dfrac{\sum_{j=1}^{k} n_j^+}{\sum_{j=1}^{k}(n_j^+ + n_j^-)}, \text{对于负类} \end{cases} \tag{7.28}$$

式中,n_j^+ 和 n_j^- 分别代表第 j 个数据块的正类数目和负类数目,$n_j^+ + n_j^- = n_j$。

本章提出的算法根据高斯分布调整权值:

$$f(n_k) = \frac{1}{\sqrt{2\pi}\sigma} \exp\left[-\frac{(n_k - \mu)^2}{2\sigma^2}\right] \tag{7.29}$$

式中　μ——数据分布的均值,这里指两个类别的平均值;

σ——标准偏差。

接下来,从空间角度考虑每个样本的概率密度值,使用 PNN 计算每个样本属于每个类

的得分 **scores** $= [\text{scores}_+, \text{scores}_-]$。其中，$\text{scores}_+$ 和 scores_- 分别代表样本属于正类和负类的得分。归一化这些得分并获得模糊隶属度矩阵 $\boldsymbol{u} = [u_+, u_-]$：

$$\begin{cases} u_+ = \dfrac{\text{scores}_+}{\text{scores}_+ + \text{scores}_-} \\[4mm] u_- = \dfrac{\text{scores}_-}{\text{scores}_+ + \text{scores}_-} \end{cases} \tag{7.30}$$

基于在线连续极限学习机，本章提出一个自适应双加权方法 dw-ELM，该方法完全考虑了在时间方面的类不均衡权值以及在空间方面的概率密度权值，来解决数据流中的类不均衡分类问题。

在初始阶段，本章提出的算法计算的初始输出权值矩阵如下：

$$\boldsymbol{\beta}_0 = \boldsymbol{M}_0^{-1} \boldsymbol{H}_0^{\mathrm{T}} \langle \boldsymbol{T}_0. / \boldsymbol{u}_0 \rangle \tag{7.31}$$

$$\boldsymbol{M}_0 = \boldsymbol{H}_0^{\mathrm{T}} \boldsymbol{\Lambda}_0 \boldsymbol{H}_0 \tag{7.32}$$

式中 $\boldsymbol{H}_0$ 代表初始中间层输出矩阵；

$\boldsymbol{\Lambda}_0 = \text{diag}(\boldsymbol{w}_0)$；

$\langle \boldsymbol{T}_0. / \boldsymbol{u}_0 \rangle$——矩阵的整除操作，对于矩阵 $\boldsymbol{A}$ 和 $\boldsymbol{B}$，$[\boldsymbol{A}. / \boldsymbol{B}]$ 表示为 $\boldsymbol{A}(i,j) / \boldsymbol{B}(i,j)$。

当新数据块到达时，dw-ELM 算法更新 $\boldsymbol{M}_{k+1}$ 和输出权值矩阵 $\boldsymbol{\beta}_{k+1}$：

$$\boldsymbol{M}_{k+1} = \boldsymbol{M}_k + \boldsymbol{H}_{k+1}^{\mathrm{T}} \boldsymbol{\Lambda}_{k+1} \boldsymbol{H}_{k+1} \tag{7.33}$$

$$\boldsymbol{\beta}_{k+1} = \boldsymbol{\beta}_k + \boldsymbol{M}_{k+1}^{-1} \boldsymbol{H}_{k+1}^{\mathrm{T}} \boldsymbol{\Lambda}_{k+1} (\langle \boldsymbol{T}_{k+1}. / \boldsymbol{u}_{k+1} \rangle - \boldsymbol{H}_{k+1} \boldsymbol{\beta}_k) \tag{7.34}$$

式中，$\boldsymbol{\Lambda}_{k+1} = \text{diag}(\boldsymbol{w}_{k+1} f(n_{k+1}))$。

使用矩阵求逆引理[19]计算 $\boldsymbol{M}_{k+1}$ 的逆：

$$\begin{aligned} \boldsymbol{M}_{k+1}^{-1} &= (\boldsymbol{M}_k + \boldsymbol{H}_{k+1}^{\mathrm{T}} \boldsymbol{\Lambda}_{k+1} \boldsymbol{H}_{k+1})^{-1} \\ &= \boldsymbol{M}_k^{-1} - \boldsymbol{M}_k^{-1} \boldsymbol{H}_{k+1}^{\mathrm{T}} (\boldsymbol{\Lambda}_{k+1}^{-1} + \boldsymbol{H}_{k+1} \boldsymbol{M}_k^{-1} \boldsymbol{H}_{k+1}^{\mathrm{T}})^{-1} \boldsymbol{H}_{k+1} \boldsymbol{M}_k^{-1} \end{aligned} \tag{7.35}$$

2. 算法描述

dw-ELM 算法能够按块或者按个学习数据，并在时间和空间两个方面修改权值。算法具体描述如下。

算法 7.4 双加权 OS-ELM 处理不均衡的数据流

输入：训练集 $D = \{(x_i, t_i)\}_{i=1}^N$。

输出：权重矩阵 $\boldsymbol{\beta}_{k+1}$。

1. 初始化

1.1. 从训练集 D 中随机选择 N_0 个样本作为初始训练集 D_0；

1.2. 随机分配输入权重 a_j 和阈值 b_j，$i = 1, \cdots, M$，M 为中间层节点的数目；

1.3. 利用式(7.9)对初始训练样本集 D_0 计算初始中间层输出矩阵 $\boldsymbol{H}_0$；

1.4. 利用式计算在时间方面的权重 $\boldsymbol{w}_0$，并对角化矩阵 $\boldsymbol{\Lambda}_0 = \text{diag}(\boldsymbol{w}_0)$；

1.5. 利用式(7.32)计算矩阵 $\boldsymbol{M}_0$；

1.6. 训练初始的 PNN，获得每个样本属于每个类别的得分 scores_0，并利用公式(7.30)计算隶属度，得到在空间层次的权重 $\boldsymbol{u}_0$；

1.7. 利用式(7.31)组合在时间层次的权重 $\boldsymbol{w}_0$ 和在空间层次的权重 $\boldsymbol{u}_0$，计算初始输出权重 $\boldsymbol{\beta}_0$；

2. 连续学习阶段

2.1. 第 $k+1$ 块数据集 D_{k+1} 到达后,利用式(7.9)更新中间层输出矩阵 H_{k+1};

2.2. 利用式(7.28)更新在时间层面的权值 w_{k+1},并对角化矩阵 Λ_{k+1} $= \mathrm{diag}(w_{k+1}f(n_{k+1}))$;

2.3. 利用式(7.35)计算矩阵 M_{k+1}^{-1};

2.4. 更新 PNN 得到 scores_{k+1},在初始化阶段用相同的方法得到空间层面的权值 u_{k+1};

2.5. 利用式(7.34)更新输出权值矩阵 β_{k+1};

end

7.4.2　实验验证

1. 有效性评价指标

准确率是重要的评估分类表现的标准,然而,它不适用于具有不均衡分布的数据流。为了评估分类器的表现,本章采用了几个有效标准,包括 TPR,G-mean,F-measure 和 ROC,前两个评估标准在 7.4.1 节已经详细介绍了。

本章提出算法使用的评估标准是 G-mean 和 F-measure。这两个标准同时涵盖了少数类和多数类的表现性能,因此被广泛用于研究。7.4.1 节中已经详细介绍了混淆矩阵,TPR,TNR 和 G-mean。F-measure 的具体公式如下:

$$\text{F-measure} = \frac{(1+\beta)^2\text{Recall} \cdot \text{Precision}}{\beta^2\text{Recall} + \text{Precision}} \tag{7.36}$$

式中　Precision $= \text{TP}/(\text{TP} + \text{FP})$;

Recall $= \text{TP}/(\text{TP} + \text{FN})$;

β——平衡 precision 和 recall 相对重要性的系数,本章中设定值为 1。

2. 实验数据与设置

本章提出的 dw-ELM 算法与其他几个算法在基准数据集上进行对比,基准数据集来自 UCI 机器学习库。表 7.5 呈现了实验用到数据集的详细描述。这些数据集在复杂度、类标签数、属性数目、正类和负类数目以及不均衡率等方面均存在差异。

表7.5　数据集描述

数据集	样本总数目	属性数目	正类样本数目	负类样本数目	不均衡率
waveform	5 000	40	1 647	3 353	2.0
transfusion	748	4	178	570	3.2
shuttle	58 000	6	12 414	45 586	3.7
musk	6 598	168	1017	5 581	5.5

表7.5(续)

数据集	样本总数目	属性数目	正类样本数目	负类样本数目	不均衡率
image-segmentation	2 310	19	330	1980	6.0
page-blocks	5 473	10	560	4 913	8.8
pendigits	10 992	16	1 055	9 937	9.4
online-news-popularity	39 644	61	2 018	37 626	18.6
letter-recognition	20 000	16	789	19 211	24.3
corrected	311 038	41	158	310 880	1 967.6

为简单起见,本章算法仅考虑两类分类问题。从基准数据集中选择样本,并构建两类实验数据集。在这些数据集中,transfusion 和 musk 是两类数据集,且少数类充当正类而多数类充当负类,其他数据集为多类数据集。waveform 数据集包含三类,本章算法把类标签是1的作为正类(少数类),其他的作为负类(多数类)。shuttle 数据集也选类标签是1的作为正类,其余的作为负类。image-segmentation 数据集是从7个室外图像数据库中随机抽取的,本章算法选择 foliage 作为正类,其余的作为负类。page-block 数据集是从图形区域中分配的文本,分成五个类别,包括文本、水平线、图像和垂直线等。page-block 数据集中,文本被选作为负类,其余的作为正类。对于 pendigits 数据集,本章算法选择类标签是3的作为正类,其余的作为负类。online-news-popularity 数据集,本章算法选择类标签是1 200的作为正类,其余的作为负类。letter-recognition 数据集包含了大量的像素,每个显示为26个英文大写字母之一。对于 letter-recognition 数据集,本章算法选择类标签是1的作为正类,其余的作为负类。对于 corrected 数据集,本章算法选择类标签是33的作为正类,其余的作为负类。

参照文献[38]优化中间层节点。在本章提出算法的实验中,所有基于 ELM 方法的激励函数选为 Sine,所有的输入数据归一化为[-1,1]。进行比较的四个方法使用相同的初始化数据集、训练集、测试集和激励函数。在所有基于 ELM 的方法中,初始集的大小为训练集的5%。

3. 实验结果与分析

这部分,本章提出的方法 dw-ELM 与以下三个方法进行比较:OS-ELM,WOS-ELM[36]和基于采样的 OS-ELM 方法。一般用过采样和欠采样方法解决数据的不均衡分类问题。SMOTE 方法改进了过采样方法,它随机合成新的少数类样本[39]来平衡数据。在基于采样的 OS-ELM 方法中,本章算法选择 SMOTE 作为采样策略。

首先通过基于块的模型验证四种方法在测试集上的表现。对于不同的数据集采用不同的块大小。所有实验采用五折交叉验证。为了确保测试集的不平衡率与整个数据集的不平衡率相同,根据不平衡率大小,本章算法选择20%的数据作为测试数据集,剩下80%的数据作为训练数据集。对于每轮交叉验证,根据每个数据集的不同块大小,本章算法把每个训练集平均分成若干子集。

表7.6列出了实验结果,每个标准采用平均值±标准差的形式。从表中看出,在大多数

数据集上,本章提出的 dw-ELM 算法的表现性能高于其他三个算法(基于采样的 OS-ELM, OS-ELM,WOS-ELM)。然而,在 transfusion 和 shuttle 数据集上,WOS-ELM 算法的 G-mean 高于其他三个算法。从表 7.6 的实验结果来看,WOS-ELM 的 G-mean 与本章提出算法 dw-ELM 的 G-mean 相差不大,但都高于其他两个算法,除此之外,OS-ELM 算法在 page-blocks 数据集上的 F-measure 标准高于其他三个算法。

这一章节评估了本章提出 dw-ELM 算法在类不均衡环境下的鲁棒性。实验对不同的数据集采用不同的块大小,增量学习样本。在测试数据集上评估每个增量学习阶段的 G-mean。

表 7.6　四种算法的实验结果

数据集	块大小	评估标准	OS-ELM	基于采样的 OS-ELM	WOS-ELM	dw-ELM
waveform	100	G-mean	82.1 ±2.1	82.5 ±0.9	84.5 ±1.0	**86.3 ±0.8**
		F-measure	80.3 ±1.7	78.9 ±1.1	77.8 ±1.1	**84.0 ±0.5**
	200	G-mean	81.9 ±2.1	82.9 ±0.6	83.9 ±1.7	**85.4 ±0.8**
		F-measure	79.8 ±1.9	79.9 ±0.9	77.4 ±1.7	**84.1 ±0.6**
transfusion	50	G-mean	43.9 ±2.4	51.6 ±4.7	**60.7 ±1.8**	58.1 ±3.5
		F-measure	48.2 ±3.2	49.2 ±2.9	45.0 ±3.5	**54.3 ±3.3**
	80	G-mean	44.3 ±3.5	53.1 ±3.2	**58.2 ±2.5**	54.7 ±2.8
		F-measure	46.0 ±3.4	51.7 ±3.7	42.0 ±2.6	**53.2 ±2.7**
shuttle	2 000	G-mean	55.2 ±3.5	54.3 ±3.6	**74.6 ±6.2**	74.4 ±4.4
		F-measure	48.9 ±3.9	47.4 ±3.7	65.8 ±6.1	**66.2 ±4.3**
	3 000	G-mean	54.8 ±2.2	54.8 ±2.9	**72.7 ±5.7**	70.1 ±4.2
		F-measure	45.5 ±4.6	44.9 ±5.5	62.4 ±2.6	**64.0 ±2.6**
musk	200	G-mean	71.0 ±3.3	72.3 ±2.2	79.3 ±1.7	**82.2 ±1.9**
		F-measure	61.0 ±3.1	57.6 ±2.2	50.6 ±3.5	**72.7 ±2.2**
	400	G-mean	69.1 ±2.9	72.6 ±1.5	78.3 ±2.0	**79.7 ±2.2**
		F-measure	60.6 ±2.9	58.5 ±1.7	50.9 ±3.8	**70.6 ±2.7**
image-segmentation	100	G-mean	80.5 ±5.2	88.9 ±3.1	92.0 ±1.3	**93.2 ±0.5**
		F-measure	**85.1 ±3.4**	79.5 ±6.2	77.1 ±4.9	84.9 ±1.9
	150	G-mean	80.9 ±3.6	87.5 ±3.0	91.9 ±1.5	**93.2 ±1.7**
		F-measure	84.3 ±3.1	75.4 ±5.7	77.6 ±7.0	**86.7 ±2.9**
page-blocks	200	G-mean	86.0 ±4.6	86.9 ±3.5	90.6 ±1.6	**91.2 ±0.9**
		F-measure	**89.4 ±2.0**	80.4 ±2.7	71.9 ±2.9	78.6 ±2.3
	400	G-mean	84.5 ±2.6	88.0 ±4.0	91.2 ±1.5	**91.5 ±1.4**
		F-measure	**88.7 ±1.9**	80.0 ±2.2	71.8 ±5.1	83.2 ±3.4

表 7.6(续)

数据集	块大小	评估标准	OS-ELM	基于采样的 OS-ELM	WOS-ELM	dw-ELM
pendigits	500	G-mean	94.5 ± 1.3	95.5 ± 1.0	97.9 ± 0.8	**99.9 ± 0.2**
		F-measure	93.8 ± 1.6	83.9 ± 2.7	85.1 ± 4.1	**98.4 ± 0.4**
	1 000	G-mean	93.1 ± 1.8	95.1 ± 1.2	97.3 ± 0.6	**99.1 ± 0.4**
		F-measure	91.8 ± 1.5	83.2 ± 2.7	81.7 ± 3.9	**98.8 ± 0.3**
online-news-popularity	1 000	G-mean	48.3 ± 1.6	48.5 ± 2.4	50.0 ± 2.1	**50.8 ± 1.3**
		F-measure	39.2 ± 1.3	38.6 ± 1.7	40.7 ± 3.3	**45.3 ± 2.6**
	2 000	G-mean	48.8 ± 1.7	48.5 ± 1.3	48.6 ± 2.0	**50.2 ± 0.9**
		F-measure	38.6 ± 2.7	37.1 ± 1.6	38.9 ± 0.7	**40.3 ± 0.4**
letter-recognition	500	G-mean	93.9 ± 0.9	97.8 ± 0.3	98.1 ± 1.0	**98.4 ± 0.4**
		F-measure	96.4 ± 0.5	87.5 ± 1.7	87.5 ± 4.4	**98.4 ± 0.7**
	800	G-mean	93.7 ± 0.5	96.8 ± 0.8	97.2 ± 0.7	**97.2 ± 0.4**
		F-measure	96.4 ± 0.3	85.5 ± 1.4	88.3 ± 1.5	**98.3 ± 0.4**
corrected	3 000	G-mean	60.4 ± 3.3	69.0 ± 1.4	72.9 ± 3.0	**74.2 ± 2.7**
		F-measure	53.1 ± 4.3	54.2 ± 5.9	59.1 ± 3.6	**60.9 ± 4.1**
	6 000	G-mean	59.9 ± 2.2	60.1 ± 3.8	70.3 ± 4.7	**73.0 ± 3.3**
		F-measure	51.9 ± 3.4	50.1 ± 1.2	54.4 ± 3.6	**59.7 ± 4.7**

为公平起见,比较的四种算法采用相同的增量学习阶段,在每个过程中,他们采用相同的增量数据块。实验重复执行 10 次。本章算法首先随机地把每个训练集平等的分成几个动态数据块。之后,对于剩下的 9 次,根据与第一次具有相同不均衡率的情况下把训练样本集平等分成几个数据块。每次,四种算法采用相同的数据块。通过这种方式,能够保证实验评估的公平性。图 7.10 ~ 7.19 呈现了四种算法的实验比较结果。实验结果采用 10 次测试结果的平均值。

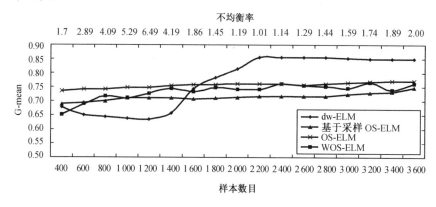

图 7.10 waveform 数据集的表现性能

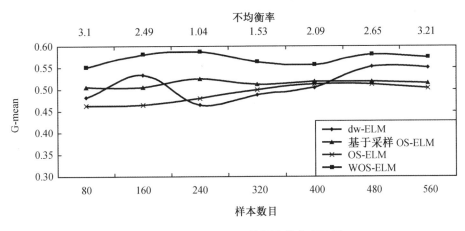

图 7.11　transfusion 数据集的表现性能

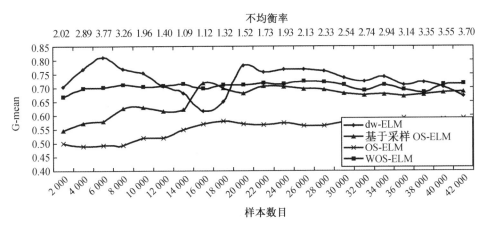

图 7.12　shuttle 数据集的表现性能

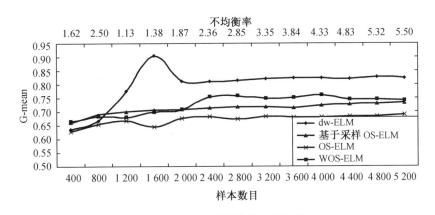

图 7.13　musk 数据集的表现性能

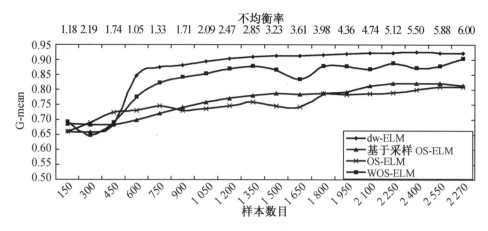

图 7.14　image – segmentation 数据集的表现性能

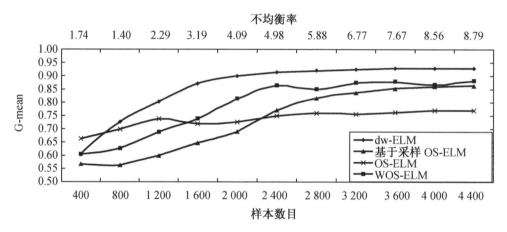

图 7.15　page – blocks 数据集的表现性能

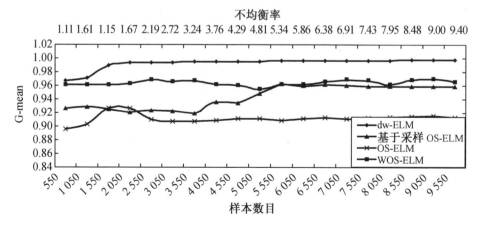

图 7.16　pendigits 数据集的表现性能

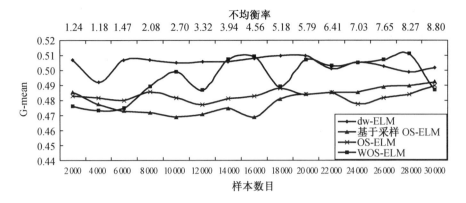

图 7.17 online-news-popularity 数据集的表现性能

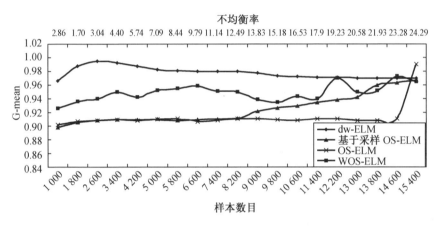

图 7.18 letter-recognition 数据集的表现性能

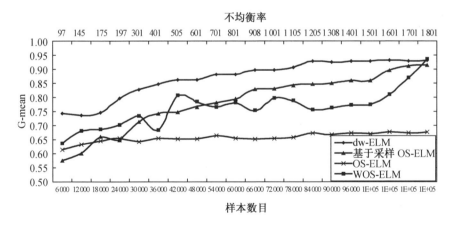

图 7.19 corrected 数据集的表现性能

从图中看出,总体来看,提出算法 dw-ELM 和 WOS-ELM 的 G-mean 高于其他两种算法。基于采样的 OS-ELM 的表现性能略优于 OS-ELM。进一步观察发现本章提出算法的分类性能好于其他三种算法,尤其在数据集 page-blocks,pendigits,letter-recognition 和 corrected 上,即图 7.15,7.16,7.18,7.19 显示出本章提出算法的性能高于其他三个算法(OS-ELM,基于采样的 OS-ELM,WOS-ELM）。在初始学习阶段,本章算法 dw-ELM 在数据集 waveform,musk 和 image-segmentation 上的分类性能略优于其他三个算法。然而,随着不均衡率的增加,几个学习阶段之后,dw-ELM 算法的优势显现出来。在 shuttle 和 online-news-popularity 数据集上,算法 dw-ELM 的分类性能与 WOS-ELM 的相似。在 transfusion 数据集上,WOS-ELM 算法的分类性能高于本章提出算法 dw-ELM,而 dw-ELM 算法与 OS-ELM 和基于采样的 OS-ELM 算法的分类性能几乎相当。同时,随着学习更多的数据块,G-mean 可能会有所下降。如在图 7.18 中,随着学习更多的数据块,dw-ELM 算法在 letter-recognition 数据集上的 G-mean 有所下降。原因是不均衡率也在逐渐增加,另一个可能的原因是类概率分布的改变。总体来说,采用了双加权算法之后,dw-ELM 算法的 G-mean 明显提高。

为了解决数据流的类不均衡和概念漂移问题,本章提出了一个双加权的在线极限学习机算法,在时间和空间层面同时更新权重。对于类不均衡问题,提出的 dw-ELM 算法分析了时间和空间层面的数据分布特点,即样本的大小和样本分布的状态。之后,dw-ELM 算法采用自适应双权值调整机制更新时间和空间层面的权重。实验结果表明,本章提出算法具有较好的鲁棒性和健壮性。然而,值得注意的是本章提出算法没能很好地处理动态数据流中的概念漂移问题。因此,寻找能更好地处理数据流中的概念漂移算法是今后研究的重点。

7.5　本　章　小　结

随着信息技术的不断发展,每天都能产生成千上万的数据,如何从大量的数据中挖掘有用的信息(即数据挖掘)是计算机领域研究的热点。本章针对快速的、具有动态性的、大规模数据的分类问题进行研究,提出了两种可行方法,具体如下:

第一种方法是基于神经网络的不均衡数据流分类。该方法包括三个阶段,即平衡训练数据流,构建集成分类模型,用新到达的数据流更新集成模型。在第一种方法中,采用改进的降采样方法平衡数据,用 BP 神经网络作为基分类器构建集成模型。

第二种方法是基于双加权在线极限学习机的不平衡数据流分类。该方法首先选取一部分训练数据进行初始化,得到初始训练模型,对该初始训练模型进行不断更新,直到所有数据均参与过训练。当数据发生变化时,增量式地更新 PNN 模型,然后获得当前样本的类隶属度,结合当前数据块在时间上的不均衡率,自适应计算出当前较佳的权重,用该权重更新分类模型。

本章提出的两种方法均经过实验验证,希望有值得借鉴的地方。然而,本章提出算法仍有许多不足之处。通过阅读大量文献发现许多学者主要从不均衡和概念漂移两个方面研究数据流分类问题,本章的研究工作主要针对不均衡的数据流,对概念漂移问题的研究还不完善,希望在未来的研究中能够提出合适的方法解决数据流中的概念漂移问题。

参 考 文 献

[1] CHAWLA N V, BOWYER K W, HALL L O, et al. SMOTE：synthetic minority over-sampling technique [EB/OL].：arXiv：1106. 1813 [cs. AI]. https：//arxiv. org/abs/1106. 1813.

[2] 陈刚. 数据流的无阻塞连接算法研究[D].武汉：华中科技大学, 2010.

[3] LOMAX S, VADERA S. A Survey of cost-sensitive decision tree induction algorithms [J]. ACM Computing Surveys, 2013.

[4] DUDA R O, HART P E, STOCK D G. Pattern Classification[M]. New York, 2001.

[5] KHAN M, DING Q, PERRIZO W. K-nearest neighbor classification on spatial data streams using p-trees[C]. Proceedings of the 6th Pacific-Asia Conference of Advances in Knowledge Discovery and Data Mining, Taipei, Taiwan：Springer, 2002, 2336：517 −518.

[6] DOMINGOS P, HULTEN G. Mining high-speed data stream[M]. Knowledge Discovery and Data Mining, 2000.

[7] HULTEN G, SPENCER L, DOMINGOS P. Mining time-changing data streams[C]. In：Proceedings of the seventh ACM SIGKDD international conference on knowledge discovery and data mining , 2001, 97 − 106.

[8] GAMA J, ZLIOBAITE I, BIFET A, et al. A survey on concept drift adaptation[C]. ACM Computing Surveys, 2014, 46(4).

[9] FARID D, ZHANG L, HOSSAIN A, et al. An adaptive ensemble classifier for mining concept drifting data streams[J]. Expert Systems with Applications, 2013, 5895 −5906.

[10] BIFET A, HOLMES G, PFAHRINGER B, et al. New ensemble methods for evolving data streams[C]. In：Proceedings of the 15th International Conference on Knowledge Discovery and Data Mining, 2012, 139 −148.

[11] GAO J, FAN W, HAN J, et al. A general framework for mining concept-drifting data streams with skewed distributions[C]. SIAM International Conference on Data Mining, 2007,3 − 14.

[12] ELWELL R, POLIKAR R. Incremental learning of variable rate concept drift[J]. 8th International Workshop on Multiple Classifier Systems in Lecture Notes in Computer Science, 2009, vol. 5519,142 −151.

[13] BRZEZINSKI D, STEFANOWSKI J. Combining block-based and online methods in learning ensemble from concept drifting data streams[J]. Journal of Information Sciences, 2014, 265：50 −47.

[14] HAN J, KAMBER M, PEI J. Data Mining：Concepts and Techniques[M]. Morgan Kaufmann Publishers, 2006.

[15] HUANG G B, ZHU Q Y. SIEW C K. Extreme learning machine：Theory and applications

[J]. Neurocomputing, 2006, 70: 489 – 501.

[16] LIANG N Y, HUANG G B, SARATCHANDRAN P, et al. A fast and accurate online sequential learning algorithm for feedforward networks[J]. IEEE Transactions on Neural Network, 2006, 17(6): 1411 – 1423.

[17] 贺邓超, 张宏军, 郝文宁, 等. 基于 Parzen 窗条件互信息计算的特征选择方法[J]. 计算机应用研究, 2015, 32(5): 1387 – 1389.

[18] 陈华, 章兢, 张小刚, 等. 一种基于 Parzen 窗估计的鲁棒 ELM 烧结温度检测方法 [J]. 自动化学报, 2012, 38(5): 841 – 849.

[19] WANG H, FAN W, YU P, et al. Mining concept-drifting data streams using ensemble classifiers[C]. In: the 9th ACM International Conference on Knowledge Discovery and Data Mining (SIGKDD), Washington DC, 2003, 226 – 235.

[20] YEH Y R, WANG Y C F. A rank-one update method for least squares linear discriminant analysis with concept drift[J]. Pattern Recognition, 2013, 46(5):1267 – 1276.

[21] WU X D, LI P P, HU X G. Learning from concept drifting data streams with unlabeled data[J]. Neurocomputing, 2012, 92: 145 – 155.

[22] HARTERT L, SAYED M. Dynamic supervised classification method for online monitoring in non-stationary environments[J]. Neurocomputing, 2014, 126: 118 – 131.

[23] BAENA-GARCÍA M, DEL CAMPO-AVILA M, FIDALGO R, et al. Early drift detection method[C]. In Proceedings the Fourth ECML PKDD International Workshop Knowledge Discovery from Data Streams, 2006, 77 – 86.

[24] LU N, ZHANG G Q, LU J. Concept drift detection via competence models[J]. Artificial Intelligence, 2014, 209: 11 – 28.

[25] FARIA E R, CARVALHO A C, GAMA J. Multiclass learning algorithm for novelty detection in data stream[J]. Knowledge Discovery and Data Mining, 2015.

[26] KOLTER J Z, MALOOF M A. Dynamic weighted majority: A new ensemble method for tracking concept drift. In: Proceedings of the 3rd ICDM, USA, 2003, 123 – 130.

[27] WANG K J, MAKOND B, CHEN K H, et al. A hybrid classifier combining SMOTE with PSO to estimate 5-year survivability of breast cancer patients [J]. Applied Soft Computing, 2014, 20: 15 – 24.

[28] RAMENTOL E, CABALLERO Y, BELLO R, et al. SMOTE-RSB-*: A hybrid preprocessing approach based on oversampling and undersampling for high imbalanced data-sets using SMOTE and rough sets theory [J]. Knowledge and Information Systems, 2012, 33 (2): 245 – 265.

[29] GALAR M, FERNÁNDEZ A, BARRENECHEA E, et al. EUSBoost: Enhancing ensembles for highly imbalanced data-sets by evolutionary undersampling [J]. Pattern Recognition, 2013, 46(12): 3460 – 3471.

[30] LIU X Y, WU J, ZHOU Z H. Exploratory undersampling for class-imbalance learning [J]. IEEE Transactions on Systems Man and Cybernetics Part B, 2009, 39(2): 539 –

550.

[31]　LI Y H, LI D Y, WANG S, et al. Incremental entropy-based clustering on categorical data streams with concept drift [J]. Journal of Knowledge-Based Systems, 2014, 59: 33 – 47.

[32]　KUBAT M, MATWIN S. Addressing the curse of imbalanced training sets: One-sided selection[C]. In: Proceedings of the 14th International Conference Machine Learning, 1997, 179 – 186.

[33]　ASUNCION A, NEWMAN D. UCI Machine Learning Repository[DB]. http://mlearn. ics. uci. edu/databases/, 2007.

[34]　GAMA J, SEBASTIÃO R, RODRIGUES P P. Issues in evaluation of stream learning algorithms[J]. Proceedings of the ACM SIGKDD International Conference on Knowledge Discovery and Data Mining, 2009: 329 – 337.

[35]　PANG S, ZHU L, CHEN G, et al. Dynamic class imbalance learning for incremental LPSVM[J]. Neural Networks, 2013, 44: 87 – 100.

[36]　MIRZA B, LIN Z P, TOH K A. Weighted online sequential extreme learning machine for class imbalance learning[J]. Neural Processing Letters, 2013, 38(3): 465 – 486.

[37]　MIRZA B, LIN Z, LIU N. Ensemble of subset online sequential extreme learning machine for class imbalance and concept drift[J]. Neurocomputing, 2015, 149: 316 – 329.

[38]　ELWELL R, POLIKAR R. Incremental learning of concept drift in nonstationary environments [J]. IEEE Transactions on Neural Networks, 2011, 22(10): 1517 – 1531.

[39]　CHAWLA N V, BOWYER K W, HALL L O, et al. SMOTE: synthetic minority over-sampling technique[EB/OL].: arXiv: 1106. 1813[cs. AI]. https://arxiv. org/abs/ 1106. 1813.

第8章 深度学习在文本挖掘中的应用

在基于传统机器学习的数据挖掘方法中,需要有专业领域知识的技术人员精心设计大量的特征,人工成本较高,且系统泛化性能较差。本章将以触发词识别和事件抽取任务为例,介绍深度学习方法在文本挖掘任务中的应用。2012 年,Geoffery Hinton 研究团队构建的含有65 万个神经元的卷积神经网络在 ImageNet LSVRC-2012[1]图像分类评测任务中取得了优异的成绩,top-5 错误率达 15.3%,大约为其他最好方法的一半。此后,深度学习在图像、语音等领域均取得了突飞猛进的发展,迅速成为广大研究者关注的热点。在语音识别领域,Hinton 等[2]提出了基于深度神经网络(deep neural network,DNN)的语音识别模型,该模型在五个语音识别任务上均获得了良好的识别性能,从而验证了 DNN 对于语音识别任务的有效性。2016 年,Google DeepMind 公司开发的基于强化学习的 AlphaGo[3]人工智能围棋机器人成功击败了世界冠军,进一步推广了深度学习在人工智能领域的发展。

相较于传统的机器学习方法,深度学习在特征表示方面有很大改善。深度学习是一种多层表示学习方法,通过神经网络对原始的输入逐层进行线性或者非线性变换,与学习目标相关的部分被放大,与学习目标不相关的部分受到抑制,从而得到更加抽象和优质的表示。因此,深度学习能够更好地发现数据的内在结构。近年来,深度学习在许多领域都有较为成功的应用,如在序列标注、机器翻译、阅读理解、问答系统、分类等 NLP 问题上都得到了广泛应用和推广。

8.1 深度学习的相关研究

1. 词向量

深度学习方法在自然语言处理领域应用的第一个有意义的进展就是词向量。词向量也称为词嵌入或词表达,是指利用向量的形式替代传统的特征表示词语的方法。词向量可以表示词的句法和语义信息,近年来在自然处理问题上表现出优异的性能。词向量主要分为独热编码表示(one-hot representation)和分布式词表示(distributed representation)两种形式。

(1)独热编码

独热编码是自然语言处理中最直观、最常用的词表示方法。在独热编码中,每个词被表示成一个固定长度的向量,向量的维度即为词表的大小。每个词的独热表示中只有一个维度值为1,其他维度均为0,为1的维度代表当前词。例如,如果 Gene 是词表中的第三个词,则其独热编码表示形式为[0 0 1 …]。但是采用独热编码表示的任意两个词之间都是孤立的,语义层面上词语之间的相关信息无法表示,而这些信息恰恰对于很多自然语言处理任务是非常重要的。此外,向量的维度会随着文本中词的数量增多而不断增大,引发维度灾难问题。

(2)分布式词表示

为了解决独热编码存在的稀疏性问题和维度灾难问题,1986 年 Hinton[4]提出了分布式词表示(distributional representation)。分布式词表示大都基于词同现或者上下文,其依据是分布式语义假设(distributional hypothesis),即上下文相似的词语义上相近[5]。研究者利用词语的文档、上下文、滑动窗口等信息反映词语的内在语义信息。2013 年, Mikolov 等[6]提出了连续词袋模型(continuous bag-of-word,CBOW)和 skip-gram 两种常用的词向量训练模型,同时通过层级 softmax(hierarchical softmax)和负采样技术(negative sampling)实现了对模型的有效训练。如图 8.1 所示,CBOW 模型利用周围的词预测目标词的词向量,而 Skip-gram 模型利用目标词来预测周围词的词向量。该开源工具被广泛应用在 NLP 的各个领域中,高效且方便使用,在大多数任务上都取得了良好的效果。目前,NLP 领域的深度学习模型一般都以符号的向量表示作为神经网络的输入,分布式词表示即为应用最广泛的一种。Mikolov 等于 2013 年发布的 word2vec[7]词向量训练工具让词向量得到了迅速推广和使用。Word2vec 可以实现通过对语料的无监督训练自动地获取包含语义的词向量,并且计算速度非常快。然而,通过 word2vec 训练的词向量是基于句子中线性上下文训练的,当线性上下文窗口较小时,句子内长距离词之间的关系很难建立。甚至当线性窗口非常小的时候,可能会出现 good 和 bad 词向量相同的情况[8],而这种情况在完成如情感分析等任务时将会影响情感分类的判断,从而降低系统的性能[9]。为此,Tang 等提出了一种基于特定情感的词向量(sentiment specific word embedding,SSWE),他们在词向量训练过程中使用的损失函数中结合了有监督的文本情感极性。Levy 等[10]提出利用依存上下文的 n-gram 策略,训练基于依存关系的词向量。他们的实验证明,线性上下文表达的是主题相似性,而基于依存关系的上下文表达的是结构和功能的相似性。所以,基于依存关系的词向量相较于 word2vec 训练的传统词向量更具结构和功能相似性。由于生物事件触发词为触发事件发生的动词或动名词,要素为生物实体,在结构和功能上具有一定的相似性,因此基于依存关系的词向量更利于生物事件抽取任务的性能提升。

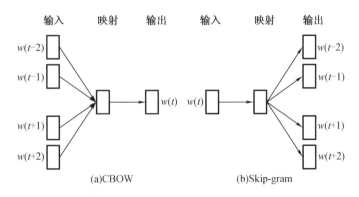

图 8.1　CBOW 模型和 Skip-gram 模型

2. 神经网络

针对神经网络的研究工作最早可以追溯到 20 世纪 40 年代。科学研究人员受生物学神经细胞结构的启发,模仿神经元的兴奋、抑制等生物机理提出了神经网络。近年来,随着深度学习方法的推广,各种神经网络相继出现,并在 NLP 领域的多个任务中都取得了成功。应用最广泛的两类神经网络模型分别是卷积神经网络(convolution neural network,CNN)和循环神经网络(recurrent neural network,RNN)。

(1)神经网络的基本结构

神经网络的基本结构包括输入层、隐藏层和输出层(如图 8.2 所示)。信息从输入层到隐藏层,最后进入输出层,这个过程称之为前向传播(forward propagation,FP)。在前馈神经网络中,首先输入层负责接收输入信息 $\boldsymbol{x}$,$\boldsymbol{x}$ 通过层与层之间带权的连接计算隐藏层输入,然后通过激活函数得到隐藏层输出结果:

$$\boldsymbol{h}_i = f\left(\sum_{j=1}^{n} \boldsymbol{w}_{ij}\boldsymbol{x}_j + \boldsymbol{b}_i \right) \tag{8.1}$$

$$\sigma(\boldsymbol{x}) = \frac{1}{1 + \mathrm{e}^{-x}} \tag{8.2}$$

$$\tanh(\boldsymbol{x}) = \frac{\mathrm{e}^{2x} - 1}{\mathrm{e}^{2x} + 1} \tag{8.3}$$

$$\varphi(\boldsymbol{x}) = \max(0, \boldsymbol{x}) \tag{8.4}$$

式中　x_j——第 j 个单元的输入信息;

　　w_{ij}——当前层的第 j 个单元与下一层的第 i 个单元之间的权重;

　　b_i——第 i 个单元的偏置值;

　　$f(\cdot)$——激活函数,常用的激活函数有 Sigmoid 函数、tanh 函数和 ReLU 函数等,如公式(8.2)~公式(8.4)。

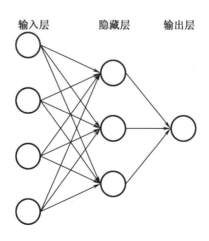

输入层　　　隐藏层　　输出层

图 8.2　人工神经网络的基本连接图

当输入信息经过一次前向传播之后,会得到一个输出,称为预测值。该预测值与真实标记的目标值之间必然存在一个误差,根据该误差可以构建损失函数。得到损失函数后,需要对损失函数进行优化以达到损失值最小化。在神经网络中常用梯度下降法对损失函数进行优化。使用梯度下降法时,梯度经由输出层、隐藏层、再到输入层的过程称之为反向传播(back propagation,BP)算法。经过多次迭代,当损失函数小于一定值或在某个区间内波动时,即达到停止条件,则迭代结束,训练完成。

在生物事件触发词识别任务上,北京航空航天大学的 Nie 等[11]首先通过人工神经网络识别触发词。他们提出了一种基于词向量辅助的神经网络预测模型(word embedding assisted neural network prediction,EANNP),该模型将词向量作为输入,通过构建的三层人工神经网络完成了触发词识别。他们的实验在 MLEE 语料上所占比例较大的 14 个子分类上取得了领先的抽取性能。

(2)卷积神经网络

卷积神经网络的基本框架是相似的,主要包含三个层:卷积层(convolutional layer)、池化层(pooling layer)和全连接层(fully-connected layer)。其中卷积层包含多个特征面,每个特征面由多个神经元组成,每个神经元通过卷积核与上一层特征面的局部区域相连。池化层在卷积层之后,它的每一个特征面对应上层的唯一一个特征面。经过多个卷积层和池化层后,连接一个或多个全连接层。全连接层可以整合卷积层或池化层中可以区分类别的局部信息。

2011 年,Collobert 等[12]首次提出将 CNN 应用在自然语言处理领域的任务上,他们构建了一个基于多任务的 CNN 模型,并通过该模型完成了词性标注、句法块标注、命名实体识别和语义角色标注等多项自然语言处理任务。2014 年,Kim 等[13]将 CNN 用在包括情感、子标题、问题类型等不同的句子分类任务上,取得了较好的性能。针对 CNN 存在的长距离依赖问题,Kalchbrenner 等[14]提出了动态 CNN(dynamic CNN,DCNN)模型,通过动态 k-max 池化策略可以根据不同长度的句子提取出相应数量的语义特征信息,进而保证卷积层的统一性。此外,他们的模型可以捕获句子内的短距离和长距离依存关系。Zeng 等[15]提出了分段 CNN 进行关系抽取。他们将卷积后的结果以实体为界分成三段送往 pooling 层,以便更好地获取特征。Chen 等[16]提出了一种动态多池化的 CNN(dynamic multi-pooling CNN,DCNN)完成一般领域的事件抽取任务。他们的系统通过动态多池化层捕获句子的组合语义特征,并将深层语义特征送至 softmax 分类器进行触发词和要素预测。在生物事件触发词识别任务上,Wang 等[17]提出了一种基于 CNN 的触发词识别方法,该方法将词袋特征的词向量映射后的矩阵进行卷积和池化处理,以便自动抽取触发词识别过程中需要的特征。他们的方法在 MLEE 语料上的触发词识别结果为 78.67%。Wang 等[18]提出了一种基于生物事件抽取任务的 CNN 模型,他们在触发词识别子任务上结合了单词位置、上下文语义以及实体信息等作为特征;在要素检测子任务上,通过触发词与依存路径树上不同距离的节点构建要素候选,进而检测要素关系。他们在 MLEE 语料上取得了 F 值为 77.97%的触发词识别结果和 F 值为 58.31%的生物事件抽取结果。

卷积神经网络的局部连接、权值共享以及池化操作等特性有效地降低了网络的复杂度,减少了训练参数的数目,使模型对平移、扭曲、缩放有一定程度的不变形,具有一定的鲁棒性和容错能力[19]。此外,CNN 适合于挖掘上下文的局部语义特征,但是对于长距离上下文语义识别和保存输入序列语义的顺序上,如果不做特殊的处理,还存在着弱势[20]。而这些信息对于生物事件抽取相关任务而言是极其重要的信息。

（3）循环神经网络

1990年，Elman等[21]首次提出了循环神经网络，这是一种具有反馈结构的神经网络。当按时间顺序展开时，可以把RNN看成一个深层且各层共享相同权重的前馈神经网络。隐藏层单元节点在每一时刻的输出相当于深层神经网络每一层的输出。与传统的神经网络不同，RNN假定所有的输入都是独立的，递归思想应用在序列中的每一个实例之上，其最大特点就是存在指向自身的回路。即前一节点的输出作为当前隐藏层节点的输入，同时，当前节点的隐藏层输出也作为下一节点的输入，正是这样的结构特点让RNN具有了"记忆"功能。此外，RNN能够处理不定长度的序列，也有能力捕获文本中内在的属性，如单词间的语义关系。RNN的结构特点与文本处理的需求非常契合，在很多自然语言处理任务上都得到了较好的应用，如序列标注[22]、多标签文本分类[23]、情感分析[24]等。在生物文本挖掘领域，Li等[25]利用RNN模型融合布朗聚类信息和LDA主题模型信息在生物命名实体识别任务上取得了良好性能。

然而，RNN在对长序列文本训练过程中梯度向量会呈指数级增长或消失[26-27]，即RNN梯度爆炸和消失问题。为了克服这些问题，研究者尝试向RNN中增加记忆单元和门机制，于是RNN的变体相继出现。目前在NLP任务上应用较多且性能相对较好的RNN变体包括长短期记忆网络（long short-term memory，LSTM）[28]和带门的循环单元（gated recurrent unit，GRU）[29]。LSTM和GRU均在RNN的基础上增加了门控制，以便有选择地保留上一时刻的状态和接收此时刻的输入。这两种变体中，LSTM包含输入门、忘记门和输出门，GRU使用了更新门和重置门。Jozefowica等[30]和Chung等[31]分别针对RNN、LSTM和GRU三种循环神经网络进行了分析，结果显示，LSTM和GRU在不同系统上的性能相差不多，但优于RNN。

在生物事件抽取任务上，Li等[32]提出了一种基于动态扩展树的LSTM模型（DET-BLSTM）来进行生物事件抽取。他们通过动态依存拓展树代替原始的生物文本输入，从而获得更多的句法信息。此外，他们结合了词性向量和距离向量用以丰富输入信息。他们的方法在细菌栖息地地理位置关系抽取（bacteria biotope event extraction，BB-event）任务上获得了57.14%的F值。Rao等[33]将生物事件抽取问题转化为子图定义问题来解决，他们提出了一种基于抽象语义表示（abstract meaning representation，AMR）和RNN结合的方法。在触发词识别任务上他们首先通过AMR解析器获取句子的解析结果，然后通过解析树上的节点与语料中的触发词和实体对齐的方式获得最短路径上的相关信息。在要素检测任务上，他们将要素检测分成两个子过程，首先判断文本中是否存在要素关系，然后再判断其类型为Theme或Cause，最后使用RNN进行学习并获得事件抽取结果。在生物事件触发词识别任务上，Rahul等[23]分别通过LSTM和GRU进行生物事件触发词识别，并结合了实体类型信息作为特征，在MLEE语料上获得了较好的识别性能。他们基于BLSTM的触发词识别模型的F值为78.71%，基于BGRU的触发词识别模型的F值为79.11%。然而，句子中的不同单词往往对于整个句子的语义信息有不同的影响，上述方法均等同对待句子中的所有词，可能会导致关键的语义信息没有得到充分重视。而且随着距离的不断增加，单词之间的语义信息影响也会不断减弱，因此，本章引入了注意力机制。

3. 注意力机制(attention mechanism)

注意力机制是一种模拟人脑注意力的机制。其核心思想借鉴了人脑在特定的时刻会将注意力集中在事物的某个特定部分而忽略其他部分的特点,是一种人脑资源分配的模型。对于事物的关键部分,注意力模型会分配较多的注意力,而其他部分则分配较少的注意力。

注意力机制首先在视觉图像领域得到了较为成功的应用。随后,2014 年,Bahdanau 等将注意力机制与 RNN 结合用于解决神经机器翻译中的文本对齐问题,改善了长序列文本的翻译性能。因其能够自动发现核心词的特征,注意力机制很快引起了人们的关注,并被应用于更多的 NLP 任务中。Zhou 等[34]在双向 LSTM 基础上结合了词级 attetnion,在 SemEval-2010 Task 8 上进行了关系抽取。在没有使用任何额外特征的情况下,他们取得了 84.0% 的 F 值。清华大学的 Wang 等[35]在 CNN 模型基础上结合了双层 attention 机制,分别为针对句子中实体的词级 attention 以及针对句子中特定关系的池化层 attention。他们的模型在 SemEval-2010 Task 8 上取得了 88.0% 的 F 值。Du 等[36]通过卷积神经网络获取代表每个词局部特征的 attention 信号,之后将其与双向 LSTM 神经网络结合用于文本分类任务。冯多等[37]使用长距离文本中的距离信息作为计算 attention 权重矩阵的依据,用于表示长距离上下文的相关性,并结合树 LSTM 完成了情感分析任务。厦门大学 Liu 等[38]将 Self-attention 应用在语义角色标注任务上,取得了良好性能。他们将 SRL 作为序列标注问题,先使用 BIO 标签进行标注,然后使用深度注意力网络进行标注。该网络由一个 RNN/CNN/FNN 子层和一个 self-attention 子层组成,最后通过 softmax 当成标签分类进行序列标注。在通用领域的事件抽取任务上,Liu 等[39]通过两种不同的策略对句子中已标注的要素增加 attention,进而提高触发词的识别性能。Liu 等[40]针对句子中可能存在多个事件的问题,提出了基于 attention 的图信息聚合的联合多事件抽取模型(jointly multiple events extraction,JMEE)。他们的方法将依存解析树的生成结果作为图卷积神经网络的输入,在触发词识别子任务上采用了自注意力机制替代传统的最大池化;在要素识别子任务上通过 BIO 的形式标注句内 <触发词,生物实体 > 对,并通过全连接层来预测要素的类型,最后通过损失函数同时计算触发词和要素的损失值来实现事件的联合抽取。但目前在生物事件抽取任务上,attention 机制尚未得到广泛应用。本章首先将 attention 机制应用在 LSTM 模型上完成生物事件触发词识别和生物事件抽取任务,通过词级 attention 机制加强句子内对于分类起关键作用的单词,通过句子级 attention 加强相关要素之间的相互影响,在触发词识别和事件抽取任务上均取得了较好的性能。

此外,随着深度学习技术的不断发展,越来越多的深层神经网络相继出现。Zhang 等[41]针对通用领域的事件抽取任务,提出了基于生成对抗模仿学习的事件抽取模型。他们在触发词识别和要素检测子任务上结合了生成对抗网络(generative adversarial network,GAN)[42]和逆强化学习(inverse reinforcement learning,IRL)[43-44],通过增加动态奖励机制进一步提高触发词识别和要素检测的性能。Huang 等[45]提出了一个基于 CNN 的零样本迁移学习事件抽取模型,他们只预先标注非常少的样本,借助 AMR 分别标注出句内的触发词和要素候选,然后通过与构建的目标事件本体匹配的方式获取未标注事件的类型。实验结果显示,在没有任何标注的情况下,他们的模型获得了与有监督模型相当的性能。Sha

等[46]提出了一个基于依存桥 RNN 的联合事件抽取模型(dependency bridge recurrent neural network,dbRNN),他们通过依存桥加强输入序列中的关键信息,将传统的序列 RNN 和树结构结合,获得了比传统 RNN 更好的性能。此外,在要素检测任务上,他们考虑了依存树中要素候选的句法关系,并通过张量层同时获取句内全部候选要素,他们的方法在通用事件抽取领域 ACE 2005[47]语料上获得了良好性能。中国科学院的 Liu 等[48]提出了一种基于触发词识别动态记忆网络(trigger detection dynamic memory network,TD-DMN)来进行事件抽取。他们将触发词识别模拟为问答问题,在检测要素时将触发词的相关信息融合到问题模块,进而完成事件抽取。

8.2　基于句子向量和词级注意力机制的触发词识别

如第 2 章所述,基于两阶段的统计机器学习方法在生物事件触发词识别任务上取得了较好的性能。然而,基于统计机器学习的方法需要借助一定的领域知识,人工总结设计特征。在这类方法中,特征往往决定着系统的性能。通常情况下,选择合适的特征需要大量的实验;而如果特征设计得过于精巧又可能影响系统的泛化能力。此外,如果不借助其他NLP 相关工具,这类方法往往难于获取深层次的语义信息。随着深度学习在图像、语音和翻译等领域取得突破进展,深度学习技术也逐步应用到了包括触发词识别在内的多项 NLP任务上。神经网络通常以词向量作为模型的输入,用于获取词与词之间的语义信息;同时,网络模型可以自动地学习一些抽象的特征,避免了传统机器学习模型人工设计复杂特征带来的问题。因此,本章重点探讨针对生物事件触发词识别这一关键问题,如何利用深度学习技术在一定程度上自动学习文本语义,进而改善触发词识别性能。

首先,对于应用深度学习方法的模型来说,需要适当规模的语料,且语料分布最好不要过分稀疏,否则神经网络可能通过上下文学到较多无关噪声信息而造成系统的性能或许不如基于统计机器学习方法的触发词识别性能。因此,本章仍采用第 2 章的生物事件抽取通用语料 MLEE 语料作为本章触发词识别的主要语料。此外,本章也在 BioNLP 的评测语料上进行了基于深度学习的触发词识别探索。接下来,主要研究如何利用双向 LSTM(BLSTM)神经网络识别生物事件触发词。由于生物事件自身结构的复杂性,生物文本中句子级全局特征以及句子中生物事件相关的信息,对于生物事件抽取任务尤为关键。因此,本章将句子向量作为一种补充输入应用于事件抽取任务,通过句子向量建立单词与句子之间的联系,获得整个句子的特征表达,从而为生物事件抽取提供更为丰富的文本信息。此外,本章训练了基于依存关系的词向量,用以捕获小窗口线性上下文难以获得的长距离词间的关系,这些信息往往对于生物事件抽取任务是很重要的。基于以上的数据表示,本章使用词级注意力机制加强句内关键信息,提出了基于句子向量(sentence embeddings)和词级注意力的触发词识别模型(sentence embeddings and attention based BLSTM neural network,SE-Att-BLSTM),该模型获得了较好的识别性能。第 2 章已经探索了两阶段方法在触发词识别任务上的有效性,因此,本章将上面提到的 SE-Att-BLSTM 触发词识别模型与两阶段方法进行了结合,并在两阶段方法中将深度学习方法与传统机器学习方法进行结合,以便进一步提高生物事件触发词识别性能。实验结果显示,相较于其他基于深度学习的先进的同类系统,本章方法获得了较好的综合性能。

本章内容安排如下:分析现有生物事件触发词识别中的深度学习方法、存在的问题以及本章的解决方案;介绍本章所用数据的向量表示形式;详细介绍结合了句子向量、读入门以及词级 attention 的触发词识别模型 SE-Att-BLSTM 及其相关实验,验证了本章提出方法的有效性;将 SE-Att-BLSTM 触发词识别模型与两阶段方法结合,并针对两阶段方法中的第二阶段分别采用了 SE-Att-BLSTM 神经网络模型以及统计机器学习算法(PA 算法)两种方式完成触发词的多分类任务,在 MLEE 语料上对实验有效性进行了验证,同时在 BioNLP 语料上对相关实验进行了分析和讨论,此外,本节对全文提出的不同触发词识别模型进行了比较分析;对本章的主要工作进行小结。

8.2.1　基于深度学习的生物事件触发词识别研究

基于深度学习技术的抽取方法,通常需要将数据转换成向量的表示形式作为神经网络模型的输入。而与生物医学相关的词表示往往比通用领域的词表示对生物医学文本挖掘任务具有更好的提升作用。现有基于深度学习的触发词识别方法几乎均采用的是通过 word2vec 训练的通用词向量,因此,本章首先构建了结合依存词向量和句子向量的丰富数据表示形式。

Miwa 等[49-50]已经验证了依存信息对于事件抽取任务的有效性,通过 GDep[51]、C&C[52]、McClosky-Charniak[53]、Bikel[54]、Standford[55]以及 Enju[56]六种不同的解析工具获取依存信息,并在多个生物事件抽取的子任务上验证了其性能,尤其对于 Regulation 等复杂生物事件,在结合依存信息后,其抽取性能有明显提升。他们的实验结果显示 GDep 和 Enju 在多个子任务上均获得了良好的性能。Buyko 等[57]也曾针对不同句法解析器对生物事件抽取性能的影响进行了综合评估,其中 GDep 获得了良好的性能表现。为此,本章采用 Gdep[43,51]获取依存上下文来代替传统线性上下文训练得到依存词向量,使触发词识别过程获得了更多的语义信息支持。此外,根据语料预训练的词向量包含了训练语料中的句法、语义等潜在特征信息,而随网络微调的词向量则包含了通过网络学习到的与触发词识别任务相关的、更具针对性的语义表示,为了结合两者的优势,本章在训练过程中同时采用了预训练和随网络微调的两类词向量,并通过这两类词向量构建了句子向量。

在原始的 LSTM 框架[28]中,所有的输入都是基于词级的向量特征信息,并且需要通过输入门控制其读入到记忆单元中。但是单纯的词级向量容易忽视句子本身潜在的特征信息,而把句子信息作为一种补充输入,能够建立起单词与句子之间的潜在关系,有助于在隐藏层中抽象出更加精确的特征表示。此外,由于在一个句子中可能存在多个事件,每个事件均包含其自身的触发词和要素。在嵌套事件中,某一事件又可能是其他事件的要素,可见同一个句子包含的不同事件以及事件中的要素间均具有非常紧密的联系,也就是说在一个句子中任意两个单词之间均可能存在关联,而这种关联可能直接影响着触发词识别的性能。例如,在生物本章片段 "None of the inhibitors had any effect on the weight of the superovulated ovaries or on the synthesis of progesterone by cultured luteal cells." 中,effect 是触发词,而 superovulated ovaries 是要素,当仅依赖于词本身以及有限窗口内的上下文时,很难判断 effect 的具体类型。当融入句子向量,结合了句子内事件相关的其他信息 superovulated ovaries 时,则更容易将 effect 判定为 Regulation 类型的触发词。因此,抽取句子级的全局语义信息对于事件抽取任务很有必要。本章在 BLSTM 框架中融入句子级的向量特征信息,从而将句子信息通过读入门输入到记忆单元中,获得更加丰富的文本信息。

在上述数据表示的基础上,本章进一步探索了基于深度学习的触发词识别模型。虽然深度学习技术在 NLP 任务中得到成功推广,但在生物事件抽取领域应用并不十分广泛。现有基于深度学习的触发词识别方法中,Nie 等[11] 和 Wang 等[58] 首先构建了基于词向量的人工神经网络模型;Wang 等[17] 使用 CNN 神经网络结合任务相关的特征完成了生物医学触发词识别。以上方法均获得了良好的触发词识别性能,然而由于 CNN 的目标是泛化局部的连续上下文语义特征,对于长距离上下文语义识别和保存输入序列语义的顺序上,如果不做特殊的处理,还存在着弱势。而对于生物事件抽取任务而言,尤其是复杂生物事件的抽取,窗口内的信息是不够的,因此本章构建了基于 LSTM 神经网络的触发词识别模型。

带有长短时记忆结构的 RNN 是一种时序模型,通过记忆单元和门控制机制有选择地累积句子内有价值的上下文信息。因此,对于生物医学文本中非固定长度的长文本序列进行建模时,LSTM 是适合的。从 2017 年开始,包括本章研究成果在内的一些相关研究成果陆续发表。印度的 Rahul 等分别构建了基于双向 LSTM 和双向 GRU 的生物医学触发词识别模型,并结合了实体类型信息作为特征。然而,在 RNN 中,单词的语义信息需要按照句子序列依次传递,后输入的单词比先输入的单词对分类的影响更大。这就可能导致长文本中的一些重要上下文信息可能在传递过程中丢失或者未得到充分重视,因此,本章在 LSTM 模型基础上结合了词级注意力机制用以加强句内关键信息。

基于注意力(attention)机制的神经网络已经在很多 NLP 任务上获得了良好性能,如关系分类、机器翻译、图像识别、语音识别、文本推理以及问答系统等。受以上论文启发,本章在基于双向 LSTM 的触发词识别模型基础上结合了 attention 机制,用以加强关键输入的语义信息,从而提高识别性能。此外,虽然 LSTM 神经网络可以解决 RNN 的梯度弥散问题,但是当文本句子较长时,距离过大的词之间的语义影响依然也会减弱。而文本中的关键信息可能出现在句子中的任意位置,通过 attention 机制则可以有效地加强句子中任意位置的关键信息,很好地解决了 LSTM 的偏置问题。

8.2.2 输入数据的向量表示

1. 依存词向量

词向量把每个词表示成包含了语义信息的、维度相同的稠密实值向量,提供了更好的语义表示,同时可以避免维度灾难带来的问题。随着深度学习在文本挖掘领域的不断发展,词向量也得到了更为广泛的应用。目前较为常用的词向量多是通过 word2vec 工具训练的基于 CBOW 模型或 skip-gram 模型的词向量,这些词向量分别利用周围词预测目标词以及利用目标词预测周围词。这些模型通常利用线性上下文信息训练词向量。然而,在一些长句中,两个在逻辑上有关联的单词很可能在实际的句子中距离比较远,利用直接上下文信息则很难捕获这种语义关联。因此,本章通过依存解析工具获取语料中的依存上下文,进而利用依存上下文训练得到了依存词向量。依存词向量更多的是获取语料中单词间的结构和功能的相似性,而通过 word2vec 训练得到的普通词向量获取的是主题相似性[59-62]。对于触发词识别任务而言,由于触发词通常是动词或动名词,显然依存词向量更加适合。

　　本章首先从 PubMed 数据库中下载了 5.7GB 的大规模生物医学相关摘要,并对每篇摘要进行了简单处理,删掉了题目、作者信息以及通信方式,仅仅保留了摘要原文。然后,在对摘要原文进行分句、分词处理后,将其送至 Gdep 解析工具得到依存解析结果。最后,利用 word2vec 的修改版 word2vecf[10]将得到的依存上下文信息用于训练基于依存关系的词向量。依存上下文可以捕获使用小窗口线性上下文难以获得的长距离词间的关系。以图 8.3 中的生物医学文本片段"The toxin prevented induction of 1L-10"为例,在线性上下文中,当线性窗口大小为 1 和 2 时,prevented 和 1L-10 的关系很难确定。因此,相较于线性上下文训练得到的传统词向量(例如 skip-gram、CBOW 等模型),基于依存关系的词向量可以获得更多的语义信息。此外,基于依存关系的词向量可以提供更多的句法信息,如单词 toxin 是单词 prevented 的主语等,而这些信息对于要素检测是非常有帮助的。总的来说,相较于传统的词向量而言,依存词向量可以获取更多的功能相似性而非主题相似性。由于生物事件触发词通常是动词或动名词,显然依存词向量也更加适合。

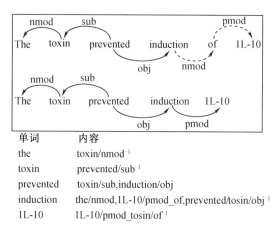

图 8.3　基于依存关系的上下文抽取实例

2. 句子向量

　　由于生物事件结构自身的复杂性,句子级事件相关语义信息对触发词识别尤为重要。Li 等[32]验证了在生物命名实体识别任务上句子向量对于 LSTM 的性能提升具有一定作用。受其启发,本章尝试了更加多样的句子向量构成方式,由于在实验中同时使用了预训练的词向量和随训练过程微调的词向量两类词向量,所以本章首先仅针对一类词向量构成句子向量,具体构成方式有两种:①仅针对句子中所有词的预训练词向量或随网络微调的词向量计算平均值;②取句中所有词的预训练词向量或随网络微调的词向量的每一维最大值;接下来,通过两类词向量共同构成句子向量,具体构成方式为:①针对句子中所有词的预训练词向量或微调词向量先求和,再针对所有词的两类词向量求和后的词向量计算平均值或取每一维的最大值;②针对句子中所有词的预训练词向量或微调词向量先求差值,再针对所有词的两类词向量求差值后的词向量计算平均值或取每一维的最大值。即,在本章实验中共尝试了八种不同的句子向量构成方式,这些不同方式构建的句子向量对触发词识别性能的影响将在后边进行详细讨论。

本章最终选取了触发词识别性能相对最好的句子向量构成方式:对句子中所有词对应的两类词向量的差值求均值,如公式(8.5)所示。其中 x_t 为预训练的词向量,x'_t 为随训练过程微调的词向量,n 为句子的长度,d_0 为计算得到的句子向量。为了控制句子信息在神经网络中的传播,本章在原始 LSTM 框架的基础上增加了读入门 $r_t \in [0,1]^n$,这一部分内容将在后边详细介绍。

$$d_0 = \frac{1}{n} \sum_{t=1}^{T} (x'_t - x_t) \tag{8.5}$$

预训练的词向量包含了训练语料中的句法、语义等潜在特征信息,不断微调的词向量则包含了通过网络学习到的与触发词识别任务相关的、更具针对性的语义表示,句子向量建立了单词与句子之间的潜在关系,获取了整个句子的全局特征。本章实验结果也证明了句子向量在生物触发词识别任务上具有较为明显的提升作用。

8.2.3 基于句子向量和词级注意力的触发词识别

在以上数据表示形式的基础上,本章构建了基于双向 LSTM,同时结合了句子向量和词级 attention 的触发词识别模型 SE-Att-BLSTM。图 8.4 给出了该网络模型的总体架构。

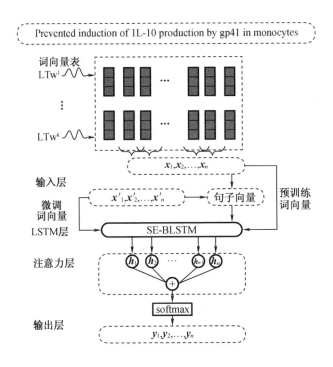

图 8.4　SE – Att – BLSTM 触发词识别模型

SE-Att-BLSTM 触发词识别模型主要由四部分组成:输入层、LSTM 层、注意力层以及输出层。大部分神经网络模型的输入信息仅仅为通过语料预训练的词向量,本章输入层在预训练词向量的基础上还增加了随网络微调的词向量和句子向量作为输入。即本章输入层共包含三部分输入信息,分别是基于大规模生物背景语料训练的依存词向量、随网络训练过程微调的词向量,以及用来表示句子级特征信息的句子向量。其中,随网络微调的词向量初始值与预训练的词向量相同,句子向量的初始值由前文公式计算而得。在 LSTM 层,在原始 LSTM 架构的基础上增加了读入门,用以控制句子信息在神经网络中的传播,结合了句子向量读入控制门的 BLSTM 结构在图 8.4 中表示为 SE-BLSTM。注意力层针对 LSTM 神经网络的隐藏层输出进行加权处理,从而加强关键信息对分类的影响。最后,在输出层,通过 softmax 作为分类器对加权后的隐藏层输出进行分类,从而得到每个触发词候选的预测分类结果。

1. 实例构建

与第 2 章基于统计机器学习的触发词识别方法需要生成带特征的数字化实例不同,深层神经网络通常以原始文本对应的词向量作为输入。本章将触发词识别抽象成序列标注问题,即把文本句子中的所有词均作为触发词候选,然后通过序列标注的形式对每个词进行标注,随后将文本中标注序列输入给机器学习模型,然后通过模型预测输出与输入词序列一一对应的标签序列。本章首先通过预处理获得原始语料对应的. xml 文件,之后通过遍历. xml 文件的方式逐一对每个 token 采用 BIO 机制进行标注。BIO 是一种常用的序列标注方式,广泛应用于命名实体识别等 NLP 任务。其中 B(begin)表示一个触发词的开始;I(inner)表示触发词内部的词;O(other)表示序列中非触发词的部分。以句子"Adenovirus gene transfer of endostatin in vivo results in transgene expression and inhibition of tumor growth and metastases."为例,其对应的标注形式如表 8.1 所示。

表 8.1　BIO 标签标注示例

单词	标签
Adenovirus	O
gene	B-Gene_expression
transfer	I-Planned_process
of	O
endostatin	O
in	O
results	B-Positive_regulation
in	O
transgene	O
expression	B-Gene_expression
and	O
inhibition	B-Negative_regulation
of	O
tumor	O

表 8.1(续)

单词	标签
growth	B-Growth
and	O
metastases	B-Localization

2. LSTM 神经网络

生物医学文本通常包含很多长句,且句子长度长短不一。而递归神经网络(RNN)由于存在指向自身的回路,展开之后,当前节点的隐藏层会成为下一节点隐藏层的输入,使得 RNN 能够处理任意长度的文本。显然,RNN 对于处理本章任务是适合的。然而,由于传统的递归神经网络在有监督的训练过程中的误差传播会随着神经网络递归深度的增加而不断的减小,即存在梯度弥散。因此,Hochreiter 和 Schmidhuber 提出了长短时记忆网络 LSTM。LSTM 的基本构成单位是一个记忆存储块(如图 8.5 所示),主要由一个记忆单元和三组具有自适应性的元素乘法门(输入门、忘记门、输出门)组成。这三个门是非线性的求和单元,旨在收集存储块内外的激活信息,并且通过乘法运算控制记忆单元中的激活值。

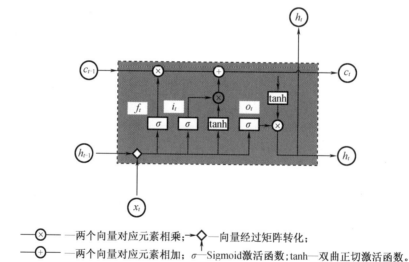

—⊗—两个向量对应元素相乘; —◇—向量经过矩阵转化;
—⊕—两个向量对应元素相加; σ—Sigmoid 激活函数;tanh—双曲正切激活函数。

图 8.5　LSTM 的记忆存储块

如图 8.5 所示,i, f, o 分别代表输入门[式(8.6)]、忘记门[式(8.7)]和输出门[式(8.8)]。各式中 x_t 代表 t 时刻的输入向量,w_{xh}、$w_{hh'}$ 和 b_h 分别表示输入连接、递归连接和偏置向量。$\tilde{c}_t$ 代表 t 时刻的候选输出值[式(8.9)],c_t 表示第 t 个单词的记忆单元[式(8.10)],h_t 代表第 t 个单词的隐藏层输出向量[式(8.11)]。此外,$\sigma(\ )$ 代表 Sigmoid 激活函数,tanh 表示双曲正切激活函数,⊙表示点乘。输入门和输出门乘以存储块的输入向量和输出向量后可以得到当前时刻实际的输入值和输出值,如式(8.10)和(8.11)所示。忘记门乘以前一时刻的存储单元向量,可得到实际有用的历史信息,如式(8.10)所示。

$$i_t = \sigma(\boldsymbol{x}_t \cdot \boldsymbol{w}_{xh}^i + \boldsymbol{h}_{t-1} \cdot \boldsymbol{w}_{hh'}^i + \boldsymbol{b}_h^i) \tag{8.6}$$

$$f_t = \sigma(\boldsymbol{x}_t \cdot \boldsymbol{w}_{xh}^f + \boldsymbol{h}_{t-1} \cdot \boldsymbol{w}_{hh'}^f + \boldsymbol{b}_h^f) \tag{8.7}$$

$$o_t = \sigma(\boldsymbol{x}_t \cdot \boldsymbol{w}_{xh}^o + \boldsymbol{h}_{t-1} \cdot \boldsymbol{w}_{hh'}^o + \boldsymbol{b}_h^o) \tag{8.8}$$

$$\tilde{c}_t = \tanh(\boldsymbol{x}_t \cdot \boldsymbol{w}_{xh}^c + \boldsymbol{h}_{t-1} \cdot \boldsymbol{w}_{hh'}^c + \boldsymbol{b}_h^c) \tag{8.9}$$

$$c_t = i_t \odot \tilde{c}_t + f_t \odot c_{t-1} \tag{8.10}$$

$$\boldsymbol{h}_t = o_t \odot \tanh(c_t) \tag{8.11}$$

相较于单向 LSTM 而言,双向 LSTM 神经网络可以提供更为全面的语义信息,从而提高系统性能。例如,在生物文本片段"We especially focused on the role of Crk adaptor protein in EphB mediated signaling."中,包含结构为(Type：Positibe_regulation, Trigger：mediated, Theme：EphB, Cause：signaling)的生物事件,其中 mediated 是触发词,EphB 和 signaling 分别是两个要素。触发词 mediated 的正确类型为 Positive_regulation(正向调控事件)。然而,由于 mediated 也经常出现在 Regulation(调控事件)类型的事件中,所以系统极有可能将 mediated 误分类为 Regulation 类型。而当采用双向 LSTM 时,由于可以结合 signaling 对应的信息,系统将更容易将 mediated 判别为 Positive_regulation 类型的触发词,从而提高系统识别性能。此外,由于单向的 LSTM 为从左至右获得语义信息,所以当触发词位于一句话的句首时,将无法获取前文信息,而双向 LSTM 则可以通过获取后文信息为当前词提供有效的语义信息。

双向 LSTM 神经网络对每一句话分别采用顺序和逆序递归神经网络计算得到两种不同的隐藏层表示。然后通过向量求和或拼接的方式计算得到最终的隐藏层表示。对于触发词识别任务而言,正向和反向输出采用求和方式性能优于拼接方式。所以,本章采用的是正反向隐藏层输出向量求和的方式,如公式(8.12)所示：

$$\boldsymbol{h}_t = [\overrightarrow{h_t} \oplus \overleftarrow{h_t}] \tag{8.12}$$

3. 基于句子向量和读入门的 BLSTM 模型

根据大规模背景语料预训练的词向量包含了原始语料中的特征信息,而随网络微调的词向量则包含了与触发词识别相关的语义表示。因此,为了兼顾了二者的优势,本章在训练过程中同时使用了两类词向量。一类是预训练的依存词向量,另一类是随神经网络微调的词向量。结合了两类词向量($\boldsymbol{x}_t$ 和 $\boldsymbol{x}_t'$)的 BLSTM 神经网络可以表示如公式(8.13)～公式(8.16)所示。公式中 $\boldsymbol{h}_{t-1}$ 表示正向 LSTM 在 $t-1$ 时刻的隐藏层输出向量。

$$i_t = \sigma(\boldsymbol{x}_t \cdot \boldsymbol{w}_{xh}^i + \boldsymbol{x}_t' \cdot \boldsymbol{w}_{x'h}^i + \boldsymbol{h}_{t-1} \cdot \boldsymbol{w}_{hh'}^i + \boldsymbol{b}_h^i) \tag{8.13}$$

$$f_t = \sigma(\boldsymbol{x}_t \cdot \boldsymbol{w}_{xh}^f + \boldsymbol{x}_t' \cdot \boldsymbol{w}_{x'h}^f + \boldsymbol{h}_{t-1} \cdot \boldsymbol{w}_{hh'}^f + \boldsymbol{b}_h^f) \tag{8.14}$$

$$o_t = \sigma(\boldsymbol{x}_t \cdot \boldsymbol{w}_{xh}^o + \boldsymbol{x}_t' \cdot \boldsymbol{w}_{x'h}^o + \boldsymbol{h}_{t-1} \cdot \boldsymbol{w}_{hh'}^o + \boldsymbol{b}_h^o) \tag{8.15}$$

$$\tilde{c}_t = \tanh(\boldsymbol{x}_t \boldsymbol{w}_{wh}^c + \boldsymbol{x}_t' \cdot \boldsymbol{w}_{x'h}^c + \boldsymbol{h}_{t-1} \cdot \boldsymbol{w}_{hh'}^c + \boldsymbol{b}_h^c) \tag{8.16}$$

句子向量建立了单词与句子之间的潜在关系,丰富了文本的特征表示,有助于获取句内事件相关的信息。本章通过计算得到初始的句子向量。为了控制句子信息在神经网络中的传播,在上述 LSTM 结构基础上增加了读入门 $r_t \in [0,1]^n$,如公式(8.17)所示。t 时刻的句子向量如公式(8.18)所示。结合了句子向量后的存储单元表示如公式(8.19)所示,其结构如图 8.6 所示。

$$r_t = \sigma(\boldsymbol{x}_t \cdot \boldsymbol{w}_{xh}^r + \boldsymbol{x}_t' \cdot \boldsymbol{w}_{x'h}^r + \boldsymbol{h}_{t-1} \cdot \boldsymbol{w}_{hh'}^r + \boldsymbol{b}_h^r) \tag{8.17}$$

$$d_t = r_t \odot d_{t-1} \tag{8.18}$$

$$c_t = i_t \odot \tilde{c}_t + f_t \odot c_{t-1} + \tanh(d_t) \tag{8.19}$$

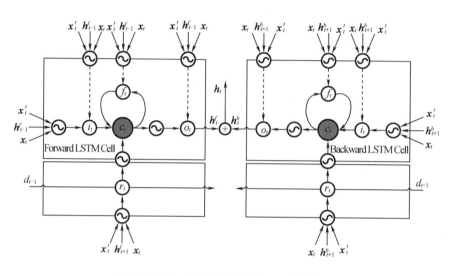

图 8.6　融入句子向量的 BLSTM 存储单元

4. 融合词级注意力的 BLSTM 模型

句子中的不同词往往对句子的语义信息有不同的影响。有些词可能影响着整个句子的语义信息,有些词则影响着触发词类型的判断,而另外一些词的影响可能很小。基于这一点,本章通过词级注意力机制加强对句内关键信息的学习,从而提升模型的性能。本章采用的注意力机制没有设置某个具体的公式计算权重矩阵,而是通过神经网络的学习自动获取并加强训练过程中学习到的重要信息,是一种自 attention 机制。这种 attention 机制不需要结合具体的任务对概率分布公式进行精巧的设计,模型的泛化性能较好。本章权重矩阵的初始值通过随机化的方式获得。$\boldsymbol{H} \in \mathbf{R}^{d_w \times N}$ 表示神经网络生成的最终隐藏层输出向量矩阵,其对应的向量为 $[\boldsymbol{h}_1, \boldsymbol{h}_2, \cdots, \boldsymbol{h}_L]$,$L$ 代表的是句子长度,则句中 L 个单词的注意力权重之和为 1。d_w 表示词向量维度,tanh 为激活函数。权重向量 $\boldsymbol{\alpha}$ 的计算如公式(8.21)所示,其中 $\boldsymbol{w}$ 为训练过程中的参数向量,α_i 表示第 i 个单词的权重。在通过权重矩阵加强关键信息后将得到新的句子表达 $\boldsymbol{h}^*$[公式(8.22)、公式(8.23)],其中 $\boldsymbol{\gamma}_i$ 表示该句文本中第 i 个单词的加权后的向量表示,而 $\boldsymbol{h}_i^*$ 则代表第 i 个单词的隐藏层输出。

$$N = \tanh(\boldsymbol{H}) \tag{8.20}$$

$$\boldsymbol{\alpha} = \text{softmax}(\boldsymbol{w}^{\text{T}} N) \tag{8.21}$$

$$\boldsymbol{\gamma}_i = \boldsymbol{h}_i \boldsymbol{\alpha}_i \tag{8.22}$$

$$\boldsymbol{h}_i^* = \tanh(\boldsymbol{\gamma}_i) \tag{8.23}$$

5. 训练和分类

本章将触发词识别问题抽象成词级别的分类问题。首先,将文本句子中的所有单词均视为候选触发词,通过序列标注的方式对所有词进行标注。在经过 BLSTM 神经网络学习上下文语义信息,得到每个触发词候选的隐藏层输出,再经过 attention 层后得到每个触发词候选的加权隐藏层输出 $\boldsymbol{h}_i^*$。最后,通过 softmax 完成分类。softmax 是一个逻辑回归分类器,它可以对多分类问题一次性地完成分类。对于每个触发词候选而言,softmax 的输出为该触发词候选在不同的触发词类别标签上的概率分布,其中概率值最大的那一类对应的标签为候选触发词的预测类型。

$$\hat{p}(\boldsymbol{y}_i|\boldsymbol{x}) = \text{softmax}(\boldsymbol{Wh}_i^* + \boldsymbol{b}) \tag{8.24}$$

$$\hat{\boldsymbol{y}}_i = \arg\max_{y \in C} \hat{p}(\boldsymbol{y}_i|\boldsymbol{x}) \tag{8.25}$$

式中 $\boldsymbol{W}$——需要学习的矩阵;

$\boldsymbol{b}$——需要学习的偏置向量;

符号 C——MLEE 语料中可能的触发词标签集合。

本章采用的损失函数为交叉熵损失函数:

$$L(\theta) = -\sum_i \sum_j t_i^j \log(\hat{p}_i^j) \tag{8.26}$$

式中 t_i^j——当前句子中第 i 个触发词候选的第 j 种生物事件触发词分类标签;

$\hat{p}_i^j$——该实例对应的触发词预测分类。

6. 实验分析

(1) 实验设定

SE-Att-BLSTM 模型在 Theano[59] 框架基础上设计实现,为了加速深度学习模型的训练,本章通过相关配置使得深度学习模型可以方便地在 GPU 上进行并行计算,从而提高了模型训练速度,减少了调参时间。

为了能够更好地比较不同神经网络结构之间触发词识别的性能差异,本章所有实验均采用了统一的参数标准,通过开发集调整参数,在测试集上进行测试。采用 Adadelta 自适应学习率,无需手动设置学习率。采用 Dropout 修饰网络结构,防止模型出现过拟合,在前向网络的 LSTM 和 attention 层应用了 Dropout 技术。Dropout 在训练过程中会从网络中随机忽略一些特征检测单元,从而减少了神经单元间的互相依存。由于没有办法遍历全部参数,参数根据经验以及相关参考文献建议,在一定的范围内选取。Dropout 从集合{0.2, 0.3, 0.5}中选取了 0.5。Hiton 等也曾建议 Dropout 率设置为 0.5。隐藏层节点数选取了和词向量维度相同的设置。学习率是从{0.1, 0.01, 0.001, 0.000 1}中选择的 0.001。本章将输入句子长度设置为固定长度 100。对于过长的句子进行了剪枝操作,即超过定长的句子自动删减,过短的句子补为定长。详细参数设置如表 8.2 所示。

表 8.2 超参数设置

参数	参数名	值
dim	词向量维度	200
batch-size	Batch 大小	64
nodes	隐藏层节点数	200

表 8.2(续)

参数	参数名	值
lr	学习率	0.001
maxlen	剪枝句子长度	100
nepochs	最大迭代次数	100
dropout	Dropout 率	0.5

（2）实验语料及评价标准

本章实验语料仍然采用生物事件抽取通用语料 MLEE 语料以及 BioNLP 评测语料,并通过实验分析了本章以及第 2 章对不同语料的性能影响。采用的评价标准为信息抽取领域常用的三个评价指标:精确率(P)、召回率(R)和 F 值(F)。对于多元分类,F 值指的是微平均 F 值。2.4.2 节已经给出了详细定义,这里不再赘述。

（3）模型的有效性分析

①依存词向量的有效性。如前文所述,基于依存关系的词向量可以获得更多的句法和语义信息,从而提高触发词识别性能。为了验证依存词向量对触发词识别性能的影响,针对基于单向 LSTM 的一阶段触发词识别方法,本章分别采用了两种不同的词向量,即通过 word2vec 词向量训练工具,skip-gram 模型训练的传统词向量和使用 word2vec 的修改版 word2vecf 词向量训练工具训练的基于依存关系的词向量,词向量维度均为 200 维。触发词识别性能如表 8.3 所示（第 1 行和第 2 行）,基于依存词向量的触发词识别 F 值较基于 skip-gram 模型训练的词向量的触发词识别 F 值提高 2.05%。

表 8.3　不同模型的触发词识别性能对比

模型	精确率/%	召回率/%	F 值/%
LSTM + 传统词向量(skip-gram)	69.53	71.64	70.57
LSTM + 依存词向量	73.56	71.70	72.62
BLSTM + 依存词向量	76.26	72.27	74.21
BLSTM + 依存词向量 + 句子向量	82.81	73.66	77.96
BLSTM + 依存词向量 + attention	81.47	75.55	78.40
BLSTM + 依存词向量 + 句子向量 + attention	82.01	78.02	**79.96**

②双向 LSTM 的有效性。为了进一步探究双向递归神经网络的识别性能,本节实验分别通过将正向和逆向 LSTM 隐藏层利用拼接或者求和的方式表示新的隐藏层。如表 8.4 所示,采用拼接方式表示新隐藏层时,触发词识别 F 值为 73.90%;采用求和方式构建新的隐藏层时,触发词识别 F 值为 74.21%,所以后续实验都采用了求和的方式。如表 8.3 所示（第 2 行和第 3 行）,双向 LSTM 的触发词识别性能比单向 LSTM 提高了 1.59%。从性能上来看,双向 LSTM 递归神经网络无论在精确率还是召回率上都明显优于单向的网络。这主要是因为双向的递归神经网络可以访问更加丰富的上下文信息。

表 8.4　双向 LSTM 两种隐藏层表示的比较

隐藏层表示	精确率/%	召回率/%	F 值/%
拼接	82.75	67.97	73.90
相加	76.26	72.27	74.21

③句子向量的有效性。为了验证句子向量对双向 LSTM 性能的影响,在上述实验的基础上增加了句子向量。采用了如表 8.5 所示的四种句子向量的计算方式,然后分别进行求平均和取最大值计算,其中对预训练词向量和微调后的词向量相减并取平均值的方式获得了最好性能,其 F 值为 77.96%。因此,本章后续实验都采用了这种句子向量构成方式,实验结果如表 8.3 所示(第 4 行)。从性能上来看,增加句子向量后的 F 值(第 4 行)较未使用句子向量的 F 值(第 3 行)提升了 3.75%,可见句子级的向量特征信息可以获取更加丰富的文本信息,进而提升系统的识别性能。

表 8.5　不同句子向量的触发词识别性能

句子向量表示	精确率/%	召回率/%	F 值/%
最大值计算			
静态词向量	79.80	76.25	77.56
微调词向量	79.33	76.62	77.71
词向量相减	78.53	76.68	77.60
词向量求和	79.81	75.17	77.42
平均值计算			
静态词向量	80.08	76.12	77.79
微调词向量	80.58	75.24	77.82
词向量相减	82.81	73.66	77.96
词向量求和	80.79	74.92	77.74

④attention 的有效性。

a. attention 的有效性验证。本章通过对比实验验证了注意力机制对于触发词识别任务的有效性。如表 8.3 所示,结合了词级注意力机制的 BLSTM 触发词识别模型,能够将模型学习的重点放在句子中的关键词汇上,从而有效提高了触发词识别的召回率,并进一步提高了系统的识别性能。增加了词级注意力的触发词识别模型(表 8.3 第 5 行)相较于未使用注意力的 BLSTM 识别模型(表 8.3 第 3 行),F 值提高了 4.19%;相较于增加了句子向量,但未使用 attention 的 BLSTM 触发词识别模型,召回率提高了 2.47%,F 值提高了 1.56%,从而验证了 attention 模型的有效性。通过表 8.3 中的第 4、5、6 行的实验结果不难发现,句子向量和 attention 均对本章触发词识别模型具有提升作用,同时结合了句子向量和 attention 的触发词识别(SE-Att-BLSTM)效果取得本节不同模型中的最优性能。

为了更加直观地描述 attention 机制的有效性，本章针对文本片段"Inhibition of angiogenesis has been shown to be an effective strategy in the therapy."绘制了其 attention 权重可视化示意图，如图8.7所示。在该文本片段中共包含三个触发词，分别是 Inhibition、angiogenesis 和 therapy。在使用 attention 机制之前句子中所有词的隐藏层输出信息均被同等对待，结合 attention 机制之后，模型将会自动学习对于触发词识别任务较为关键的信息，并加大其权重。通过图8.7不难发现，结合 attention 机制之后，句子中大部分的动词（has 和 shown）和名词（Inhibition、angiogenesis 和 therapy）的权重被加大。由于在生物事件抽取中，触发词通常是动词或者动词性名词，而要素通常是名词或者其他触发词（嵌套事件）。因此，被 attention 加大权重的词很可能就是该段文本中的触发词或者要素，从而或许会对触发词的识别以及要素检测的性能有所帮助，进而提高事件抽取的整体性能。

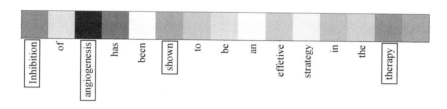

图 8.7 Attention 的可视化实例

b. 与其他 attention 方法的性能比较。针对触发词识别过程中增加的词级 attention 机制，本章还进行了其他两种 attention 方案的实验。

方案一：双向 attention 机制。本章 attention 现有实现方法是针对双向 LSTM 的正向和反向输出求和得到最终隐藏层输出后，对该隐藏层输出增加 attention 权重。其过程如公式(8.27)、公式(8.28)所示，其中 $\boldsymbol{\alpha}$ 为权重向量。然而，通过前向 LSTM 和反向 LSTM 可以获取不同的上下文语义信息，在这两个不同的语义序列中，神经网络学到的关键语义词可能不尽相同，所以本节实验分别针对前向和后向语义序列分别设置了不同的 attention 权重向量，即双向 attention。然后再通过将双向 attention 的输出求和的方式得到最终的隐藏层输出表示，如公式(8.29)~公式(8.31)。但是该方案并未取得优于文中采用的 attention 的识别性能，其实验结果如表8.6所示（第1行）。

$$\boldsymbol{h}_t = \left[\overrightarrow{h_t} \oplus \overleftarrow{h_t} \right] \tag{8.27}$$

$$\boldsymbol{\gamma} = \boldsymbol{h}_t \boldsymbol{\alpha}^{\mathrm{T}} \tag{8.28}$$

$$\overrightarrow{\gamma_t} = \boldsymbol{K} \overrightarrow{h_t} \boldsymbol{\alpha}^{\mathrm{T}} \tag{8.29}$$

$$\overleftarrow{\gamma_t} = \overleftarrow{h_t} \overleftarrow{\boldsymbol{\alpha}_t^{\mathrm{T}}} \tag{8.30}$$

$$\boldsymbol{\gamma}_t = \left[\overrightarrow{\gamma_t} \oplus \overleftarrow{\gamma_t} \right] \tag{8.31}$$

方案二：由于生物医学文本预先训练的词向量中也包含了一定的语义信息，所以本章也尝试了根据预训练中的语义信息来确定文本中语义信息重要程度的 attention 机制。首先将每个生物文本语句中所有词的预训练词向量相加，获得该语句的总体词向量表示 $\boldsymbol{S}_i$，然后用 $\boldsymbol{S}_i$ 语句中第 j 个词对应的词向量 $\boldsymbol{w}_i^j$ 除以总体词向量 $\boldsymbol{S}_i$，即可得到该词语对应的 attention 权重 $\boldsymbol{\alpha}_i^j$，其过程如公式(8.32)和公式(8.33)所示。但是该方案也未获得优于文中目前使用 attention 机制的性能(表 8.6 第 2 行),其主要原因或许是预训练的语义信息主要来自大规模的背景语料,而本章 attention 关注的则是触发词识别任务中的语义上下文关键信息,针对性更强。

表 8.6　其他 attention 方法实验结果

方法	精确率/%	召回率/%	F 值/%
双向 attention	81.43	76.75	79.02
基于预训练词向量的 attention	80.83	76.62	78.45

$$S_i = \sum_{j=1}^{n} w_i^j \qquad (8.32)$$

$$\alpha_i^j = w_i^j / S_i \qquad (8.33)$$

(4)与其他方法的整体性能对比及分析

表 8.7 列出了本章基于 SE-Att-BLSTM 模型的触发词识别方法与其他方法的性能对比。相较于统计机器学习方法,本章比结合了丰富特征、使用 SVM 进行分类的 Baseline 系统[61],F 值提高了 4.12%;相较于东南大学 Zhou 等[62]结合了领域知识、语义、句法等丰富特征的触发词识别系统,F 值提高了 1.64%。然而上述方法需要一定的人工代价设计任务相关的特征。

表 8.7　与其他方法的总体性能比较

模型	精确率/%	召回率/%	F 值/%
Pyysalo[61]	70.79	81.69	75.84
Zhou[63]	72.17	82.26	76.89
Wang[58]	73.56	83.62	78.27
Nie[11]	71.04	84.60	77.23
Zhou[62]	75.35	81.60	78.32
Wang[17]	80.67	76.76	78.67
Rahul(BLSTM)[23]	78.58	78.84	78.71
Rahul(BGRU)[23]	79.78	78.45	79.11
本章 SE-Att-BLSTM	82.01	78.02	**79.96**

从表 8.7 中不难看出,基于深度学习的触发词识别方法获得了更具竞争力的性能。北京航空航天大学的 Nie 等[11]及 Wang 等[58]均使用了人工神经网络识别触发词,本章方法分别比他们方法的 F 值高 2.73% 和 1.69%。此外,Wang 等[17]通过 CNN 神经网络模型识别触发词,他们的模型结合了实体关系特征。上述三种方法均为基于深度学习的触发词识别模型,克服了传统机器学习方法中需要人工设计特征带来的问题。然而这些方法大多基于有限窗口的特征表达,不利于获取长距离上下文信息,但对于复杂生物事件来说窗口内的

信息是不够的。因此,本章首先提出了基于双向 LSTM 的触发词识别模型。Rahul 等[23]提出了基于双向 RNN 的触发词识别模型,他们通过双向 LSTM 和双向 GRU 构建模型,并结合了实体类型信息作为特征,他们的方法也获得了较具竞争力的识别性能。然而,句子中的不同单词往往对于整个句子的语义信息有不同的影响,上述方法均等同对待句子中的所有词,可能会导致关键的语义信息没有得到充分重视,因此本章在触发词识别模型中结合了注意力机制。本章方法在没有使用额外的人工特征的情况下比 Rahul 的 BLSTM 触发词模型识别结果高 1.25% ,比 Rahul 的 BGRU 触发词模型识别结果高 0.85% 。此外,本节模型也获得了优于第 2 章提出的基于特征选择和词向量的两阶段方法识别性能。由于上述其他方法均为一阶段的触发词识别方法,所以本节没有将第 2 章基于两阶段方法的触发词识别结果列在表 8.7 中。

图 8.8 更加直观地描述了上述生物事件触发词识别方法的性能比较。相较而言,采用深度学习的生物事件触发词识别方法整体性能优于基于统计机器学习的生物事件触发词识别方法。此外,大部分基于统计机器学习的生物事件触发词识别方法召回率都相对较高(如 Pyysalo 等[61]、Zhou 等[63]、Liu 等[64])。而采用深层神经网络的触发词识别方法(Wang 等[17]、Rahul 等[23]以及本章方法)则召回率相对较低,这可能是由于基于深度学习的方法与传统分类方法机理的不同所造成的。由于基于深度学习的方法不需要设计人工特征,而是通过学习上下文语义信息自动获取特征,所以可能会引入一定的噪声信息,进而导致召回率较低。本章 SE-Att-BLSTM 模型由于采用句子向量获取句内与事件相关的信息,从而获得了更利于准确判断触发词类型的事件相关信息,进而提高了生物事件触发词分类的精确率,也可能损失一定的召回率。但由于大部分基于深度学习的识别方法精确率较高,因此基于深度学习的触发词识别方法整体性能仍然处于领先地位。相较于其他深度学习方法,本章方法获得了当前较好的精确率和 F 值。

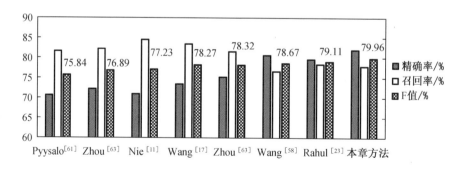

图8.8　一阶段触发词识别方法的性能比较

(5)与其他方法的子类性能对比及分析

MLEE 语料共包含 19 种不同类型的生物事件,其中调控事件(Regulation)、正向调控事件(Positive_regulation)、负向调控事件(Negative_regulation)和绑定事件(Binding)为复杂生物事件。Regulation、Positive_regulation 和 Negative_regulation 类型事件中可能存在嵌套结构,即事件中的要素为其他生物事件。Binding 类型事件中包含多个要素,虽然其要素结构

均为 < 触发词,生物实体 > 对,不存在嵌套结构,但由于在该事件类型中同时包含多个要素,所以 Binding 类型事件也通常被归类为复杂生物事件。其他 15 种事件类型为简单事件,即在生物事件结构中仅包含一个触发词和一个要素。为了更进一步探索各类方法之间的性能差异,本章列出了 Pyysalo 等[61] 提出的 Baseline 方法、Wang 等[17] 提出的基于 CNN 的触发词识别模型以及本章方法在这 19 种触发词子类型的性能比较。注意,由于 Rahul 等[23] 论文中没有提供子类的分类结果,所以这里选取了其他方法中性能最好的 Wang 等[17] 的实验结果作为对比。

如表 8.8 所示,本章提出的方法在 13 种生物事件触发词子类上获得了高于 Baseline 系统的性能,在 Transcription 类型上本章方法取得了与 Baseline 方法相当的性能。在复杂事件 Regulation、Positive_regulation 和 Negative_regulation 类型上,本章方法相较于 Baseline 方法分别提高了 3.4%、6.4% 和 2.94%。此外,在 Growth、Synthesis、Catabolism 和 Phosphorylation 等类型上,本章方法高于 Baseline 方法 10% 以上。本章方法在 9 个子类上获得了优于 Wang 等[17] 方法的性能,在 3 个子类上与之性能相当。在复杂事件 Binding 和 Positive_regulation 上,本章方法相较于 Wang 等[17] 方法分别提高了 7.84% 和 3.84%。实验结果显示,在复杂事件类型上本章提出的模型获得了相对较好的性能,而文中采用的依存词向量和句子向量均有助于复杂生物事件的抽取。

表 8.8 与其他触发词识别方法的子类性能比较

触发词类型	子类百分/%	方法的 F 值/%		
		Pyysalo[61]	Wang[17]	本章方法
Cell_proliferation	2.38	66.67	80.49	74.36
Development	5.42	75.00	77.16	72.91
Blood_vessel_develop	16.86	96.01	95.58	96.70
Growth	3.10	75.81	88.50	87.67
Death	1.99	70.97	81.08	74.67
Breakdown	1.27	48.48	64.86	36.36
Remodeling	0.55	66.66	16.67	50.00
Synthesis	0.22	40.00	22.22	66.67
Gene_expression	7.30	88.57	85.29	88.89
Transcription	0.39	18.18	25.00	25.00
Catabolism	0.22	0.00	0.00	22.22
Phosphorylation	0.17	66.66	75.00	75.00
Dephosphorylation	0.06	0.00	0.00	0.00
Localization	7.35	81.62	78.46	80.93
Binding	3.10	80.00	70.59	78.43
Regulation	9.84	52.52	62.82	55.92
Positive_regulation	17.25	76.14	78.70	82.54

表8.8(续)

触发词类型	子类百分/%	方法的 F 值/%		
		Pyysalo [61]	Wang [17]	本章方法
Negative_regulation	12.88	75.66	78.49	78.60
Planned_process	9.67	62.73	65.62	64.39

　　表8.8(第2列)给出了19种生物事件触发词类型在测试集上所占的百分比,不难发现,各子类在测试集上所占百分比差异性较大。有些触发词类型所占百分比很大,而有些触发词类型所占百分比不足1%,这些类型对触发词整体识别性能影响相对较小。为了进一步验证本章提出方法的有效性,针对 Pyysalo 等[61]的方法,Wang 等[17]的方法以及本章方法在一些主要的生物事件触发词类型上(在 MLEE 语料测试集中所占百分超过 3%的触发词类型被本章选作主要生物事件触发词类型,如图 8.9(a)进行了性能统计。如图 8.9(b)所示,本章方法在绝大多数生物事件触发词类型上均获得了较好性能,尤其是在"正向调控"(Positive_regulation)、"负向调控"(Negative_regulation)和"基因表达"(Gene_expression)这些所占百分比较大的触发词类型上,均获得了较好性能。其中"正向调控"和"负向调控"均属于复杂事件类型,而复杂事件在整体事件中占据较大比重,因此,在一定程度上直接决定着生物事件抽取的整体性能。所以,本章提出方法对于复杂事件的性能提升具有一定帮助,进而提高了生物事件触发词识别的整体性能。

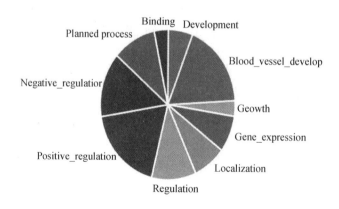

(a)主要触发词类型的比例分布

图8.9　主要触发词类型的识别性能

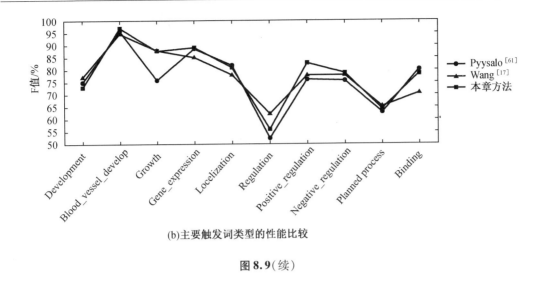

(b)主要触发词类型的性能比较

图 8.9(续)

8.3　基于 SE-Att-BLSTM 和两阶段的触发词识别

如第 2 章所述,两阶段方法将复杂的问题分解为两个相对简单的问题,降低了问题的难度。此外,两阶段方法通过将一次分类转换为两次分类问题,间接地缓解了训练过程中存在的数据不平衡问题。所以,本章在构建基于双向 LSTM 神经网络的触发词识别模型后,将两阶段方法与 SE-Att-BLSTM 识别模型结合进行了生物事件触发词识别。

两阶段与 SE-Att-BLSTM 结合的触发词识别模型基本框架如图 8.10 所示,主要由以下两部分组成:输入层以及两阶段的 SE-Att-BLSTM 触发词识别模型。

输入层:本节输入仍然采用三部分输入信息,分别是基于大规模生物背景语料训练的依存词向量、随网络训练过程微调的词向量,以及用来表示句子级特征信息的句子向量。

两阶段的 SE-Att-BLSTM 触发词识别:这一部分将触发词识别分成两个阶段去完成,分别是触发词识别和触发词分类。在第一阶段,本章通过 SE-Att-BLSTM 完成触发词的二分类任务,仅判断当前触发词候选是否为触发词,不判断其具体类型。在第二阶段,对第一阶段预测的触发词正例进行触发词多分类,判定其触发词类别。在该阶段中本章分别通过 SE-Att-BLSTM 模型以及 PA 算法完成了触发词的多分类任务,并进行了识别性能的比较。最后,将第一阶段过滤掉的预测负例加回,构成完整的触发词预测结果,用以最终的性能评价。

1. 实例构建

由于在两阶段方法中,第一阶段为二分类任务,即只判断当前词是否为触发词,不判断其具体类型。第二阶段只针对预测出的触发词正例进行分类,是多分类任务。所以基于两阶段方法的生物事件触发词候选实例标注需要针对不同阶段分别标注,第一阶段只标注正例和负例,本章将触发词正例标注为 B,非触发词标注为 O;第二阶段需要针对第一阶段中标注 B 的单词标注出详细类型,本章标注方式为 B-触发词类型,对于多个词构成的触发词仍然采用 B-触发词类型、I-触发词类型的标注形式。例如对于触发词预测正例 inhibition,其标注形式为 B-Negative_regulation。由于标注方式与表 8.1 类似,所以这里不再针对完整生物文本依次列出标记结果。

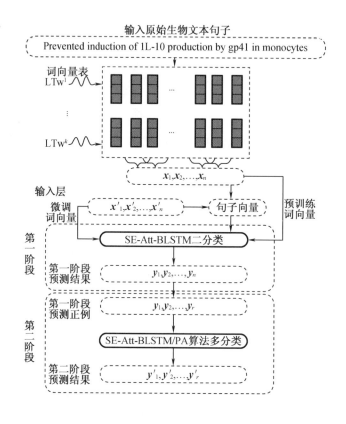

图 8.10 基于两阶段方法的触发词识别框架图

2. 两阶段 SE-Att-BLSTM 方法

本章采用了两阶段的触发词识别方法。将触发词的识别过程分为识别和分类两个阶段。

(1)识别阶段

在这个阶段中,生物医学文献中的触发词和非触发词被区别开来,但不对识别出来的触发词进行分类,即此阶段为触发词的二分类任务。在此阶段,通过 SE-Att-BLSTM 构建触发词二分类模型,并对预测出来的触发词正例进行筛选,并作为第二阶段的输入。实验结果显示该方法获得了比第 2 章采用 SVM 进行二分类更好的性能。

(2)分类阶段

在这个阶段中,本章提出的模型将针对第一阶段预测的生物事件触发词正例进行分类进而确定其具体类型,属于生物事件触发词的多分类任务。如图 8.10 中第二阶段模型所示,首先通过 SE-Att-BLSTM 构建触发词多分类模型,然而由于第二阶段的输入序列中仅保留了每句话中的预测正例,所以绝大多数句子都仅剩下几个词,有些句子甚至只包含一两个词,语义信息受到严重破坏,导致 SE-Att-BLSTM 不能获取充足的上下文语义信息,分类效果并不十分理想。因此,本章在第二阶段又采用了不需要利用上下文信息的分类算法 PA 算法完成多分类任务。实验结果显示,结合了深层二分类和浅层多分类的触发词识别方法获取了本章触发词识别的最佳性能。此外,由于第二阶段中大量负例已被过滤,所剩预测正例规模很小,也更适合采用基于统计机器学习的方法完成分类。

为了更好地与一阶段方法比较,本章在生物事件触发词识别的两阶段实验中均采用了与一阶段方法相同的 SE-Att-BLSTM 模型构建生物事件触发词的二分类和多分类模型,同时采用了依存词向量捕捉词语句法和语义信息,增加了句子向量建立词级特征和句子级特征之间的联系,获取句内事件间触发词和要素之间的语义信息,从而得到更加精确的隐藏层表示。

3. 实验与分析

(1)实验结果

两阶段方法先通过二分类判断候选词是否为生物事件触发词,然后再对第一阶段预测的正例进行多分类,最后通过加回过滤掉的预测负例的方式生成完整的分类结果。本节第一阶段实验采用 SE-Att-BLSTM 模型完成二分类,实验结果如表 8.9 所示。为了召回更多的正例用于第二阶段的多分类,本章在第一阶段的二分类实验中选择了召回率更高的预测结果。基于 SE-Att-BLSTM 的生物事件触发词二分类结果相较于第 2 章基于 SVM 的二分类结果召回率有明显提升。

表8.9　两阶段方法实验结果

实验	方法	精确率 $P/\%$	召回率 $R/\%$	F 值 $F/\%$
第一阶段	SE-Att-BLSTM	79.12	**86.33**	82.57
第二阶段	SE-Att-BLSTM	81.27	76.75	78.94
	PA 算法	80.88	76.94	**80.26**

在完成第二阶段多分类任务时,本章首先使用 SE-Att-BLSTM 模型进行触发词多分类。然而由于第二阶段的候选实例中,每句话仅包含了预测正例,所以上下文语义信息遭受较为严重的破坏,BLSTM 模型不能获得充足的语义信息,所以分类性能并不十分理想,如表8.9 所示(第2行)。以文本"Adenovirus gene transfer of endostatin in vivo results in high level of transgene expression and inhibition of tumor growth and metastases."为例,该句文本在第二阶段采用 SE-Att-BLSTM 模型进行多分类时,输入信息仅为 expression inhibition growth metastases,很难获取有用的上下文信息。针对这一问题,本章针对第二阶段的预测正例采用了第 2 章的 PA 算法,由于 PA 算法不需要利用上下文信息,所以分类性能明显优于 SE-Att-BLSTM 模型,如表 8.9 所示(第3行)。此外,同一个词在不同上下文中可为不同的触发词类型,即"一词多义",如对于触发词 overexpression,其类型可为 Gene_expression 或 Positive_regulation,此时则需要上下文语义信息辅助判断。当语义信息不足时,对于这样的触发词实例分类显然也存在弊端。

（2）本章方法性能比较

本节将针对本章提出的几种方法进行比较和分析。

如表8.10所示，第1行为第2章基于统计机器学习的两阶段触发词识别方法实验结果；第2行和第3行为本章基于深度学习的触发词识别结果，其中第2行为基于本章提出的SE-Att-BLSTM模型的一阶段触发词识别方法实验结果，第3行为基于SE-Att-BLSTM模型的两阶段方法实验结果；第4行为基于深度学习和统计机器学习相结合的两阶段触发词识别结果。总的来看，深度学习方法较统计机器学习方法获得了更优性能，且基于深度学习的触发词识别方法可以避免设计复杂特征的人工代价，所以是更具潜力的抽取方法。此外，两阶段方法较一阶段直接分类的方法在性能上也有一定的提升作用。其主要原因是：一方面，将复杂的问题分成两个相对简单的问题解决，降低了问题的难度；另一方面，在两阶段的触发词识别方法中，触发词识别被分为识别和分类两个阶段。在识别阶段，候选实例仅被识别为触发词和非触发词两类，语料中的类型数目比例为所有正例总数：负例总数，而一阶段方法中类型的比例为每个子类数目：负例总数，显然对于两阶段方法中的第一阶段而言，这个比例将大于一阶段方法的相应比例，从而缓解了类不平衡的问题；在分类阶段，由于只对识别阶段筛选出来的预测正例进行分类，数据集中的类不平衡问题也得到了很好的缓解。此外，这种方式也可以有效地避免过多的负例对正例分类造成的干扰。同时，实验表明，在训练时间上，两阶段方法时间也更短、更高效。不难发现，基于深度学习和统计机器学习相结合的两阶段方法获得了本章最好的性能。在该方法中第二阶段采用统计机器学习方法的主要原因是当仅对句子中的正例进行分类的时，语料规模非常小，且语义信息受到比较严重的破坏，因而基于统计机器学习的方法取得了更好的性能。如何通过深度学习方法在语义信息不完整的小语料上获得较好的抽取性能也是未来待研究的课题之一。

表8.10　本章提出方法的性能比较

方法	精确率/%	召回率/%	F 值/%
两阶段方法（SVM + PA 算法）	80.35	79.16	79.75
一阶段方法（SE-Att-BLSTM）	82.01	78.02	79.96
两阶段方法（SE-Att-BLSTM + SE-Att-BLSTM）	81.27	76.75	78.94
两阶段方法（SE-Att-BLSTM + PA 算法）	80.88	76.94	**80.26**

综上，本章训练了依存词向量，并构建句子向量获取句子级的事件相关信息，从而获取了丰富的数据表示。在此基础上，提出了一种基于句子向量和词级 attention 的触发词识别模型 SE-Att-BLSTM，获得了良好性能。此外，将该模型与两阶段方法相结合在生物事件抽取通用语料 MLEE 语料上获得了较好的识别性能。

（3）其他语料实验分析与讨论

为了验证本章提出方法的泛化性能，本章利用 SE-Att-BLSTM 模型完成了 BioNLP'09 和 BioNLP'11 数据集上的触发词识别实验，实验结果如表8.11所示。

表 8.11　与其他方法在 BioNLP 语料上的性能比较

模型	数据集	精确率/%	召回率/%	F 值/%
Zhang[65]	BioNLP'09	79.83	56.02	65.84
Majumder[66]	BioNLP'09	69.96	64.28	67.00
Martinez[67]	BioNLP'09	70.20	52.60	60.10
Wang[68]	BioNLP'09	75.30	64.00	68.80
SE-Att-BLSTM 模型	BioNLP'09	77.90	56.35	65.40
Wang[68]	BioNLP'11	69.50	56.90	67.30
SE-Att-BLSTM 模型	BioNLP'11	73.92	57.80	64.87

SE-Att-BLSTM 模型完成触发词识别任务时,并未达到 BioNLP 语料上的领先水平,其主要原因分析如下:

BioNLP 评测语料数据规模较大,且数据不平衡问题严重,以 BioNLP'11 的训练集为例,其触发词正例为 7 517 个,而触发词负例高达 211 586 个,其中触发词负例占触发词实例总数的 96.56%;而 BioNLP'09 训练集中的负例更是高达近 99%,数据稀疏问题非常严重。刘等通过深层神经网络完成了通用领域的事件抽取任务,他们指出数据稀疏性是影响事件抽取性能的一个重要因素。此外,当使用深层神经网络模型进行分类时,需要通过引入上下文获取当前词的语义信息,而当数据稀疏问题严重时,必然会引入大量无关的噪声信息,从而影响使用深层神经网络的分类性能。而基于统计机器学习的触发词识别方法,根据每个候选触发词的特征对其进行分类,不需要学习上下文语义信息,特征相对精确,所以语料分布对其性能无明显影响。因此,数据稀疏问题或许是本章基于深度学习的触发词识别模型在 BioNLP 语料上实验性能并不十分理想的一个主要原因。

此外,在 BioNLP 评测语料上近五年内没有可比较的文献,尤其是在现有文献中目前没有研究机构使用深度学习方法在该语料上完成生物事件触发词或事件抽取任务,可能是因为深度学习参数的影响或者后处理的方式不同等造成该语料并不十分适合采用深度学习方法。然而,虽然本章的方法在 BioNLP 语料上没有获得明显领先的性能,但由于本章方法无需设计大量的人工特征,方法较为简单有效,所以仍然具有一定的研究价值。

综上,第 2 章提出的基于两阶段和特征选择的统计机器学习触发词识别方法在现有生物事件抽取语料上均取得了较好性能,语料分布对其性能无明显影响。相较而言,本章提出的基于句子向量和词级注意力机制的深度学习触发词识别模型不需要人工设计特征,且在通用生物事件抽取语料 MLEE 上也获得了较好的识别性能,但在数据稀疏问题比较严重的语料上识别性能有待进一步提升。

8.4 本章小结

本章针对传统机器学习方法识别触发词时需要人工设计复杂的特征,以及现有触发词识别方法没有考虑句子级相关特征的问题,提出了两种基于深层神经网络的触发词识别模型:基于 BLSTM、句子向量和词级 attention 机制的触发词识别模型(SE-Att-BLSTM)以及将 SE-Att-BLSTM 触发词识别模型和两阶段结合的触发词识别方法。其中在使用两阶段方法完成触发词识别任务时,在第一阶段触发词识别阶段采用了 SE-Att-BLSTM 的二分类模型,在第二阶段触发词分类阶段分别通过 SE-Att-BLSTM 模型和 PA 算法完成多分类,实验结果显示后者取得了更好的性能。本章主要结论如下:

①句子向量补充了句子级全局特征和事件相关的信息。本章在预训练词向量的基础上扩展了一套随着训练过程不断微调的词向量,进而通过计算得到句子向量,句子向量信息可以建立词级特征和句子级特征之间的联系,获取句子中与事件相关的全局信息,从而提升了系统识别性能。

②依存词向量有助于获取更加丰富的语义信息。针对 PubMed 数据库中下载的大规模语料训练了基于依存关系的词向量,该词向量可以捕获长距离词间的关系,从而获得更好的数据表示和更加丰富的语义信息,有助于提升生物事件触发词识别性能。

③词级注意力机制加强了句子中的关键信息。在基于句子向量和 BLSTM 神经网络基础上结合了词级注意力。词级注意力机制可以自动地捕获句子中的关键词作为学习重点,忽略无关词汇,能够更加有效的捕获词语的语义信息以及词与词之间的关系。实验结果显示,注意力机制对于触发词的识别性能具有一定的提升作用。

综合第 2 章基于两阶段的统计机器学习触发词识别方法和本章基于深度学习的触发词识别方法来看,第 2 章基于两阶段和特征选择的方法具有响应时间快、使用特征具有可见性等特点,语料分布对其性能无明显影响。本章基于深度学习的触发词识别方法不需要设计特征,节省了人工代价,且获得了比统计机器学习更好的识别性能,因此是更具潜力的识别方法。但当数据极度稀疏时,性能有待进一步提高。

参 考 文 献

[1] KRIZHEVSKY A, SUTSKEVER I, HINTON G E. ImageNet classification with deep convolutional neural networks [C]. International Conference on Neural Information Processing Systems, Doha, Qatar, 2012: 1097 - 1105.

[2] HINTON G, DENG L, YU D, et al. Deep neural networks for acoustic modeling in speech recognition: The Shared Views of Four Research Groups [J]. IEEE Signal Processing

Magazine, 2012, 29(6): 82 –97.

[3]　SILVER D, HUANG A, MADDISON C J, et al. Mastering the game of Go with deep neural networks and tree search [J]. Nature, 2016, 529(7587): 484 – 489.

[4]　HINTON G E. Learning distributed representations of concepts [C]. Eighth Conference of the Cognitive Science Society, Amherst, Mass, 1986: 1 – 12.

[5]　HARRIS Z S. Distributional structure[J]. *WORD*, 1954, 10(2 –3): 146 –162.

[6]　MIKOLOV T, SUTSKEVER I, CHEN K, et al. Distributed representations of words and phrases and their compositionality [C]. Neural Information Processing Systems, Lake Tahoe, Nevada, USA, 2013:3111 –3119.

[7]　MIKOLOV T, CHEN K, CORRADO G, et al. Efficient estimation of word representations in vector space[EB/OL]. 2013: arXiv: 1301. 3781[cs. CL]. https://arxiv. org/abs/ 1301. 3781.

[8]　SOCHER R, PENNINGTON J, HUANG E H, et al. Semi-supervised recursive autoencoders for predicting sentiment distributions [C]. Conference on Empirical Methods in Natural Language Processing, Edinburgh, Scotland, UK, 2011: 151 –161.

[9]　WANG X, LIU Y, SUN C, et al. Predicting polarities of eweets by composing word embeddings with Long Short-Term Memory [C]. Meeting of the Association for Computational Linguistics and the International Joint Conference on Natural Language Processing, Beijing, China, 2015: 1343 –1353.

[10]　LEVY O, GOLDBERG Y. Dependency-based word embeddings [C]. Meeting of the Association for Computational Linguistics, Uppsala University, Sweden, 2010: 302 –308.

[11]　NIE Y, RONG W, ZHANG Y, et al. Embedding assisted prediction architecture for event trigger identification [J]. Journal of Bioinformatics and Computational Biology, 2015, 13(3): i575 – i577.

[12]　COLLOBERT R, WESTON J, BOTTOU L, et al. Natural language processing from scratch [J]. Journal of Machine Learning Research, 2011, 12: 2493 –2537.

[13]　KIM Y. Convolutional neural networks for sentence classification [C]. Proceedings of the 2014 Conference on Empirical Methods in Natural Language Processing, Doha, Qatar, 2014: 1746 –1751.

[14]　KALCHBRENNER N, GREFENSTETTE E, BLUNSOM P. A Convolutional neural network for modelling sentences [C]. Proceedings of the 52nd Annual Meeting of the Association for Computational Linguistics, Baltimore, MD, USA, 2014: 655 –665.

[15]　ZENG D, LIU K, CHEN Y, et al. Distant supervision for relation extraction via piecewise convolutional neural networks [C]. Conference on Empirical Methods in Natural Language Processing, Lisbon, Portugal, 2015: 1753 –1762.

[16]　CHEN Y, XU L, LIU K, et al. Event extraction via dynamic multi-pooling convolutional

neural networks〔C〕. International Joint Conference on Natural Language Processing, Beijing, China, 2015：167-176.

［17］ WANG J, LI H, AN Y, et al. Biomedical event trigger detection based on convolutional neural network〔J〕. International Journal of Data Mining and Bioinformatics, 2016, 15 (3)：195-213.

［18］ WANG A R, WANG J, LIN H F, et al. A multiple distributed representation method based on neural network for biomedical event extraction〔J〕. BMC Medical Informatics and Decision Making, 2017, 17(3)：59-66.

［19］ 周飞燕, 金林鹏, 董军. 卷积神经网络研究综述〔J〕. 计算机学报, 2017, 40(6)：1229-1251.

［20］ TU Z, HU B, LU Z, et al. Context-dependent translation eelection using convolutional neural network〔C〕. Proceedings of the 53rd Annual Meeting of the Association for Computational Linguistics and the 7th International Joint Conference on Natural Language Processing (Short Papers), Beijing, China, 2015：536-541.

［21］ ELMAN J L. Finding structure in time〔J〕. Cognitive Science, 1990, 14(2)：179-211.

［22］ SANTOS C N D, GATTIT M. Deep convolutional neural networks for sentiment analysis of short texts〔C〕. International Conference on Computational Linguistics, Dublin, Ireland, 2014：69-78.

［23］ RAHUL P V S S, SAHU S K, ANAND A. Biomedical event trigger identification using bidirectional recurrent neural network based models〔J〕. Proceedings of the BioNLP 2017 workshop, 2017.

［24］ BAHDANAU D, CHO K, BENGIO Y. Neural machine translation by jointly learning to align and translate〔EB/OL〕. 2014：arXiv：1409.0473〔cs. CL〕. https：//arxiv. org/abs/1409.0473.

［25］ LI L, JIN L, JIANG Z, et al. Biomedical named entity recognition based on extended Recurrent Neural Networks〔C〕. IEEE International Conference on Bioinformatics and Biomedicine, Washington, DC, USA, 2015：649-652.

［26］ BENGIO Y, SIMARD P, FRASCONI P. Learning long-term dependencies with gradient descent is difficult〔J〕. IEEE Transactions on Neural Networks, 2002, 5(2)：157-166.

［27］ KOLEN J F, KREMER S C. Gradient flow in recurrent nets：The Difficulty of Learning LongTerm Dependencies〔M〕. Hoboken：Wiley-IEEE Press, 2001.

［28］ GRAVES A. Long Short-Term Memory〔M〕. Berlin Heidelberg：Springer, 2012.

［29］ CHO K, VAN MERRIENBOER B, GULCEHRE C, et al. Learning phrase representations using RNN encoder-decoder for statistical machine translation〔EB/OL〕. 2014：arXiv：1406.1078〔cs. CL〕. https：//arxiv. org/abs/1406.1078.

［30］ JOZEFOWICZ R, ZAREMBA W, SUTSKEVER I. An empirical exploration of recurrent network architectures ［C］. International Conference on International Conference on Machine Learning, Lille, France, 2015:2342 – 2350.

［31］ CHUNG J, GULCEHRE C, CHO K, et al. Empirical evaluation of gated recurrent neural networks on sequence modeling［EB/OL］. 2014: arXiv: 1412.3555［cs.NE］. https:// arxiv.org/abs/1412.3555.

［32］ LI L, ZHENG J, WAN J, et al. Biomedical event extraction via Long Short Term Memory networks along dynamic extended tree ［C］. bioinformatics and biomedicine, Shenzhen, China, 2016: 739 – 742.

［33］ RAO S, MARCU D, KNIGHT K, et al. Biomedical event extraction using abstract meaning representation ［C］. Proceedings of the BioNLP 2017 workshop, Vancouver, Canada, 2017: 126 – 135.

［34］ ZHOU P, SHI W, TIAN J, et al. Attention-based bidirectional long short-term memory networks for relation classification ［C］. Meeting of the Association for Computational Linguistics, Berlin, Germany, 2016: 207 – 212.

［35］ WANG L, CAO Z, MELO G D, et al. Relation classification via multi-level attention CNNs ［C］. Meeting of the Association for Computational Linguistics, Berlin, Germany, 2016: 1298 – 1307.

［36］ DU J C, GUI L, XU R F, et al. A convolutional attention model for text classification ［C］//Natural Language Processing and Chinese Computing, 2018: 183 – 195. DOI:10. 1007/978 – 3 – 319 – 73618 – 1_16.

［37］ 冯多, 林政, 付鹏, 等. 基于卷积神经网络的中文微博情感分类［J］. 计算机应用与软件, 2017, 34(4): 157 – 164.

［38］ LIU S, LIU K, HE S, et al. A probabilistic soft logic based approach to exploiting latent and global information in event classification ［C］. In Proceedings of the 30th AAAI Conference on Artificial Intelligence, Arizona, USA, 2016: 2993 – 2999.

［39］ LIU S, CHEN Y, LIU K, et al. Exploiting argument information to improve event detection via supervised attention mechanisms ［C］. Meeting of the Association for Computational Linguistics, Vancouver, Canada, 2017: 1789 – 1798.

［40］ LIU X, LUO Z C, HUANG H Y. Jointly multiple events extraction via attention-based graph information aggregation［EB/OL］. 2018: arXiv: 1809.09078［cs.CL］. https:// arxiv.org/abs/1809.09078.

［41］ ZHANG T T, JI H. Event extraction with generative adversarial imitation learning［EB/OL］. 2018: arXiv: 1804.07881［cs.CL］. https://arxiv.org/abs/1804.07881.

［42］ GOODFELLOW I J, POUGETABADIE J, MIRZA M, et al. Generative adversarial nets ［C］. Advances in neural information processing systems, Montréal, Canada, 2014: 2672 – 2680.

[43] BARAM N, ANSCHEL O, MANNOR S. Model-based adversarial imitation learning[EB/OL]. 2016: arXiv: 1612.02179[stat. ML]. https://arxiv.org/abs/1612.02179.

[44] ZIEBART B D, MAAS A L, BAGNELL J A, et al. Maximum entropy inverse reinforcement learning [C]. Proceedings of the Twenty-Third AAAI Conference on Artificial Intelligence (2008) Chicago, Illinois, USA, 2008: 1433-1438.

[45] HUANG L F, JI H, CHO K, et al. Zero-shot transfer learning for event extraction[EB/OL]. 2017: arXiv: 1707.01066[cs. CL]. https://arxiv.org/abs/1707.01066.

[46] SHA L, QIAN F, CHANG B, et al. Jointly extracting event triggers and arguments by dependency-bridge RNN and eensor-based argument interaction [C]. Association for the Advancement of Artificial Intelligence Conference on Artificial Intelligence, New Orleans, Louisiana, USA, 2018: 5916-5923.

[47] GUPTA P, JI H. Predicting unknown time arguments based on cross-event propagation [C]. Proceedings of the ACL-IJCNLP 2009 Conference Short Papers, Suntec, Singapore, 2009: 369-372.

[48] LIU S B, CHENG R, YU X M, et al. Exploiting contextual information via dynamic memory network for event detection[EB/OL]. 2018: arXiv: 1810.03449[cs. CL]. https://arxiv.org/abs/1810.03449.

[49] MIWA M, PYYSALO S, HARA T, et al. A comparative study of syntactic parsers for event extraction[J]. Proceedings of the 2010 Workshop on Biomedical Natural Language Processing, 2010(July): 37-45.

[50] MIWA M, PYYSALO S, HARA T, et al. Evaluating dependency representation for event extraction [C]. Proceedings of the 23rd International Conference on Computational Linguistics (Coling 2010), Beijing, China, 2010: 779-787.

[51] SAGAE K, TSUJII J I. Dependency Parsing and Domain Adaptation with Data-Driven LR Models and Parser EnsemblesTrends in Parsing Technology, 2010: 57-68. DOI:10.1007/978-90-481-9352-3_4.

[52] RIMELL L, CLARK S, STEEDMAN M. Unbounded dependency recovery for parser evaluation [C]. Conference on Empirical Methods in Natural Language Processing, Singapore, 2009: 813-821.

[53] CHARNIAK E, MCCLOSKY D. Any domain parsing: automatic domain adaptation for natural language parsing [D]. Brown University, 2009.

[54] BIKEL D M. A distributional analysis of a lexicalized statistical parsing mode [C]. Conference on Empirical Methods in Natural Language Processing, Barcelona, Spain, 2004: 182-189.

[55] KLEIN D, MANNING C D. Accurate unlexicalized parsing [C]. Meeting of the Association for Computational Linguistics, Sapporo, Japan, 2003: 423-430.

[56]　MIYAO Y, SAGAE K, SÆTRE R, et al. Evaluating contributions of natural language parsers to protein-protein interaction extraction [J]. Bioinformatics, 2009, 25 (3): 394 – 400.

[57]　BUYKO E, HAHN U. Evaluating the impact of alternative dependency graph encodings on solving event extraction tasks[J]. EMNLP 2010-Conference on Empirical Methods in Natural Language Processing, Proceedings of the Conference, 2010: 982 – 992.

[58]　WANG J, ZHANG J, AN Y, et al. Biomedical event trigger detection by dependency-based word embedding [J]. BMC Medical Genomics, 2015, 9(2): 123 – 133.

[59]　BASTIEN F, LAMBLIN P, PASCANU R, et al. Theano: new features and speed improvements [J]. arXiv: Computer Science, 2012.

[60]　HINTON G E, SRIVASTAVA N, KRIZHEVSKY A, et al. Improving neural networks by preventing co-adaptation of feature detectors[EB/OL]. 2012: arXiv: 1207. 0580[cs. NE]. https://arxiv. org/abs/1207. 0580.

[61]　PYYSALO S, OHTA T, MIWA M, et al. Event extraction across multiple levels of biological organization[J]. Bioinformatics, 2012, 28(18): i575 – i581.

[62]　ZHOU D Y, ZHONG D Y, HE Y L. Event trigger identification for biomedical events extraction using domain knowledge[J]. Bioinformatics, 2014, 30(11): 1587 – 1594.

[63]　ZHOU D, ZHONG D. A semi-supervised learning framework for biomedical event extraction based on hidden topics [J]. Artificial Intelligence in Medicine, 2015, 64(1): 51 – 58.

[64]　LIU S, CHEN Y, LIU K, et al. Exploiting argument information to improve event detection via supervised attention mechanisms [C]. Proceedings of the 55th Annual Meeting of the Association for Computational Linguistics, 2017: 1789 – 1798.

[65]　ZHANG Y J, LIN H F, YANG Z H, et al. Biomolecular event trigger detection using neighborhood hash features[J]. Journal of Theoretical Biology, 2013, 318: 22 – 28.

[66]　MAJUMDER A. Multiple features based approach to extract bio-molecular event triggers using conditional random field [J]. International Journal of Intelligent Systems and Applications, 2012, 4(12): 41 – 47.

[67]　MARTINEZ D, BALDWIN T. Word sense disambiguation for event trigger word detection in biomedicine[J]. BMCBioinformatics, 2011, 12(2): 1 – 8.

[68]　WANG J, WU Y, LIN H, et al. Biological event trigger extraction based on deep parsing [J]. Computer Engineering, 2014, 40(1): 25 – 30.

第9章 多级注意力机制在文本挖掘中的应用

上一章已经介绍了词级注意力机制在文本挖掘中的应用,本章以事件抽取任务为例重点介绍多级注意力机制在文本挖掘中的应用。生物事件由事件触发词和参与事件的要素组成。在完成触发词识别之后,还需要检测出参与事件的要素,并判定其具体角色,最后通过一定的后处理操作构成完整的生物事件。因此,要素检测对于事件的生成具有重要意义。现有生物事件要素检测方法几乎均将简单事件和复杂事件中的要素统一处理,且要素间相互影响未得到充分重视,复杂生物事件抽取性能也相对较低。因此,本章围绕着要素检测这一关键问题,尤其是复杂生物事件中要素检测展开研究,进一步提升生物事件抽取性能。

本章主要研究内容为:根据简单事件和复杂事件的结构差异分别为简单事件和复杂事件构建不同的要素候选,并对简单事件和复杂事件的要素类型进行细粒度区分,以便更有针对性地准确检测要素。在此基础上,本章提出了一种多级注意力机制着重提升复杂事件中的要素检测性能,进而提升生物事件抽取的整体性能。首先通过引入词级注意力机制加强句内关键词的语义信息,然后通过结合句子级注意力机制加强相关要素之间的相互影响,以便更好地获得句间语义信息,从而提高要素检测性能。然后,本章采用了基于统计机器学习的后处理方法,根据训练集中不同类型事件的构成,自动学习其构成特征并建立模型以找到合适的事件要素组合,构成最终的生物事件。

本章内容安排如下:9.1 节描述了生物事件要素检测任务、相关工作的研究,分析了现有方法存在的问题;9.2 节分别为简单生物事件和复杂生物事件构建不同候选,并对简单事件要素和复杂事件要素进行细粒度区分,提出了基于双向 LSTM 和多级注意力机制的要素检测模型(Mul-Att-BLSTM),阐述了要素检测的训练和分类过程;9.3 节介绍生物事件的构成以及基于 SVM 的后处理相关操作;9.4 节描述了要素检测以及事件抽取实验,验证了多级注意力机制以及要素细粒度区分对事件抽取性能,尤其是复杂生物事件抽取性能的有效性;同时对本章事件抽取结果与现有其他方法进行了比较分析;9.5 节对本章的主要工作进行了小结。

9.1 生物事件要素检测相关研究

9.1.1 生物事件要素检测任务

要素也称为论元或者元素,用以描述事件的参与者及其角色。要素检测是一种复杂的关系抽取任务。关系抽取主要用于判断在一段文本中出现的两个实体是否存在某种语义上的关联。而对于要素检测任务而言,在简单类型的生物事件中,要素检测需要找出一段生物文本中预测触发词与任意生物实体间的关系,并判断其类型;在复杂类型的生物事件中,要素检测除了需要检测生物文本中预测触发词与任意生物实体间的关系外,还需要找出该段文本中预测触发词与其他预测触发词的关系(嵌套事件)。即要素关系检测阶段的主要任务是抽取并预测触发词和生物实体之间的关系以及预测触发词和预测触发词之间的关系,并指定关系的类型,其中预测触发词来自触发词识别阶段。因此,要素检测属于一种复杂的关系分类任务。

MLEE 语料共包含 19 种生物事件类型,其中包括 Cell_proliferation、Development、Blood_vessel_development、Growth、Death 等 15 种简单类型生物事件。这些简单生物事件中仅包含 1 个触发词和 1 个生物实体构成的要素关系,因此,要素检测只需要预测触发词和句内已标注生物实体之间的关系。如在简单类型事件(Type:Gene_expression, Trigger:production, Theme:IL-10)中要素为触发词 production 与生物实体 IL-10 构成的关系对。另外一类 Binding 类型生物事件,可能包含多个要素,虽然这些要素都是<触发词,生物实体>构成的关系对,但由于其结构复杂性,也常被称为复杂事件。如在生物事件(Type:Binding, Trigger:binding, Theme:TRAF2, Theme:CD40)中,要素分别为触发词 binding 与生物实体 TRAF2 构成的关系对,以及触发词 binding 与生物实体 CD40 构成的关系对。其他 3 种复杂生物事件,包括 Regulation、Positive_regulation 以及 Negative_regulation 类型。复杂生物事件可能包含一个或者多个要素,这些要素可能是触发词和生物实体构成的要素关系对,也可能是触发词和触发词构成的要素关系对(嵌套事件)。所以对于复杂事件需要预测触发词和生物实体之间的关系或者预测触发词和预测触发词之间的关系。例如在复杂事件(Type:Positive_regulation, Trigger:induction, Theme:E1, Cause:Gp41)中存在两个要素对,分别为触发词 induction 与生物实体 Gp41 构成的关系对,以及触发词 induction 与事件 E1 的触发词构成的要素对。

图 9.1 给出了句子"Inhibition of angiogenesis has been shown to be an effective strategy in cancer therapy."为例的要素关系抽取过程。该句子中共包含三个预测触发词 Inhibition、angiogenesis 和 therapy,包含一个生物实体 cancer。由于 angiogenesis 和 therapy 的预测触发词类型分别为 Blood_vessel_development 和 Remodeling,均属于简单事件类型触发词,所以只需要将 angiogenesis、therapy 与句内已标注生物实体构成要素候选对,即<angiogenesis, cancer>和<therapy, cancer>。而 Inhibition 的预测触发词类型为 Negative_regulation,属于复杂事件类型的触发词,因此需要将 Inhibition 与句内已标注生物实体以及其他预测触发词构成要素候选对,包括<Inhibition, cancer><Inhibition, angiogenesis>和<Inhibition, therapy>。然后,利用句子中包含的语义信息训练得到的分类模型对上面构建的五个要素候选实例进行分类。最后,根据分类结果抽取出存在的要素关系对<therapy, cancer>和<Inhibition, angiogenesis>,并进一步判定以上要素关系的类型 Theme。

STAT3 Ser(727)phosphorylation may involve Vav and Rac-1

⬇ 生成要素候选关系对

要素候选关系1:<angiogenesis,cancer>

要素候选关系2:<therapy,cancer>

要素候选关系3:<Inhibition,cancer>

要素候选关系4:<Inhibition,angiogenesis>

要素候选关系5:<Inhibition,therapy>

⬇ 要素关系

<therapy,cancer>

<Inhibition,angiogenesis>

⬇ 获取关系类型

<therapy,cancer,Theme>

<Inhibition,angiogenesis,Theme>

图9.1 生物事件要素检测

9.1.2 生物事件要素检测研究现状分析

在生物事件要素检测领域,Pyysalo 等[1]采用了基于 SVM 分类的要素检测方法,在他们的模型中使用了较为丰富的词级特征,包括单词中是否包含大写字母,大写字母是否在句首,以及单词中是否包含数字及符号等。Zhou 等[2]提出了基于 SVM 分类器并结合领域知识的要素检测方法。在他们的方法中,作者通过大规模背景语料获取领域知识并将其作为特征结合在神经语言模型中。然而,基于深度学习的抽取技术在生物医学领域的要素检测任务上尚未得到广泛应用。在现有文献中,仅有 Wang 等[3]通过 CNN 神经网络模型,结合了上下文、词性、距离和类型等人工特征完成了要素检测任务。CNN 只能获取有限窗口内的信息,显然对于复杂生物事件的抽取是不充分的。

目前,现有的要素检测方法均将其视为关系分类任务。基于传统机器学习的要素检测方法,首先构建基于 <触发词,生物实体> 对以及 <触发词,触发词> 对的要素候选实例,然后针对要素实例抽取有效特征,最后,采用传统的机器学习方法或者基于规则的方法对其进行分类。这类方法为了提高事件抽取性能,往往需要设计大量复杂的特征和抽取规则。而系统性能对特征的过度依赖,很大程度上也降低了系统的泛化性能。因此,本章采用了基于神经网络的模型完成要素检测任务。为了进一步提高要素检测性能,本章分别针对简单生物事件的要素和复杂生物事件的要素进行检测。此外,由于复杂生物事件中的要素结构复杂,所以现有生物事件抽取方法中复杂事件的抽取性能普遍偏低。如图9.2所示,在 MLEE 语料中,复杂生物事件虽然只有 4 种类型(共计 19 种),但占事件总数的49.13%,所以复杂事件的抽取性能在一定程度上往往决定着事件抽取的总体性能。然而由于复杂生物事件中要素结构的复杂性,其抽取结果并不十分理想。目前生物事件抽取的总体性能在50%左右,而复杂事件的抽取性能仅为30%~40%(远远低于简单事件抽取接近80%的性能），因此，生物事件抽取的关键在于提高复杂事件的抽取精度，而复杂事件抽取的关键在于复杂事件中的要素检测。为了进一步提高复杂事件抽取性能，本章提出了基于双向 LSTM 和多级注意力机制的要素检测模型。

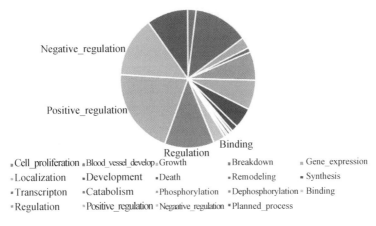

图 9.2　MLEE 语料事件类型分布

9.2　基于 BLSTM 和多级注意力机制的要素检测

图 9.3 为本章提出的基于双向 LSTM 和多级注意力机制的要素检测模型，具体包括如下几个处理模块：要素候选构建、输入层、LSTM 层、词级注意力层、句子级注意力层、输出层。

①要素候选构建：针对触发词识别阶段的预测触发词构成要素候选实例。由于简单类型的生物事件要素对为 <触发词，生物实体>，复杂类型的生物事件要素对可以是 <触发词，生物实体> 或 <触发词，触发词>，因此本章分别针对简单事件类型和复杂事件类型构建不同的要素候选对。然后将要素候选对以及他们中间的其他词构成的短句 S_i 作为要素候选实例。

②输入层：通过查表将要素实例中的每个词转换成对应的向量表示 w_i^j，从而得到每个候选要素实例 S_i 的向量表示，其中 w_i^j 代表第 i 个句子中的第 j 个单词，l_i 表示第 i 个句子的长度。

③LSTM 层：使用双向 LSTM 神经网络模型学习输入信息，如前文所述，双向 LSTM 能够分别获取前后上下文信息，使得语义信息更加丰富全面。随后，采用求和的方式分别将正向和反向信息结合。

④词级注意力层：词级 attention 机制对双向 LSTM 神经网络训练后得到的隐藏层输出的关键信息进行加强。

⑤句子级注意力层：先对词级注意力层的输出进行降维操作得到第 i 个要素实例的向量表示 S_i。然后，通过句子级 attention 机制对不同的要素候选实例赋予不同的权重，通过神

经网络学习自动加强相关要素(包含相同触发词的要素)间的相互影响。

⑥输出层:通过 softmax 函数将注意力层获得的句子语义表示进行分类,从而判断要素候选实例的类型。

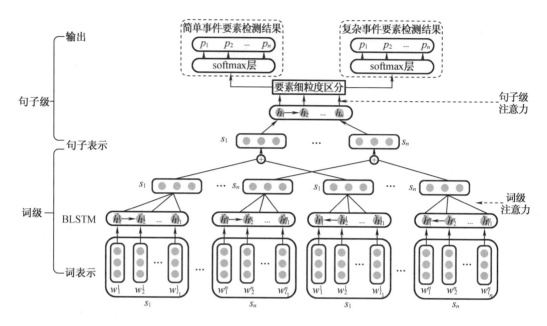

图9.3 要素检测模型框架图

生物事件根据其结构复杂程度可以分为简单生物事件和复杂生物事件。而对于相同类型的要素,简单事件中的要素结构与复杂事件中的要素结构存在着一定的差异。如对于 Theme 类型的要素,在简单事件中,其结构为<触发词,生物实体>构成的要素对;而在复杂事件中,其结构可能是<触发词,生物实体>构成的要素对,也可能是<触发词,触发词>构成的要素对,显然两者的结构是不同的。为了进一步提升要素检测的性能,本章针对简单生物事件和复杂生物事件中相同类型的要素进行了更加细粒度的区分。此外,简单事件和复杂事件的要素候选构成也存在一定的差异。所以本节主要从要素候选构成以及要素类型细粒度划分两个角度对简单事件和复杂事件的要素检测加以区分。

9.2.1 简单生物事件的要素检测

与生物事件触发词识别任务不同,生物事件中的要素检测首先需要根据预测的触发词生成用于完成要素检测的训练和测试实例。简单事件中的要素是由预测触发词以及句内生物实体构成的<触发词,生物实体>要素关系,而复杂事件中的要素可能是由预测触发词以及句内生物实体构成的<触发词,生物实体>要素关系,也可能是由预测触发词以及句内其他预测触发词构成的<触发词,触发词>要素关系。因此,为了进一步提高要素检测的性能,本章首先根据触发词识别阶段预测的触发词类型判断其事件类型为简单事件还是复杂事件,进而构建不同的要素候选。

简单事件的参与要素是生物实体,所以对于简单事件,本章构建了<触发词,生物实体>

关系对。MLEE 语料包含更加详尽的生物实体类别,除了蛋白质以外,还从基因本体(GO)中选取了与血管生成相关的细胞、分子、组织、器官等,具体如表 9.1 所示。

表 9.1　MLEE 语料生物实体统计信息

类型分组	实体类型	训练集个数	测试集个数
Molecule	Drug or Compound	637	307
	Gene or Gene Product	1 961	1 001
Anatomy	Organism Subdivision	27	22
	Anatomical System	10	8
	Organ	123	53
	Multi-tissue Structure	348	166
	Tissue	304	122
	Cell	866	332
	Cellular Component	105	40
	Developing Anatomical Structure	4	2
	Organism Substance	82	60
	Immaterial Anatomical Entity	11	4
	Pathological Formation	553	357
Organism	Organism	485	237

一般的关系抽取任务通常将两个实体所在的句子作为句子的特征表示。然而在生物事件抽取语料 MLEE 语料中,句子的长短差距比较大,且长句较多。对于特别长的句子,句内预测触发词以及已标注的实体也相对比较多,那么,由 <触发词,生物实体> 构成的候选要素对必然也很多。因此,很难通过整个句子对要素类别进行区分。于是,本章选取了 <触发词,生物实体> 以及他们之间的其他词构成的短句作为最终的要素实例候选,这样既可以保留触发词与生物实体或触发词之间的语义信息,又不至于让句子过于冗长而引入一些无关噪声。图 9.4 为本章针对训练集中的简单事件构建的 <触发词,生物实体> 要素候选实例的示例图,实例的首尾词分别为触发词 involves 和生物实体 NFAT,该实例最左侧为要素类型,标签为 Cause。

Cause **involves** the nuclear factor of activated T cells(NFAT)family of transcription factors,of which **NFAT**

图9.4　简单生物事件要素候选示例

此外,由于简单事件的要素仅为触发词和实体构成的要素对,而复杂事件的要素结构可以是触发词和实体构成的要素对,也可以是 <触发词,触发词> 构成的要素对,显然两者的结构是不同的。现有要素检测方法基本将简单事件中的要素和复杂事件中的要素统一处理,为了进一步提升要素检测性能,本章针对简单事件和复杂事件中相同类型的要素进行了更细粒度的区分和标注,并分别对简单事件和复杂事件中的要素进行了单独训练和分类。例如,对于简单事件中要素的主要类型 Theme 标注为 Theme 类型,而对于复杂事件中的该要素类型则标注为 CTheme(complex theme)类型。这样的要素类型细粒度区分更有助于准确检测简单生物事件和复杂生物事件中相同类型的要素。

9.2.2　复杂生物事件的要素检测

不同于简单类型的生物事件,复杂生物事件的参与要素除了生物实体之外,还可以是其他生物事件,所以针对预测触发词类型为 Regulation、Positive_regulation 和 Negative_regulation 的触发词,本章既构建了句子内的 <触发词,生物实体> 关系对,又构建了 <触发词,触发词> 关系对用以完成复杂生物事件的要素检测任务。与简单事件要素候选实例构成类似,针对复杂事件本章选取了 <触发词,生物实体> <触发词,触发词> 以及他们之间的其他词构成的短句作为最终的要素实例候选。图 9.5 为本章针训练集中复杂事件构建的 <触发词,触发词> 要素候选实例的示例图,其首尾词分别为预测触发词 required 以及句内其他预测触发词 upregulation,该实例最左侧的要素类型标签为 Theme 类型。由于本章针对简单事件和复杂事件的 Theme 要素进行了更细粒度的划分,所以该复杂事件的要素类型最终被标注为复杂事件的 Theme 类型,即 CTheme 类型。由于复杂事件中的 <触发词,生物实体> 要素候选实例与图 9.4 中简单要素候选形式一致,所以这里不再举例说明。

CTheme **required** for activation-driven fas **upregulation**

图 9.5　复杂生物事件要素候选示例

针对现有生物事件抽取方法中复杂生物事件抽取性能较低的问题,本章着重分析了复杂生物事件的结构,发现复杂生物事件中的要素对均具有相同触发词,这些要素对往往具有较强的相互影响。例如,在图 9.6 中的 Binding 类型的事件 E(Type:Binding, Trigger:binding, Theme:TRAF2, Theme:CD40)中,要素对 <binding, TRAF2> 和要素对 <binding, CD40> 具有相同的触发词 binding;同时,这两个不同的要素还具有相同的要素类型 Theme;此外,他们还在同一事件中(事件 E)。也就是说,复杂事件中具有相同触发词的要素通常具有较强的相关性。此外,对于个别具有相同触发词的简单事件,其要素对也往往具有一些共性特征。因此,本章将包含相同触发词的要素候选定义为相关要素,提出了句子级注意力机制加强相关要素间的影响,进一步提高复杂事件中的要素检测性能,从而提高复杂生物事件的抽取性能。本章的实验部分也验证了句子级 attention 对于复杂事件抽取性能的有效性。此外,本章还通过词级注意力加强句内关键信息,即本章提出了结合词级注意力和句子级注意力的多级注意力要素检测模型。

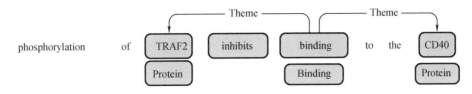

图 9.6　Binding 类型生物事件举例

定义 9.1　相关要素

在生物事件中包含相同触发词的要素关系对,定义为相关要素。

9.2.3　多级注意力机制

(1)词级注意力机制

词级注意力机制能够有效地加强句内关键信息的学习,进而提升模型的性能。第 8 章已经验证了词级注意力机制在触发词识别任务上的有效性,本章要素检测模型中使用的词级注意力与前文相似,通过网络自动学习文本中对分类影响较大的关键语义信息,并对其增加权重。即使用基于双向 LSTM 神经网络和词级 attention 机制的要素检测模型加强关键信息,然后将加权后的隐藏层输出进行降维处理,得到对应的句子信息,并将其送至句子级 attention 层分配权重,用以要素分类。其计算过程如公式(8.20)~公式(8.23)所示,这里不再赘述。

(2)句子级注意力机制

词级注意力机制仅能获取给定句子内的关键语义信息。然而,文本中的其他句子里可能也包含有助于理解当前句子的语义信息,所以在要素检测过程中有必要考虑其他相关要素候选实例对当前候选实例的影响。而具有相同触发词的要素候选之间具有较强的相互影响,因此本章通过句子级注意力机制加强它们之间的相互影响,进而提高复杂事件中要素检测的性能。

要素检测模型首先将通过词级 attention 加强后的隐藏层输出向量 $\boldsymbol{h}^*$ 做降维处理得到对应的句子级向量表示,而后将句子向量表示通过句子级 attention 层,对其向量表示分配不同权重,从而加强对关键要素候选实例的学习,并加强相关要素之间的相互影响。最后,通过 softmax 函数对新的隐藏层输出向量进行分类,从而得到要素对应的类型。本章将相关要素候选实例表示为向量矩阵 $\boldsymbol{H}^* = \{\boldsymbol{h}_1^*, \boldsymbol{h}_2^*, \cdots, \boldsymbol{h}_M^*\}$,其中 M 代表相同 Batch 中的相关要素候选实例个数,$\boldsymbol{h}_i^*$ 表示词级 attention 层的隐藏层输出向量,在经过公式(9.1)的降维操作后,将生成一个代表句子特征向量的矩阵 $\boldsymbol{H}_S^* = \{\boldsymbol{h}_{s_1}^*, \boldsymbol{h}_{s_2}^*, \cdots, \boldsymbol{h}_{s_M}^*\}$。该矩阵通过公式(9.2)进行非线性变换后,将得到的句子向量进行加权处理生成新的隐藏层输出向量,并将其送至 softmax 函数后即得要素分类结果。

$$h_{s_i}^* = \sum_{i=1}^{d_w} \sum_{j=1}^{L} \boldsymbol{h}_i^* / L \tag{9.1}$$

$$\boldsymbol{N} = \tanh(\boldsymbol{H}_S^*) \tag{9.2}$$

$$\boldsymbol{\alpha} = \mathrm{softmax}(\boldsymbol{w}^{\mathrm{T}} \boldsymbol{N}) \tag{9.3}$$

$$\boldsymbol{\gamma}_i = \boldsymbol{h}_{s_i}\boldsymbol{\alpha}_i \tag{9.4}$$

$$\boldsymbol{h}_{s_i}^* = \tanh(\boldsymbol{\gamma}_i) \tag{9.5}$$

9.2.4 训练和分类

本章将要素检测作为一个关系分类问题解决,首先根据预测触发词的类型构建要素候选实例。如果是简单生物事件类型,则将预测触发词与句内所有生物实体以及它们中间的所有词对应的短句作为要素候选;如果是复杂生物事件类型,则除了将预测触发词与句内所有生物实体以及它们中间的所有词对应的短句作为要素候选外,还需要将预测触发词与句内其他预测触发词以及它们中间的词对应的短句构成要素候选。为了进一步提高要素检测性能,本章针对简单生物事件和复杂生物事件中的相同要素类型进行了更细粒度的划分,并分别标注及检测。之后通过本章构建的基于双向 LSTM 和多级注意力机制的要素检测模型对要素候选进行分类。经过 LSTM 层语义学习以及词级注意力层加强关键语义信息和句子级注意力层加强相关要素的影响后,生成如公式(9.5)所示的隐藏层输出,然后将其送至 softmax 函数得到每个要素候选的关系类型:

$$\hat{p}(\boldsymbol{y}_{S_i}|\boldsymbol{S}) = \mathrm{softmax}(\boldsymbol{W}\boldsymbol{h}_{s_i}^* + \boldsymbol{b}) \tag{9.6}$$

$$\hat{\boldsymbol{y}}_{S_i} = \arg\max_{\boldsymbol{y} \in C} \hat{p}(\boldsymbol{y}_{S_i}|\boldsymbol{S}) \tag{9.7}$$

式中　$\boldsymbol{W}$——需要学习的矩阵;

$\boldsymbol{b}$——需要学习的偏置向量;

C——MLEE 语料中可能的要素类型集合。

本章采用的损失函数仍然为交叉熵损失函数:

$$L(\theta) = -\sum_i \sum_j t_i^j \log(\hat{p}(\boldsymbol{y}_{S_i}|\boldsymbol{S})) \tag{9.8}$$

式中　t_i^j——第 S_i 个句子的第 j 种生物事件要素分类标签;

$\hat{p}_i^j$——该实例对应的要素关系预测分类。

9.3　生物事件构成

在完成要素检测之后,还不能得到最终的生物事件抽取结果。由于不同生物事件对其要素类型有一定的结构限制(如表 9.2 所示),所以需要通过一定的后处理操作去掉一些无效的<触发词、生物实体>和<触发词、触发词>关系对。此外,对于有多个参与要素的事件也需要进一步组合才能生成最终的事件。通常,对于句内已识别的触发词和要素可以组成多个事件候选,后处理操作可以过滤掉非法的事件候选。

表 9.2　MLEE 语料事件类型和对应的要素

类型	事件类型	主要要素	次要要素	出现频率
Anatomical	Cell_proliferation	Theme	At-Loc	133
	Development	Theme		316
	Blood_vessel_development	Theme		855
	Growth	Theme		169
	Death	Theme		97
	Breakdown	Theme		69
	Remodeling	Theme		33
Molecular	Synthesis	Theme		17
	Gene_expression	Theme		435
	Transcription	Theme		37
	Catabolism	Theme		26
	Phosphorylation	Theme	Site	33
	Dephosphorylation	Theme	Site	6
General	Localization	Theme		450
	Binding	Theme		184
	Regulation	Theme, Cause	Site	773
	Positive_regulation	Theme, Casue	Site	1 327
	Negative_regulation	Theme, Cause	Site	921
Planned	Planned_process	Theme	Instrument	643

9.3.1　生物事件抽取流程

Pipeline 事件抽取方法将事件抽取流程分为触发词识别、要素检测和后处理三个阶段。即先识别触发词,再根据触发词识别结果构成要素候选并进行要素检测,最后,通过后处理操作将识别出来的触发词和要素构成完整的生物事件,并判断事件类型。其中,要素候选由预测触发词和句内生物实体(原始语料中已标注)或预测触发词和句内其他预测触发词构成。

本章的事件抽取流程及整体框架如图 9.7 所示。首先,为了获取更加丰富的语义信息和依存信息,训练了基于依存关系的词向量作为数据的向量表示形式。然后,通过句子向量建立了词级特征和句子级特征之间的联系,获取了整个句子的事件相关全局特征。由于生物事件结构的复杂性,依存词向量和句子向量中包含的信息均对生物事件抽取较为关键。前文已经论述和验证了依存词向量和句子向量对于生物事件抽取任务的有效性,这里不再赘述。在触发词识别阶段,本章采用了第 8 章基于双向 LSTM 和词级注意力机制结合的触发词识别模型(SE-Att-BLSTM);在要素检测阶段,提出了基于多级注意力(词级 attention 和句子级 attention)机制的双向 LSTM 模型(Mul-Att-BLSTM)检测要素,其中词级

attention 用于加强句内关键词汇的语义信息,而句子级 attention 用于加强相关要素(具有相同触发词的要素,本章定义为相关要素)之间的影响,进而提升了复杂生物事件的要素检测以及事件抽取性能;最后,通过基于 SVM 的后处理方法将触发词和要素构成完整的生物事件。

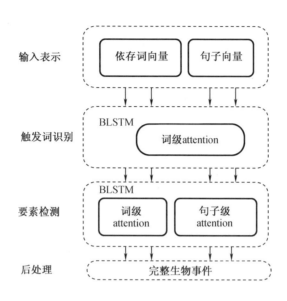

图 9.7　生物事件抽取框架图

9.3.2　生物事件后处理

在构成生物事件的过程中,同一个句子中可能存在多个生物事件触发词和要素,而这些生物事件触发词和要素可以构成很多生物事件候选,有一些事件候选是无效的,需要通过一定的后处理操作去掉这些无效候选。本节主要从生物事件后处理流程、生物事件后处理的相关方法,以及本章采用的基于 SVM 机器学习方法的后处理事件构成三个角度进行介绍。

(1)后处理流程

本节以文本片段"STAT3 Ser(727) phosphorylation may involve Vav and Rac-1."为例,简要说明生物事件后处理过程,该文本片段对应的语义图如图 9.8 所示。在图 9.8 中的已知数据(known data)区域,phosphorylation 和 involve 是已经预测出来的生物事件触发词,其预测触发词类型分别为 Phosphorylation 和 Regulation。与这两个触发词相关的要素关系对共有四组,分别为 Theme 类型的(phosphorylation, STAT3)和(involve, phosphorylation),以及 Cause 类型的(involve,Vav)和(involve,Rac-1)。事件后处理操作首先把上述孤立的触发词节点以及要素边进行有效的组合,从而构成完整的生物事件候选。生物事件候选结构如下:

E1 (Type:Phosphorylation,Trigger:phosphorylation, Theme:STAT3),

E2 (Type:Regulation,Trigger:involve, Theme:Phosphorylation, Cause:Vav),

E3 (Type:Phosphorylation, Trigger:involve, Theme:Phosphorylation, Cause:Rac-1),

E4 (Type:Regulation,Trigger:involve, Cause:Vav),

E5（Type：Regulation,Trigger：involve, Cause：Rac-1），

然后，后处理操作通过 SVM 分类器自动学习不同事件类型的事件特征并建模,进而对事件的合法性进行判断。由于 Regulation 类型的事件必须包含 Theme 类型的要素,所以非法的事件候选 E4 和 E5 将在后处理操作中被移除,最终得到完整的合法事件语义图,如图9.8 中抽取目标(Extraction Target)区域所示。其对应的生物事件结构如下：

E1（Type：Phosphorylation, Trigger：phosphorylation, Theme：STAT3），

E2（Type：Regulation, Trigger：involve, Theme：Phosphorylation, Cause：Vav），

E3（Type：Phosphorylation, Trigger：involve, Theme：Phosphorylation, Cause：Rac-1）。

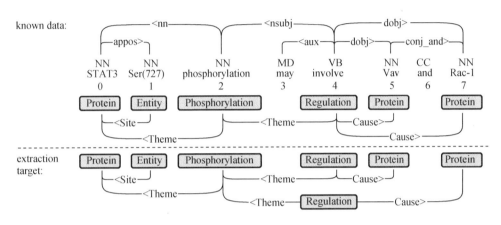

图 9.8　生物事件抽取后处理示例

（2）后处理方法

生物事件后处理方法主要包括基于规则的方法和基于统计机器学习的方法。基于规则的方法主要以要素之间的组合以及不同事件类型对要素类型的限制作为构成事件的规则对事件进行处理,包括去除无效要素组合、去除事件语义图中的环形结构、拆分事件以及去除非法事件等。基于规则的方法往往需要针对不同的事件类型制定不同的规则。Björne 等采用基于规则的后处理方式构建了生物事件。图 9.9 为他们针对 Regulation 类型和 Binding 类型事件构建的规则。图中 A、B、C、D 为不同的事件,c 表示 Cause,t 表示Theme。如图 9.9（a）所示,调控事件 Regulation 由主题 Theme 以及原因 Cause 组成,所以需要对＜触发词,主题实体＞＜触发词,原因实体＞以及＜触发词,触发词＞对进行两两组合以便生成不同的调控事件,且该事件中必须存在 Theme 类型的要素。图 9.9（b）为绑定Binding 类型事件后处理示意图,该类型事件由一个或者多个主题要素构成,后处理过程中会分别生成多个单要素事件候选和一个多要素事件候选。如表 9.2 所示,根据 MLEE 语料的定义,除 Binding 类型的事件外,其他简单事件均只有一个 Theme 类型的要素;Blood_vessel_development 类型的事件是唯一可以没有要素参与的事件类型,其他类型事件至少有一个 Theme 类型的要素,所以对于预测的 Blood_vessel_development 类型的触发词,可以在事件后处理阶段直接构成生物事件;Regulation 类型的事件必须包含 Theme 类型的要素等。采用基于规则的后处理方法需要对上述事件类型依次制定相应规则。

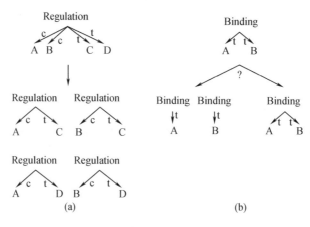

图 9.9　生物事件后处理规则示例

基于规则的后处理方法虽然可以取得较好的性能,但是制定大量的规则需要对领域知识进行深入了解,人工代价较高。此外,为了提高系统的精确率,往往需要根据任务制定比较详尽、具体的规则,可能造成系统泛化性能和可移植性较差的问题。所以,本章采用了基于统计机器学习的后处理方法,通过 SVM 分类器对训练集中数据特征的学习自动构建模型,从而构成合适的事件候选。

（3）本章基于 SVM 后处理的事件构成

一个生物事件候选实例由一个触发词节点和出边(要素关系对)组成,这些出边连接到其他的触发词或者命名实体节点。系统在构成候选事件时,会查找每一个事件的触发词节点,并根据事件类型结合已经学到的该事件类型的结构化信息,生成一个符合事件结构要求的所有出边组合的候选实例。在嵌套事件中,系统需要保证在嵌套的事件中也生成正确的候选实例。此外,当多个事件共享同一个触发词或者要素边时,系统需要按照共享事件的个数对这些触发词和要素边进行复制。本章采用的基于 SVM 的后处理主要将这些结构化的信息作为特征来描述,具体如下:

①线性特征。线性特征主要用于描述要素之间的词袋特征,包括词袋的长度、词袋中是否包含"/"和"－"以及非实体的文本特征。

②要素内容特征。

a. 实体特征。实体特征主要包括实体 token 以及对应的类型信息,主要包括触发词实体特征、Theme 要素的生物实体特征和 Cause 要素的生物实体特征等。生物事件抽取语料中的实体种类众多,不仅涉及基因、药物、蛋白质等分子水平的实体,还包含细胞、组织、器官等更高层次的实体。生物实体是生物事件中要素的主要构成者,且不同类型的事件只允许特定类型。

b. 要素对特征。要素对特征主要是指构成要素对的两个实体的相关信息。主要包括是否有 Theme 类型的要素对、是否有 Cause 类型的要素对,以及 Theme 类型要素对的内容和 Cause 类型的要素对内容。

③要素间的组合特征。要素间的组合特征主要包括要素数量和要素角色特征。

a. 要素数量特征。要素数量特征主要包括句子中包含的要素总数、Theme 类型以及 Cause 等类型的要素数目。

b. 要素角色特征。要素角色特征主要包括要素是否关联生物事件触发词或关联生物实体、要素关联的触发词、要素关联的实体、是否包含 Theme 类型的要素、是否包含 Cause 类型的要素。

9.4　实　验　验　证

9.4.1　实验设定

本章采用的数据集为生物事件抽取通用语料 MLEE 语料。首先根据第 8 章触发词识别结果构建要素候选,本章分别针对简单生物事件和复杂生物事件类型构建要素候选,其构建规则如 9.2.1 和 9.2.2 所述。然后通过本章提出的基于 BLSTM 和多级注意力机制的要素检测模型对要素候选进行关系分类。

采用的评价标准为信息抽取领域常用的三个评价指标:精确率(P)、召回率(R)和 F 值(F)。对于多元分类,F 值指的是微平均 F 值。为了构成更多的生物事件,本章要素检测选择了召回率更高的模型,生物事件抽取仍然以 F 值作为性能的综合评价标准。

本章模型仍然采用 Adadelta 自适应学习率,采用 Dropout 防止模型过拟合。由于没有办法遍历全部参数,本章参数根据经验以及相关文献建议,在一定的范围内选取。Dropout 从集合{0.2, 0.3, 0.5}中选取了 0.5。Hiton 等也曾建议 Dropout 率设置为 0.5。隐藏层节点数选取了和词向量维度相同的设置。学习率从{0.1, 0.01, 0.001, 0.000 1}中选择 0.001。此外,本章将固定句子长度设置为 100。本节超参数详细设置如表 9.3 所示。

表 9.3　超参数设置

参数	参数名	值
dim	词向量维度	200
batch-size	Batch 大小	64
nodes	隐藏层节点数	200
lr	学习率	0.001
maxlen	剪枝句子长度	100
nepochs	最大迭代次数	100
dropout	Dropout 率	0.5

9.4.2　实验性能分析

(1)多级注意力机制对要素检测性能的影响

如第 8 章所述,词级注意力机制加强了句内关键词的语义信息,而句子级注意力机制加强了相关要素之间的影响,进而提高生物事件抽取中的要素检测性能。为了验证多级注意力机制对于生物事件抽取中的要素检测以及生物事件抽取性能的影响,尤其是对于复杂生物事件抽取性能的影响,本章分别针对生物事件抽取中的要素检测和生物事件抽取任务完成了 BLSTM 神经网络模型仅结合词级 attention、仅结合句子级 attention,以及同时结合词级 attention 和句子级 attention(即多级 attention)的对比实验。

在选取要素模型时,本章选择的为召回率高的模型,这样可以在预测阶段召回更多的要素从而有利于后处理阶段生成更多完整的生物事件。表9.4 所列的数据为不同模型针对召回率进行选择的要素检测结果,不难发现,同时结合了词级 attention 和句子级 attention 的要素检测模型获得了最高召回率。实验结果验证了多级注意力对于要素检测任务的有效性。此外,从整体 F 值来看,同时结合了词级 attention 和句子级 attention 的要素抽取性能也达到了不同模型的最好性能,但这里没有详细列出。

表9.4　多级注意力机制对要素检测性能的影响

模型	要素检测性能		
	精确率/%	召回率/%	F 值/%
BLSTM	42.09	**67.68**	51.89
BLSTM + 词级 attention	39.30	**74.75**	51.52
BLSTM + 句子级 attention	38.14	**77.26**	51.07
BLSTM + 词级 attention + 句子级 attention	37.06	**78.45**	50.34

(2)多级注意力机制对事件抽取性能的影响

本章针对表9.4 中结合多级注意力机制得到的具有较高召回率的要素检测结果,通过后处理操作构成了最终的生物事件。如表9.5 所示,词级 attention 和句子级 attention 对最终的事件抽取性能均有提升作用,其中仅加入词级 attention 的事件抽取 F 值相对于 BLSTM 的事件抽取模型 F 值提高了4.26%,仅加入句子级 attention 的事件抽取 F 值相对于 BLSTM 的事件抽取模型 F 值提高了5.05%。然而,同时结合词级 attention 和句子级 attention 时,系统性能最高,F 值为59.61%,较 BLSTM 的基线系统 F 值提高了5.52%,较仅结合词级 attention 的 F 值提高了1.26%,较仅结合句子级 attention 的 F 值提高了0.47%。表9.5 的实验结果验证了本章提出的多级 attention 机制对于生物事件抽取任务的有效性。

表9.5　多级注意力机制对事件抽取性能的影响

模型	事件抽取性能		
	精确率/%	召回率/%	F 值/%
BLSTM	90.93	38.50	54.09
BLSTM + 词级 attention	90.75	43.00	58.35
BLSTM + 句子级 attention	89.69	44.12	59.14
BLSTM + 词级 attention + 句子级 attention	90.24	**44.50**	**59.61**

（3）多级注意力机制对复杂生物事件性能的影响

复杂生物事件可能包含多个要素（如 Binding 事件），还可能存在嵌套结构，如 Regulation、Positive_regulation、Negative_regulation 类型事件。表9.6列出了加入词级注意力和句子级注意力后简单事件和复杂事件抽取的 F 值。不难发现，结合了句子级注意力的复杂事件抽取性能相对于仅结合词级注意力的事件抽取性能均有明显提升。其中调控事件（Regulation）的 F 值提升了 1.82%，正向调控事件（Positive_regulation）的 F 值提升了 2.83%，反向调控事件（Negative _regulation）的 F 值提升了 1.68%。值得注意的是绑定事件（Binding）F 值提升了 8.01%，由于 Binding 类型事件中具有多个相同触发词和不同生物实体对构成的要素对，而本章句子级 attention 主要是加强相关要素（具有相同触发词的要素对）之间的相互影响，所以对 Binding 类型事件的性能提升最为明显。

表 9.6　多级注意力机制对复杂事件抽取性能的影响

	生物事件类型	F 值/%	
		词级注意力	词级注意力 + 句子级注意力
复杂事件	Binding	65.26	**73.27**
	Regulation	39.47	**41.29**
	Positive_regulation	41.14	**43.97**
	Negative _regulation	37.22	**38.90**
简单事件	Cell_proliferation	65.67	**67.65**
	Development	74.85	**77.71**
	Blood_vessel_develop	97.31	95.73
	Growth	33.33	33.33
	Death	53.85	**56.60**
	Breakdown	64.71	**70.27**
	Remodeling	66.67	66.67
	Synthesis	0.00	0.00
	Gene_expression	69.67	69.14
	Transcription	76.19	47.06
	Catabolism	33.33	33.33
	Phosphorylation	85.71	66.67
	Dephosphorylation	0.00	0.00
	Localization	53.48	**57.87**
	Planned_process	47.92	**52.12**

此外，增加了句子级 attention 后，在15 种简单事件类型中，有6 种类型事件抽取性能高于仅使用词级注意力模型的性能；6 种类型事件抽取性能与词级注意力模型相同或基本持平；Blood_vessel_develop 类型略低于词级注意力模型；仅 Transcription 和 Phosphorylation 类

型简单事件在增加句子级 attention 之后事件抽取性能明显低于词级 attention 模型,然而由于 Transcription 类型事件仅占事件总数目的 0.56%,Phosphorylation 类型事件占事件总数目的 0.51%,所以这两类事件抽取结果并不会对事件抽取整体性能造成比较大的影响。

综上,多级注意力机制对要素检测性能以及大部分类型的事件抽取性能均具有提升作用,尤其对复杂事件抽取的性能提升效果较为明显。其主要原因是复杂事件中的要素几乎均具有相同触发词,所以都属于本节定义的相关要素范畴,而句子级 attention 主要用于加强相关要素间的相互影响,所以对复杂事件抽取的性能影响较大。

(4)要素类型细粒度划分的有效性

简单类型生物事件要素仅为 Theme 类型,是由 <触发词,生物实体> 构成的要素对,而复杂类型生物事件的 Theme 类型要素除了可以是由 <触发词,生物实体> 构成的要素对之外,还可以是由 <触发词,触发词> 构成的要素对。由于简单生物事件类型中的 Theme 要素和复杂生物事件类型中的 Theme 要素自身的结构差异,统一处理是不适合的,所以本章在上述实验基础上分别针对简单事件和复杂事件的 Theme 要素进行了标注和分类。

表 9.7 为针对简单事件和复杂事件进行更细粒度的 Theme 划分后的实验结果,可以看出在进行细粒度划分后要素检测性能(第 2 行)提升了 1.31%。其主要原因是简单事件和复杂事件中 Theme 类型要素结构不同,细粒度划分并分别训练和分类后更具针对性,因此性能有所提升。但是由于事件构成过程受到触发词识别结果以及后处理操作的相关影响,Theme 类型细粒度的划分虽然也提升了事件抽取性能,但其提升程度不如要素检测明显。要素类型细粒度划分后,生物事件抽取四大子类性能以及整体性能如表 9.8 所示。

表 9.7　细粒度要素类型划分对要素检测的性能影响

模型	精确率/%	召回率/%	F 值/%
Mul-Att-BLSTM	37.06	78.45	50.34
Mul-Att-BLSTM（细粒度要素划分）	35.60	79.76	49.23

表 9.8　细粒度要素类型划分的事件抽取结果

事件类别	精确率/%	召回率/%	F 值/%
Anatomical	99.50	72.33	83.77
Molecular	100.00	56.46	72.17
General	90.54	29.47	44.47
Planned_process	90.00	32.95	48.24
总计	91.05	44.68	**59.94**

9.4.3　与其他方法的性能比较

(1)与其他事件抽取方法的性能比较

为了更好地评价提出方法的性能,本章针对 MLEE 语料上的现有参考文献与所提算法进行了整体性能比较。由于现有文献中均没有可比较的要素检测结果,所以本节没有将要素检测结果与其他方法进行比较。如表9.9所示,本章结合了多级注意力机制的BLSTM事件抽取模型在MLEE语料上获得了当前已知文献中较优性能,F值为59.94%。Pyysalo等[1]的方法为本章采用的基线系统(Baseline),他们采用了基于SVM的具有较好事件抽取性能的EventMine①系统完成生物事件抽取,同时结合了丰富的特征。他们的事件抽取方法取得了55.20%的F值;Zhou等[2]基于半监督学习模型,引入未标注的语料,同时结合隐藏话题的主题特征以便丰富事件的特征表示,他们的方法获取了目前基于传统机器学习方法的生物事件抽取最好性能,F值为57.41%;随着深度学习技术的发展,深层神经网络已经广泛应用到不同的NLP任务上。然而,由于生物事件抽取任务自身的复杂性,深层神经网络在该任务上尚未得到广泛推广。目前仅Wang等[3]构建了基于卷积神经网络的生物事件抽取模型,同时他们结合了基于句法分析树的词向量,在事件抽取过程中结合了上下文、词性、距离和类型等事件抽取任务相关的特征,他们的方法取得了本章检索范围内的最好生物事件抽取性能,F值为58.31%。相较于Pyysalo等[1]和Zhou等[2]的基于统计机器学习方法的生物事件抽取性能,本章F值分别提升了4.71%和2.53%。本章提出方法通过深层神经网络自动学习特征,避免了抽取人工特征时的代价。相较于Wang等[3]的基于深度学习的生物事件抽取方法,LSTM神经网络可以获取长距离上下文信息,从而获得更加丰富的语义信息,本章方法较他们的方法F值提高了1.63%。

表9.9 事件抽取性能比较

方法	精确率/%	召回率/%	F 值/%
Pyysalo [1]	62.28	49.56	55.20
Zhou [2]	55.76	59.16	57.41
Wang [3]	60.56	56.23	58.31
本章方法	91.05	44.68	**59.94**

(2)与其他attention方法的性能比较

本章使用的attention机制为神经网络根据输入文本内容自动学习较为重要的信息,并加大其相应权重,这些信息往往对分类具有决定性作用。这种attention机制不同于一些根据具体任务设置固定公式进而人为的加强某些信息权重的方式,可以很好地迁移到其他任务的应用上,且在不同的分类任务上均取得了具有竞争力的性能。

针对要素检测,本节尝试了两种其他attention方案。由于生物事件中的要素候选实例是由<触发词,实体>以及<触发词,触发词>及其中间词构成的语义短句。该短句中的触发词和生物实体显然具有较重要的作用,所以本节通过两种不同方案加大要素候选实例的首尾词权重。方案一如图9.10所示,使要素实例中的触发词和生物实体平均分配注意力权重,即首尾词权重概率各为0.5,而其他词不分配注意力。方案一中要素候选实例中间词

---

① http://www.nactem.ac.uk/EventMine/

的语义信息完全被忽略,并未取得良好性能,实验结果如表9.10所示(第1行)。方案二对加权方式进行改进:针对要素候选实例中的所有词,以首尾词为中心整个短句采取正态分布的方式分配权重。其权重初始值设置与方案一相同,之后 attention 向量随高斯分布进行动态更新。这种方式既保证了首尾词获取较大权重,又保证了中间词的语义信息不丢失。为了构成更多的事件,本章以召回率作为要素检测性能评价标准,然而,很遗憾方案二也未取得优于目前使用的 attention 方法的召回率(表9.10),所以未被采用。或许可以猜想,由于事件结构本身的复杂性,在要素实例短句中的某些词也对分类起较大的决定性作用,如图9.10中要素实例中就包含其他触发词 expression,因此本章目前采用的 attention 方法较为适合生物事件抽取任务。

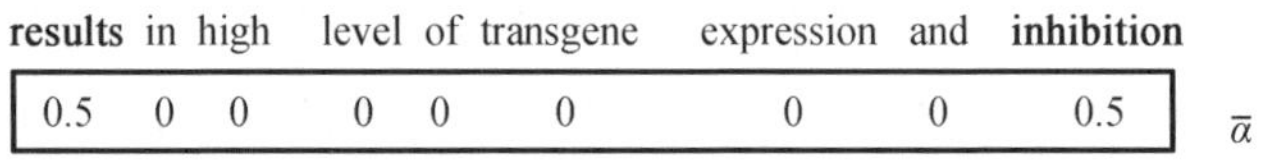

results	in	high	level	of	transgene	expression	and	inhibition
0.5	0	0	0	0	0	0	0	0.5

$\bar{a}$

图9.10　方案一构建 attention 向量示例

表9.10　与其他 attention 方法的性能比较

方案	要素检测性能		
	精确率/%	召回率/%	F 值/%
方案一	58.17	50.32	53.96
方案二	39.13	70.94	50.44
本章 attention 方法	37.06	**78.45**	50.34

9.5　本 章 小 结

本章首先针对简单生物事件和复杂生物事件的结构差异,分别构建了不同的要素候选;并对简单事件和复杂事件中的相同类型要素进行了细粒度区分,进一步提升了要素检测的准确性。然后,提出了基于 BLSTM 神经网络和多级注意力机制的要素检测模型,该模型较为有效地提高了要素检测性能,进而提高了生物事件抽取性能,尤其对复杂生物事件抽取有较明显的提升作用。此外,本章通过基于 SVM 机器学习的后处理方法完成生物事件的构成。主要结论如下:

①简单生物事件和复杂生物事件要素分开处理有助于提升要素检测性能。本章根据简单生物事件和复杂生物事件的结构差异,构建了不同的要素候选;并对简单生物事件和复杂生物事件中的相同类型要素进行了细粒度的区分,进一步提升了要素检测以及事件抽取性能。

②词级注意力机制对要素检测性能具有一定的提升作用。词级注意力机制加强了要素实例的句内关键信息,可以自动获取句子内的关键词作为模型学习的重点词汇,能够更

好地捕获词语的语义信息以及词间的相互关系。实验结果表明,词级注意力机制对要素检测性能具有一定的提升作用。

③句子级注意力机制加强了相关要素候选之间的影响,对复杂生物事件抽取性能有明显提升。本章通过句子级注意力机制结合了其他句子中可能包含的有助于理解当前句子的语义信息,同时加强了其他相关要素候选对当前候选的影响。实验结果显示,句子级注意力机制对要素检测性能具有一定的提升作用,尤其对于复杂事件的抽取性能有较明显的提升。此外,同时结合词级注意力和句子级注意力时,系统性能好于单独使用词级注意力或句子级注意力的要素检测和事件抽取性能。

④基于机器学习方法的事件后处理有效避免了人工代价。基于SVM的事件后处理方法可以自动的学习不同事件类型对应的事件结构,找到合适的要素组合,有效避免了人工制定大量规则的代价,提高了系统的泛化性能。

综上,本章针对生物事件抽取中的要素检测这一关键问题展开了研究。从以上结论可以得出:多级attention机制对要素检测和事件抽取性能均有提升作用,尤其对于复杂事件的抽取性能有较显著的提升;对简单事件和复杂事件中的要素细粒度区分进一步提升了事件抽取性能;基于SVM机器学习方法的事件后处理过程有效避免了制定大量规则的人工代价。实验结果显示,本章提出的方法获得了良好的事件抽取性能。

参 考 文 献

[1]　PYYSALO S, OHTA T, MIWA M, et al. Event extraction across multiple levels of biological organization[J]. Bioinformatics, 2012, 28(18): i575 – i581.

[2]　ZHOU D, ZHONG D. A semi-supervised learning framework for biomedical event extraction based on hidden topics [J]. Artificial Intelligence in Medicine, 2015, 64(1): 51 – 58.

[3]　WANG A R, WANG J, LIN H F, et al. A multiple distributed representation method based on neural network for biomedical event extraction[J]. BMC Medical Informatics and Decision Making, 2017, 17(3): 59 – 66.